Q&Aで読む日本軍事入門

前田哲男・飯島滋明 編

吉川弘文館

目　次

軍事大国化は日本に何をもたらすか　前田哲男

テーマ別・62のQ&A

太平洋戦争編

軍事大国化は日本に何をもたらすか

前田哲男

この本は、戦争を経験していない世代に向けて書かれた「戦争と平和」を考えるための手引き書です。軍事と安全保障について素朴な「六二の質問」を立ててみました。それぞれの問いにわかりやすく答えていくQ&Aのかたちをとりながら、まず二〇世紀前半、すべての日本人が体験した「アジア太平洋戦争」の実相を、開戦から降伏まで「歴史のおさらい」として振り返ります。そのような過去を踏まえつつ、では、二一世紀初頭、これからの日本の平和と安全を考えるのに必要な知識、たとえば「自衛隊はどのようにして生まれたのですか?」、「自衛隊の軍事力は世界でどの程度の規模ですか?」に始まる現在の問題、また、「憲法第九条をどう考えますか?」や「日本版NSCについて教えてください」といった進行中の課題、さらに「尖閣で紛争が起きる可能性はありますか?」や「米国は本当に日本を守ってくれるのですか?」など、対外関係から見るリアルな疑問にも答えていくことにします。そのうえで、「あるべき未来」と「可能な選択肢」にも思いをめぐらす(「戦争違法化」や「平和への権利」へと進む世界の流れや「EUの新しい安全保障政策」など)、そうしたさまざまな問題の入り口としての「軍事入門書」、それが本書のめざすところです。

〈安全保障の新潮流〉

ページをめくると、近代日本の戦争と最新の世界軍事情報を読み解く「時事解説」があるいっぽうで、「待てよ、最近の動きには、なんとなくきな臭さが感じられる」と不安をいだく人には「深層探索」が用意されています。時代区分を「太平洋戦争編」「戦後史編」「理論編」としたのも、このところ安倍政権のもとで起きた「靖国神社への公式参拝」や「憲法・自衛隊・日米安保」にかかわる〈逆流〉をしっかりとらえ、もう一度〈アジア戦争〉の時代が来ないことへの願いがこめられています。

執筆者は、ジャーナリスト、軍事問題の研究者、憲法学者など、各分野でのエキスパートであるだけでなく、世界を歩き回って取材した現場感覚のセンスの持ち主、つまり、「9・11」後（テロとの戦い）と「尖閣問題」（日中戦争への不安）という「安全保障の新潮流」にくわしい人たちです。三〇代から七〇代まで、世代も「戦中・戦後・戦無」派とそろいました。若い読者の素朴な質問に簡明に答えられると自負しています。この「序章」を読んだあと、試しにどのページでも開いてみてください。そこには教科書になかった「戦争と平和」にかかわる歴史が語られているはずです。

〈戦後という原点から考える〉

さて、私たちが生きているこの時代、日本では今もって「戦後」という時代区分で表されます。〈戦後初の記録〉とか〈戦後生まれの総理大臣誕生〉（安倍晋三首相はそう言われました）といった形容が、いまだに通用しています。その物差しで計ると、本書刊行の二〇一四年は「戦後六九年」。人間の一生に当てはめると、ほぼ「古希《こき》」（「人生七十古来稀《こらいまれ》なり」）というほどの長さになります。

「戦後」が、まだ〈死語〉になっていないことの意味、それは日本が一九四五年以降六九年の間、戦争という行為に手を染めなかった誇るべき実績にほかなりません。じっさい驚異的な記録です。たとえば、アメリカ人が「戦後」（post-war）というとき、どこにポイントを立てるだろうか。朝鮮戦争後？　ベトナム戦争後？　湾岸戦争後？

それとも、終わったばかりのイラク戦争争後？　まさに〈戦後だらけ〉！　アフガニスタンでは、まだ〈戦中〉です。つまりアメリカでは「固有名詞つきの戦後」しか通用しないとわかります。イギリス（スエズ戦争、フォークランド戦争）、フランス（ベトナム、アルジェリア戦争）、中国（朝鮮戦争、中越戦争）、ロシア（アフガニスタン戦争、チェチェン紛争）にしても変わりない。

これに対し日本の「戦後」は、一語で第二次世界大戦以後の時代をひとくくりにできる、掛け値なしの〈普通名詞〉なのです。そんな時代が七〇年ちかく続いたのだから、祖父から孫まで三世代にわたる日本人が「ひとつの戦後」を共有してきたことになる。徳川期以来の「太平の世」といっていいでしょう。もっとも「アメリカの戦争」のいくつかに、日本も間接的に関与した（Q26〜Q29）ので手放しではよろこべないし、巻きこまれなかったのは「偶然」があったのかもしれない。そうであっても「戦後という原点」は、しっかり押さえておきたいものです。

〈九条と日本安保条約のねじれ〉

反面、〈長い戦後〉は、日本人の意識から「軍事」「戦争」について真剣に考え、議論する姿勢や心構えを欠落させたのも事実です。その心情は〈一国平和主義〉とか〈平和ボケ〉と揶揄《やゆ》されもします。

たしかに、私たちは憲法前文にある「平和主義」と第九条の「戦争放棄」をもとに、戦後日本の「国のかたち」をさだめました。ところが、理念を具現化する暇《いとま》もなく、憲法施行から六年後、アメリカとむすんだ「安全保障条約」（一九五一年の旧安保）により、基地提供と自衛力増強が約束されました。その結果、憲法秩序のうちに日米安保体制という〈ねじれ〉を抱えこむはめとなり、気がつくと、「日米同盟」が「憲法第九条」を実質的に無効化するような政治構造がつくりだされたのです。

二〇一二年、自民党が政権復帰したことによって、〈右傾化〉〈軍事大国化〉の動きはいっそう急になりました。

げんに「改憲」「国防軍」「集団的自衛権」などの言葉が飛び交っている。かつての「軍機保護法」を連想させる「特定秘密保護法」も制定されました。安倍首相のいう「積極的平和主義」もまた〈戦争できる国〉や〈海外で戦う自衛隊〉の近未来を予感させます。もしかして〈新たな戦前〉への転換期なのかもしれない。

二〇一四年は、その節目になる予兆に満ちあふれています。であればこそ、軍事の歴史に学ぶ意義は大きいといえるでしょう。「真の平和主義」「平和への権利」をよりよく発展させていくのか、それとも、そろそろ昔風《むかしふう》に国のかたちを改めるか。本書『Q＆Aで読む日本軍事入門』はそんな〈時代の岐路〉を見据えつつ書かれました。読みすすむと、「軍事大国化は日本に何をもたらすか?」についての、答えが見つかるかもしれません。

〈緊迫する東アジア状勢〉

ところで、いま〈新たな戦前〉と書きました。それはどんな状況なのか。

第一に、「尖閣諸島」をめぐる日本と中国の対立があります（Q55）。双方が「固有の領土」だと主張する、南の海の小さな無人島――というより岩《ロック》――の領有問題。最初は、台湾や中国漁船による「違法操業」が争点だったのが、やがて日中の公権力（海上保安庁の巡視船と中国海洋警察）が領海線と接続水域をはさんで睨み合う「領海問題」に焦点が移り、さらに二〇一三年一一月、中国が尖閣諸島をふくむ空域に自国の「東シナ海防空識別区」を設定したことにより、情勢は「軍と軍」が、スクランブル（戦闘機の緊急発進）態勢で対峙するまでに高まりました。防衛省はこれを「不測の事態を招きかねない危険な行為」と受け止め（「防衛計画の大綱」一三・一二・一七閣議決定）「グレーゾーン事態」、つまり準戦時と見ます。いつ何時《なんどき》、南の海から緊急電が舞いこんでもおかしくない情勢というわけです。〈日中再戦〉?

第二に、韓国との間にも「竹島・独島《トクド》」の帰属についての対立があります。ここは韓国による「実効支配」下にありますが、日本側も「島根県竹島」の主張を取り下げていません。これに、日本が朝鮮を植民地支配していた時代（一九一〇〜四五年）の「歴史認識」や「従軍慰安婦強制連行」などがからんで、両国首脳は一年以上も会談ひとつ持てない状態がつづきました。また、北朝鮮の「核・ミサイル開発」にしても、さかのぼると、戦前からの「歴史の宿題」に突き当たります（日・朝は、国家関係さえいまだ持っていない）。南北朝鮮はたがいに対立しながらも、「日帝支配期」の責任にかんしては、きびしく清算をもとめます。対話がなされないなかで進行する軍事的緊張の増大、ここにも相互不信と断絶関係が〈衝突〉や〈事件〉に飛び火する〈新たな戦前〉の火種があります。

〈日本政府の対応〉

ではこうした不穏な情勢に、日本は、どう対応しようとしているか？

第三の要因として、日本がそれらに「軍事の論理」で立ち向かおうとする姿勢、そこから生じる緊張の激化があげられます。とくに中国とのあいだで〈軍拡のシーソーゲーム〉が開始されました。「中国の軍事費増大」と「中国海軍の外洋進出」への危機感をバネにして、安倍政権は二〇一三年一二月、「国家安全保障戦略」（国防の基本方針文書）、「防衛計画の大綱」（自衛隊の長期運用指針文書）、「中期防衛力整備計画」（装備調達五年計画）を閣議決定しました（Q61）。くわえて、外交・安全保障政策の司令塔となる「国家安全保障会議」（日本版ＮＳＣ）を創設、首相権限を強化するいっぽう、国家機関にストックされる軍事・外交・スパイ・テロ関連情報を幅ひろく規制し、情報漏洩《ろうえい》に最高刑一〇年の重罰を科す「特定秘密保護法」を成立させました。〈なにが秘密？　それも秘密〉と批判される法律。内部告発者ばかりでなく、知らずに受け取った市民も懲役五年となる悪法です。

以上挙げた法律、文書を分類すると、①ソフト面＝中国脅威論に立つ「国家戦略」「防衛大綱」「安保会議」そして「秘密保護法」による厚い壁。②ハード面＝新型輸送機「オスプレイ」、離島上陸作戦のための水陸両用戦闘車

「AAV-7」、無人偵察機「グローバルホーク」などの新装備。③マネー＝二〇一四年度防衛予算は五兆円すれすれまで増額、五年間で二四兆六七〇〇億円となります。安倍首相の経済政策が〈アベノミクス〉だとすると、こちらは〈アベノウォープラン〉とネーミングできるかもしれません。

〔中国・韓国の世論〕

中国世論も挑戦的です。テレビには抗日ドラマがはんらんし、侵略者・日本人のイメージが、日々刷りこまれます。「鶏が先か卵が先か」の詮索《せんさく》はさておき、「新浪網」が伝えるところでは、一三年一一月二六日「微博」（ツイッター）実施のアンケートに「将来、防空識別区内で日中が衝突する」と回答するものが半数あった、といいます。また同月二六日「環球時報」は防空識別区設定に関するアンケートで、「中国の識別区に外国機が進入した場合どうするか」という問いに八七・六％が「軍用機を派遣して監視、迎撃、追い払う」、五九・八％が「警告に従わない場合は実弾で攻撃すべきだ」と回答したそうです。

韓国からもきびしい反応が出ています。一二月一八日付『中央日報』紙は、「平和憲法を旗印に掲げ、戦争と武器から自らの手足を縛った戦後秩序から抜け出して、戦争も可能な『普通の国』へと背伸びするための歩みを踏み出し始めた」と評しました。

近隣国だけではない。ほかならぬアメリカからも、こんな声が寄せられました（『ニューヨーク・タイムズ』一二月一六日付社説「日本の危険な時代錯誤ぶり」）。

「この法律（秘密保護法）は安倍氏の、日本を『美しい国』に作り替える聖戦における不可欠な要素である。それは、市民に対する政府の権力の拡大と個人の権利保護の縮小、すなわち愛国的な人びとに支えられる強い国家を想定するものだ。安倍氏の目的は『戦後レジームからの脱却』である。日本で批判する人々は、彼が一九四五年以前の国家を復活させようとしていると警告する。（それは）時代錯誤的で危険な思想だ」。

〔軍事政策をどう考えるべきか〕

つい、「四面楚歌」という古いことばが浮かんできます。いうまでもなく、「美しい国」「戦後レジームからの脱却」は、安倍首相がかかげる「日本のかたち」です。しかし、それが周辺国や友好国から〈軍事大国化〉への決意と受け取られているのも事実なのです。安倍首相が好戦的な人物とは思いたくありません。強力な軍事安全保障によって「国民の生命・財産を守れる」と信じているのでしょう。でも、戦争には「不確実性の霧」や「偶然という摩擦」、そこから生じる「相互作用」という特徴がつきまといます（クラウゼヴィッツの『戦争論』）。また、軍拡の応酬を、国際関係論では「安全保障のジレンマ」といいます。すなわち、わが方の「安全と安心」のための軍備増強が、近隣国には「不安と脅威」として受けとめられ、軍拡競争を加速させるジレンマ、また、「市民の自由」を守るはずの国家権力が、反対に、市民の自由と権利を抑圧してしまう〈国家の逆機能〉というジレンマです。まさしく安倍政権のもとで進行している安全保障政策は、「威嚇と対立」型の国家関係、「自由と権利抑圧」政治にかぎりなく接近しています。〈グレーゾーン事態〉に力こぶを入れるあまり、思いもかけぬ武力衝突に至っていいのか、そうではなく、ＥＵのようなＷＩＮ＝ＷＩＮ型「共通の安全保障」（Ｑ56）をめざすのか、いま、考えなければならないのはそのことなのです。

62questions

62のテーマから知る日本軍事入門

Q1 太平洋戦争はなぜ起きたのですか

A

「太平洋戦争」は、ふつう一九四一年一二月八日朝、連合艦隊空母機動部隊によるハワイ・真珠湾軍港への空爆をもって開始、とされています。しかし、それより三時間まえ、陸軍部隊がシンガポール攻略をめざしてマレー半島コタバル、シンゴラなど三地点に上陸していました。だから、正確には「アジア太平洋戦争」と呼ぶべきでしょう。まずは、開戦の様子からふれていきましょう。

〔戦争のはじまり〕

国民は、NHKラジオが朝七時の時報ののち流した臨時ニュース、「大本営陸海軍部午前六時発表」で開戦を知ります。正午に天皇の名による「開戦の詔書《しょうしょ》」が奉読され、その日だけで、定時ニュースのほかに開戦にいたる経緯および戦果第一報など一一本の臨時ニュースが放送されました。だから、ほとんどの国民にとって、太平洋戦争は「耳」からはじまった戦争といっていい。

太宰治は、翌年二月号『婦人公論』に発表した短編『十二月八日』で、一主婦の口をとおして、つぎのように書いています。

> 十二月八日。早朝、蒲団《ふとん》の中で、朝の支度に気がせきながら、園子《そのこ》（今年六月生まれの女児）に乳をやっていると、どこかのラジオがはっきり聞こえてきた。
> 「大本営陸海軍部発表。帝国陸海軍は今八日未明西太平洋において米英軍と戦闘状態に入れり」
> しめ切った雨戸のすきまから、まっくらな私の部屋に、光のさし込むように強くあざやかに聞こえた。二度、朗々と繰り返した。それを、じっと聞いているうちに、私の人間は変わってしまった。強い光線を受けて、

からだが透明になるような感じ。あるいは、聖霊の息吹《いぶき》を受けて、つめたい花びらをいちまい胸の中に宿したような気持ち。日本も、今朝から、ちがう日本になったのだ。

一新された世界

太宰だけでありません。作家・伊藤整は、「ラジオの音の洩れる家の前に立ちどまっているうちに、身体の奥底から一挙に自分が新しいものになったような感動を受けた。」と書き（『十二月八日の記録』）、詩人の高村光太郎も、「世界は一新せられた。時代はたった今大きく区切られた。昨日は遠い昔のようである。」と、その日の感想を記しています（『十二月八日の記』）。もっとも、ラジオぎらいの永井荷風のような受け止め方――「日米開戦の号外出ず。帰途銀座食堂にて食事中燈《とう》火《か》管制《かんせい》となる。…余が乗りたる電車乗客雑踏せるが中に黄いろい声を張上げて演舌をなすものあり」（『断腸亭日乗』）と、そっぽを向いた例もありますが。

戦史に燦たり・米太平洋艦隊の撃滅

★―真珠湾攻撃（『朝日新聞』1942年1月1日付）

対米英開戦の報に、日本人の多くが、なにか気持ちの吹っ切れた高揚感に浸りました。なぜなのか？ じつは対米開戦以前から、戦争はすでに日本社会の一部となり市民生活に重くのしかかっていたのです。一九三一年九月にはじまった「満洲事変」が、三七年七月には「日中全面戦争」（支那事変）に拡大し、身内や同僚がつぎつぎと召集されていく（詳細はQ10を参照）。だが、どこまで進んでも――南京を陥落させ、北京を占領しても――いっこうに足が抜けない抗日ゲリラ戦争の泥沼に国民はいらいらしていました。いっぽう国内では「非常時体制」「国家総動員」がさけばれ、消費生活は「配給制度」により統制され、江戸時代の五人組にも似た「隣組《となりぐみ》」の相互監視のもと、プライバシーも窮屈になる…。そんな閉塞感を突き破るように、日米開戦の臨時ニュースが流され、つづいて「布哇《ハワイ》方面米国艦隊並びに航空兵力に対する決死的大空襲を敢行せり」と報じられたのです（八日午後一時）。そのすこしまえ、陸軍部隊が英領マレー半島方面に「奇襲上陸作戦を敢行し着々戦果を拡張中なり」という発表もありました（午前一一時五〇分）。アメリカ合衆国と大英帝国に真っ向から戦いを挑んだ。乾坤一擲《けんこんいってき》のいくさがはじまった。そのことが国民を異常な興奮状態におとしいれたのでしょう。中国との戦争にある種の後ろめたさを感じていた国民も、相手が米英なら「アジアを白人支配から解放する戦争」という名分が立つ、そんな思いが働いていたのかもしれません。

〈はじまりは日中戦争〉

とはいっても、この戦争にそんな「大義」があったかどうか疑わしい。対米戦争の根っこは、どこまでも「日本の中国侵略」に発したひとつながりのものだったからです。じじつ、東条英機陸軍大将を首班とする内閣は、一二月一二日、新しい戦争の名称を「支那事変を含めて大東亜戦争とする」むね決定しました。つまり「太平洋戦争」が「日中戦争」に端を発し、その拡大・発展形として起こった経緯をここにも読み取れます。

対米英開戦にいたる「昭和の戦争」の経過をたどると――。

一九三一年九月一八日、奉天（現在の瀋陽）郊外の柳条湖で「満洲鉄道」の線路が爆破されました（「柳条湖《りゅうじょうこ》事件」）。この事件、じつは関東軍（Q４）の謀略による〈自作自演〉だったのですが、それを「支那軍によるテロ」と断じた関東軍は、「自衛のため」と称して満鉄沿線に（政府の許可を得ずに）独断出兵、ここに「満洲事変」の火ぶたが切られます。周到に事前準備していた日本軍は、無人の荒野を行くようにほぼ満洲全域を制圧し、既成事実をつくったうえで、翌一九三二年、中国東北部三省（遼寧・吉林・黒竜江）に傀儡《かいらい》国家「満洲国」を建国するのです。

中国は、これを日本の侵略行為として国際連盟に提訴、委任を受けたイギリス人リットン卿を長とする調査団が現地にはいります。発表された「リットン報告書」（三二年九月）は、満洲における日本の（日露戦争で得た）既得権益をみとめつつも、満洲国建国は容認できないと結論づけました。米国務長官スチムソンも「スチムソン・ドクトリン」（三二年一月）を発し、アメリカの「不承認主義」を鮮明にします。日米間に不信の溝が生まれました。国際連盟から「世界の公敵」と問責非難を受けた日本は、常任理事国の地位を投げすて脱退します（三三年三月）。「満洲事変」が、一〇年後「対米英戦争」となる導火線に種火《たねび》を点火したのです。

〈総動員体制へ〉

日本は、発足した満洲国を安泰なものとして保持するため

★―盧溝橋事件

に、中国主要部へと軍事力を浸透させていきます。当然ながら中国では反日活動が活発化する。そこで起きたのが、三七年七月七日、北京郊外・盧溝橋《ろこうきょう》で日中両軍の衝突（「盧溝橋事件」）を引き金とする「日中全面戦争」の開始でした。近衛文麿内閣は、「大本営」を設置（三七年一一月）して大兵力を送りこみ、一二月、首都南京を占領、それでも降伏しないと見るや、「爾後《じご》、国民政府を対手《あいて》とせず」（三八年一月）と絶縁声明を出し、汪兆銘《おうちょうめい》を首班とする親日政権の樹立工作を進めつつ（四〇年三月発足の「南京政府」）、さらに奥地へと侵攻していきます。この時期、国内では、三八年四月「国家総動員法」が、四一年には「国防保安法」が公布され、労働組合は「産業報国会」と名称をかえ、街じゅうに「スパイに警戒せよ」とか「はづむ話で漏らすな軍機」のポスターが貼られ、新聞も「一県一紙」に統合されます。このように、宣戦布告のない「支那事変」の名のもと、国民生活は戦時一色に染めあげられていくのです。

　いっぽう中国側も、それまで内戦をつづけていた蒋介石の国民党と毛沢東の共産党が「盧溝橋事件」を機に「抗日民族統一戦線」を結成（三七年九月）、蒋介石をリーダーとする「フリー・チャイナ」を国際社会にアピールし、局地戦では太刀打ちできないものの、日本軍を中国の広大な大地に誘いこみ消耗を強いる持久戦に打って出るのです。国共合作政権は、南京、武漢と拠点を移しながら抗戦し、三八年以降は、内陸奥深い四川省重慶に臨時首都を置き、日本軍と相対します。陸軍を送り込めない奥地に引きこもり抗戦する「重慶政権」所在地に、日本軍は爆撃機による焼夷弾攻撃を実施しますが（「重慶爆撃」）、中国は耐え抜きました。

アメリカとの対立

こうして戦線が固定し膠着《こうちゃく》状態におちいるなか、中国に同情を寄せる西欧諸国、とりわけアメリカと日本の対立が深まります。ローズベルト大統領は、南京攻略にはじまる都市空爆を「婦女子を含む非戦闘員を無慈悲に殺害する」ものと非難し、そのような国は国際社会から「隔離」されなければならない、と非難していました（「南京爆撃」時の「隔離演説」三七年一〇月）。同時に、「満洲国不承認」から「重慶政権支援」へと積極政策に転換させ、「重慶爆撃」がエスカレートするなか、対日「エンバーゴ」（輸出規制）から「サンクション」（経済制裁）へと圧力の度をつよめます。

当時、日本の製鉄業はアメリカの屑鉄《くずてつ》に、また、石油も米英系メジャーに大きく依存していただけに影響は深刻でした。日本メディアは、これを「ＡＢＣＤ包囲網」（米・英・中国・オランダによる日本封鎖）と名づけ、反米論調をつよめました。経済封鎖が、ボディーブローのようにじわじわと日々の生活に効いてくる。見通しのつかない対中戦争のゆくえに国民はいら立っていました。とくに四一年八月に実施された「石油の対日輸出禁止」が決定的でした。「石油の一滴・血の一滴」、それが断たれたのです。

引き金となったのが、日本軍の四一年七月の「南部仏印進駐」（現在のベトナム）です。おりしも、ヨーロッパでは第二次世界大戦が進行中でした（三九年九月一日開戦）。ナチス・ドイツの機甲軍団はたちまちのうちにポーランドを席巻し、フランス、オランダに進攻、占領します。その結果、東南アジアにある仏領インドシナ（仏印＝ベトナム・ラオス・カンボジア）、オランダ領インドシナ（蘭印＝インドネシア）の宗主国権力は、一夜にして「空位」となりました。単独でドイツと戦うイギリスにしても、マレー半島植民地（現在のマレーシア・シンガポール）を防衛する十分な力はありません。東南アジアは、石油、天然ゴム、ボーキサイト（アルミニウムの原料）など戦略物資の宝庫です。欧州の情勢急変を受け、日本国内では「千載一遇の好機」「バスに乗り遅れるな」といった、資源を南方にもとめる「南進論」が、同盟国ドイツの快進撃に乗っかるかたちで政府・軍部に浸透していきます。こうしてアメリカとの対決はいよいよ避けがたくなるのです。

〔三国同盟締結からハルノートへ〕

もうひとつの要因が、そのドイツと締結した「日独伊三国同盟」条約（一九四〇年）にありました。この条約、もともとはソ連を対象とした「日独伊防共協定」（三七年）に発し、共産主義の〈革命の輸出〉に協力し合うというほどの内容でした。しかしヒトラー政府は、欧州戦争をまえにして、たんにソ連を牽制するだけでなくイギリスの軍事力をアジアに分散、引き留めるため対象国を英米にも広げ、かつ自動参戦義務をともなう「攻守同盟」にしようと提案してきます。はじめ乗り気でなかった日本も、欧州で戦争が開始され、ドイツの目覚ましい勝利を目にすると、近衛内閣は（南方資源への思惑もあって）「三国同盟」に調印します。これがアメリカとの関係において決定的な亀裂となりました。

四一年一一月、日米交渉の席で、米国務長官コーデル・ハルから「ハル・ノート」が提示されました。そこには、中国とインドシナからの日本軍の全面撤退要求、日独伊三国同盟の廃棄、重慶政権の承認（親日中国政権の否認）などが盛られていました。ハルは翌日、スチムソン陸軍長官に「私は手を洗った」と告げます。つまり、日本に最後通牒をわたした、あとは軍の出番だという意味です。

日本政府も「ハル・ノート」を同様に受けとめました。すでに四一年一一月五日の御前会議（天皇臨席の軍部と内閣による最高会議）で「対米交渉打ち切り」「開戦も辞せず」の最終方針が決定されていました。ハル・ノート手交の日、連合艦隊はカラフト・単冠湾《ヒトカップ》に集結していました。一二月一日、御前会議は「対米英蘭開戦」を決します。連合艦隊に作戦海域への進発命令が発せられ、一二月二日、「新高山《にいたかやま》登れ一二〇八」――ハワイ奇襲攻撃命令が発電されるのです。

気がつくと、日本は、ヒトラーのドイツ、ムッソリーニのイタリアとともに、「枢軸国」対「連合国」の、ほぼ全世界を敵とする大戦争に突入していたのでした。（前田哲男）

〔参考文献〕『現代史資料　太平洋戦争』（みすず書房、一九六八〜七五年）、日本政治学会編『太平洋戦争への道　開戦外交史』（朝日新聞社、新装版一九八七年）、入江昭『太平洋戦争の起源』（東京大学出版会、一九九一年）、服部卓四郎『大東亜戦争全史』（原書房、一九九三年）

Q2 太平洋戦争と大東亜戦争の違いについて教えてください

A

一九四五年八月にポツダム宣言を受諾したことで敗戦を迎えた日本の戦争ですが、日本では「大東亜《だいとうあ》戦争」とも「太平洋戦争」とも呼ばれます。この戦争をどう呼ぶかですが、たとえば中曽根康弘が首相の座にあったときに「大東亜戦争」と呼んだことで、「首相がいまなお大東亜戦争の呼び名に固執しているとしたら、それは開戦へ走った当時の日本政府の立場を肯定しているあらわれ」（『朝日新聞』コラム一九八二年一二月六日付（夕刊））との批判がなされました。このように、「大東亜戦争」か「太平洋戦争」かは単なる名称の問題にとどまりません。なぜ戦争が起こったのか、戦争中に日本がどのような行為をしたのかといった「歴史認識」、戦争中の日本の権力者や軍の行為の責任をどのように考えるのかといった「戦後補償」の問題についてどのような立場を取るのかが、この戦争の呼び方に反映されている場合が少なくありません。

〔「大東亜戦争」から「太平洋戦争」へ〕

まずは戦争の呼び方の流れについて紹介します。一九四一年一二月八日、日本はアメリカやイギリスなどに宣戦布告をしました。開戦当初、この戦争をどのように呼ぶかで陸軍と海軍で意見が対立しました。太平洋での正面作戦を重視する海軍は「太平洋戦争」と呼ぶことを主張しました。いっぽう、太平洋での「広域」作戦を主唱する海軍に反対し、大陸での大東亜共栄圏の設立を重視する陸軍は「大東亜戦争」と呼ぶことを主張しました。開戦から二日後の一二月一〇日、大本営《だいほんえい》政府連絡会議でこの戦争が「大東亜戦争」と呼ばれることになりました（一二日閣議決定）。そして、地の果てまで

★—大本営政府連絡会議

（八紘《はっこう》）ひとつの家（一宇《いちう》）のように天皇が統治するという「八紘一宇」の精神にもとづく共栄圏を日本が中心となって中国や東南アジアに作り上げるという、「大東亜共栄圏」の創設を名目として戦争が遂行されました。

一九四五年八月、日本がポツダム宣言を受託することで戦争が終結します。そして一九四五年一二月一五日にGHQから出された、いわゆる「神道指令」では、公文書で「大東亜戦争」「八紘一宇」、その他の国家神道、軍国主義と切り離すことができない用語の使用が禁止されました。その後、「太平洋戦争」の用語が一般的に定着するようになりました。

〔大東亜戦争史観〕

ただ、GHQの指令がきっかけとなって戦後に一般的な呼称となった「太平洋戦争」と呼ぶのは適切でないとして、「大東亜戦争」と呼ぶ立場もあります。「大東亜戦争史観では、日本は侵略国家だったのではなく、大東亜戦争は日本の自衛のための戦争、欧米諸国の植民地支配からアジア諸国を開放するための戦争であるという歴史認識に立ちます。たとえば清水馨八郎『大東亜戦争の正体　それはアメリカの侵略戦争だった』（祥伝社、二〇一三年）、田母神俊雄『田母神塾』（双葉社、二〇〇九年）などから主張を紹介します。

まず、「太平洋戦争」という名称は「正式な世界史をも歪曲して、対日戦争を日本の侵略戦争だと正当化するために捏造したでっち上げの呼称である」とされます（清水二九頁）。清水によれば、「戦争でないので、政府はシナに宣戦布告をしていない。シナ側が勝手に日中戦争に仕立てて、日本の侵略戦争だと内外に宣伝したのである」、「彼らが言うところの日中戦争は、日本の国力を弱めさせるために、シナ側が日本を挑発し、仕掛けた戦争だったことが明らかである」（清水一二四、一二五頁）。

田母神によれば、「張作霖爆殺事件と盧溝橋事件はコミンテルンの自作自演」（田母神四四頁）、「南京大虐殺はデッチ上げ」（田母神四八頁）であり、「戦争をしかけてきたのはアメリカ」（田母神四八頁）だと言います。朝鮮に関しても、「創氏改名は日本の強制ではなかった」（田母神三八頁）としています。それどころか、「欧米列強の搾取型でなかった日本の植民地政策」（田母神四二頁）であり「生活水準を向上させた」など、「朝鮮が受けた恩恵」にも「目を向けるべき」だとします（田母神三六頁）。大東亜戦争はアメリカの侵略戦争であり、大東亜戦争での勝者は日本と主張される場合もあります（清水四一頁）。

〔太平洋戦争史観〕

いっぽう、日本の戦争は侵略戦争であり、「大東亜戦争」と呼ぶことに反発する進歩的な立場からは、一般的に「太平洋戦争」と呼ばれます。たとえば家永三郎は『太平洋戦争』（歴史学研究会、一九六八年）で、「大東亜戦争」という呼び方は「積極的支持の評価」につながり、「〔大東亜戦争という〕名の使用は断じて不可であるという著者の信念」から、「太平洋戦争」という用語を使用しています。政治史家の木坂順一郎も、大東亜戦争という呼び方は「侵略を美化し肯定する」ことにつながるとして、「従来から一般化している太平洋戦争という名称を使用」するとしています（『昭和の歴史』〈小学館、一九八二年〉一七頁）。

ただ、「太平洋戦争」という呼び方自体は「中国戦線を包含する戦争の名称としては適当ではなく、日米戦争を中心とする見方に偏しているので、科学的にかならずしも正確とは言えない」（家永三郎）との問題はあります。そこで、一九三一年の「満洲事変」、一九三七年の「日中戦争」、そして一九四一年の「太平洋戦争」を一連の戦争と捉えるべきとの視点から、鶴見俊輔による「一五年戦争」、あるいは、「帝国と植民地主義の観点に基づき、かつ、その支配の影響力と痕跡が今に至るまで決して過去のものにはなっていないという観点」を込めるとの意図から「アジア・太平洋戦争」との呼び方も提唱されています（『岩波講座　アジア・太平洋戦争』（岩波書店、二〇〇五年）。

〔ふたたび「大東亜戦争」との呼び方に関して〕

なお、少数派になりますが、先の日本の戦争は「大東亜戦争史観」で言われるような「自衛戦争」「アジア解放戦争」ではなく、アジア諸国への侵略戦争との立場に立ちながらも、正確な歴史認識を追究すべきとの立場から「大東亜戦争」と呼ぶ論者もいます。ここでは日本政治史を専門とし、「『大東亜戦争』という呼称を使ったからといって大東亜共栄圏を造成するためにアジア全域を蹂躙した戦争を肯定することにも支持することにもならない」との見解を有する信夫清三郎名古屋大学名誉教授の見解を紹介します（「『大東亜戦争』と『太平洋戦争』――歴史認識と戦争の称呼」『世界四六三号』）。

信夫清三郎は、一九四五年八月に日本の敗戦で幕を閉じる日本の戦争が、①「柳条湖事件」（一九三一年）、②「盧溝橋事件」（一九三七年）、そして③一九四一年の対アメリカ、イギリス、オランダ、中国への戦争という段階を有すると考えるのであれば、この戦争を「太平洋戦争」と呼ぶことには時期的にも戦争の性質としても適切でないとします。戦争の性質に関してですが、日本の戦争は、東南アジアへの侵略戦争である「植民地侵略戦争」と、対米英との「対帝国主義戦争」の二つの側面を有する「二重構造」をもっていると指摘します。そして、「『大東亜戦争』にせよ、『太平洋戦争』にせよ、戦争の歴史的性質を最も的確に表現しうる呼称を選択する必要」があるとの考えから、「戦争の実体を最も広く蔽いうるものとして『大東亜戦争』の呼称を用いている」とします。

（飯島滋明）

Q3 敗戦までの道のりを教えてください

A

日本の敗戦は、一九四五年（昭和二〇）八月一五日正午、昭和天皇が「玉音《ぎょくおん》放送」をつうじ、米・英・中（のちにソ連も参加）が発した「ポツダム宣言」（七月二六日発表）を受諾すると国民に告げたことで決定しました。

戦いの日々は、「太平洋戦争」の呼び名にしたがうと（四一年一二月八日のハワイ「真珠湾攻撃」が宣戦布告日だから）三年九カ月あまり。また、日本政府が命名した「大東亜戦争」でかぞえると、（三七年七月以降の「支那事変」をふくむので）八年一カ月。さらに、「満洲事変」（三一年九月の「柳条湖事件」）を起点にすれば、日中「一五年戦争」ともなる長期におよぶものでした。

〔どのような戦争だったのか〕

戦争の目的、性格は、①日本の侵略主義（「自存権」という名で飾られた国家発展権）、②欧米諸国とのアジア植民地および市場と資源を争う帝国主義間の利害衝突（〈獅子の分け前〉の争奪）、③日本の主張（「東亜新秩序」や「大東亜共栄圏」など）に見られる「大アジア主義」「白人支配の打破」などが入り混じったものでした。また、それは「第二次世界大戦」の一部ともなったため、④「連合国」（米・英・ソなど四六ヵ国）対「枢軸国」（日・独・伊）の戦いでもありました。

この「アジア太平洋戦争」に動員された日本の青壮年約六〇〇万人のうち、約二一〇万人が戦死（典型的には「玉砕」と形容される全滅）、戦病死（「インパール作戦」におけるマラリア）、あるいは餓死（ガダルカナル島など。レイテ島攻防では〝人肉食〟という極限状態）によって命を絶たれ、また、中国を中心にアジア各地で二〇〇〇万人以上の兵士・民間人が殺

されたとされます。くわえて、戦争末期一年間の「日本空襲」と「原爆投下」で約五〇万人の市民が犠牲になりました。「ポツダム宣言」受諾で戦争が終結したことにより、日本国軍隊は「無条件降伏」、そして「完全武装解除」、連合国による「日本占領」（五二年四月まで）が科せられました。
では、敗戦まで、どのような「道のり」をたどったのか。

〔攻勢から撤退へ〕

開始直後、日本軍の進撃には目を見張るものがありました。破竹の勢いといっていい。山本五十六・連合艦隊司令長官が、開戦前、近衛文麿首相に語った「是非やれといはれれば、初め半歳《はんとし》か一年の間は随分《ずいぶん》暴れてご覧《らん》に入れる」（近衛文麿手記『平和への努力』）と豪語したとおり、海軍は短期間のうちに西太平洋とインド洋の海と空を制圧し、そのもとで陸軍は、東南アジアの米・英・仏・オランダ植民地（いまのASEAN＝東南アジア諸国連合一〇カ国のタイをのぞく全域）に進軍、撃破、占領しました。米艦隊は真珠湾で、英東洋艦隊はマレー沖で、日本空母機動艦隊などの攻撃により壊滅、東南アジア全域に日章旗が翻《ひるがえ》りました。英領シンガポールは「昭南市」、米領グアム島は「大宮島」と改名されます。のちに日本占領軍総司令官となる米極東軍司令官ダグラス・マッカーサー大将は、急迫する日本軍をのがれフィリピン・マニラ湾口のコレヒドール島からオーストラリアに落ち延びました。中国戦線でも、日本は汪兆銘《おうちょうめい》を擁立《ようりつ》して親日政権を樹立、蔣介石政権を四川省の奥地・重慶に圧迫していました。これまでが第一期です。

しかし、先手必勝の積極作戦が功を奏したのは、（山本長官の予言どおり）半年にすぎませんでした。四二年六月、中部太平洋・ミッドウェイ島攻略をめぐる海・空戦で、（暗号を解読された）日本艦隊は、空母四隻、航空機三二〇機を、練達の操縦士とともに失う惨敗を喫し、それを機に太平洋の制空・制海権が揺らぎます。虚を突くように、八月、米海兵隊一個師団が、南西太平洋ソロモン諸島ガダルカナル島に奇襲上陸、日本設営隊が完成させたばかりの飛行場を奪取して反攻の足がかりを築きます。以後、「ガ島奪回」をはかる日米軍のと熾烈《しれつ》な攻防がつづき、多くの海戦と空戦、さらに日本兵に「餓島《がとう》」と形容され

★―ミッドウェイ海戦

た補給のない凄惨《せいさん》な地上戦が繰り広げられます。結局、日本軍は兵員・物資を間断なく充当していく「ロジスティクスの戦い」（兵站戦）に対応できず、「ガ島」からの撤退を余儀なくされます（四三年二月「転進」と発表して撤退）。これが太平洋戦争の大きな分水嶺となりました。

〔対日包囲網〕

一九四三年になると、連合国（米・英・中）側は、「カサブランカ会談」（一月）、カイロ会談（一一月）などをつうじ対日攻撃ルートを調整、確立していきます。

① マッカーサー南西太平洋軍最高司令官が指揮をとり南西太平洋を北上するニューギニア～フィリピンへ～マリアナ、沖縄へいたる進攻路。

② ニミッツ太平洋艦隊司令長官によるハワイ～トラック島～マリアナ諸島へのミクロネシア横断作戦。

③ 英・米・中共同の「ビルマ奪還」および「中国支援ルート」確保作戦（インド・ビルマ・雲南方面）

④ 中国戦線に日本陸軍の大兵力を拘束しつづけるための「重慶政権」援助基盤の確立（蔣介石と共産党軍の指導と支援）

対日包囲網は以上四方向に絞られ、それぞれの戦域で激戦が展開されます。いっぽうスターリン独裁下のソ連もまた、ヨーロッパ戦線でドイツの猛攻にさらされながら、極東軍をヨーロッパに「西送」することなく、日本陸軍の最精鋭・関東軍を「ソ満国境」に釘づけにしていました。

こうした大構図が形成されるなかで、日本軍は各戦線からじりじりと後退を余儀なくされます。その結果、米潜水艦の「通商破壊戦」により南方物資（石油、ボーキサイト、ゴム）など軍需生産に不可欠な原料の「内地還流」と、本土～戦地間の兵力輸送路までおびやかされ、日本軍は広大な戦場で守勢、防戦に立たされ、また「補給なき戦い」を強いられます。くわえて、この年四月に山本五十六連合艦隊司令長官の搭乗機が、ソロモン諸島ブーゲンビル島上空で米軍機の待ち伏せ攻撃にあって撃墜されたこと（これも「暗号戦」の敗北によるものでした）、五月、日本軍占領下の米アラスカ州アリューシャン列島「アッツ島」が奪還され、守備隊が全滅（大本営発表に「玉砕」ということばが初めて登場しました）したことも、戦いの行く手に暗雲を投げかけるできごとした。

緒戦の敗北から立ち直り態勢をととのえた米軍は、手ごわい反撃が予想されるラバウル、トラック島など日本軍の要《よう》衝《しょう》は（空爆のみで）素通りし、攻撃拠点となる島だけ確保する「蛙飛《かわず》び（leap frogging）作戦」をとりながら、太平洋の南と東方向から日本本土を目指す、そんな太平洋方面の戦略が明確になりました。九月、東条英機内閣は、広げすぎた戦線を整理し、今後、絶対に確保すべき要域として、千島～内南洋（トラック、サイパン、テニアン島）～西部ニューギニア～スンダ～ビルマで囲まれた域内を「絶対国防圏」として設定しました。とくに太平洋正面の島々に航空基地を重点配置し、来攻してくる米軍を空母機動部隊と基地航空隊が連携しつつ、挟み撃ちにして撃滅しようとする作戦構想です。ミクロネシアの島々は、戦前から日本領であったので大艦巨砲の利、および基地航空隊と空母艦載機で挟撃する「アウトレンジ戦法」が地形の利として活用できるという判断がありました。しかし、その構えをつくる途上で、再建中の航空戦力を「絶対国防圏」外側前線に迫りくる米軍に、投入、消耗せざるをえない受け身の戦いを強いられ、「戦力の集中」は果たせませんでした。

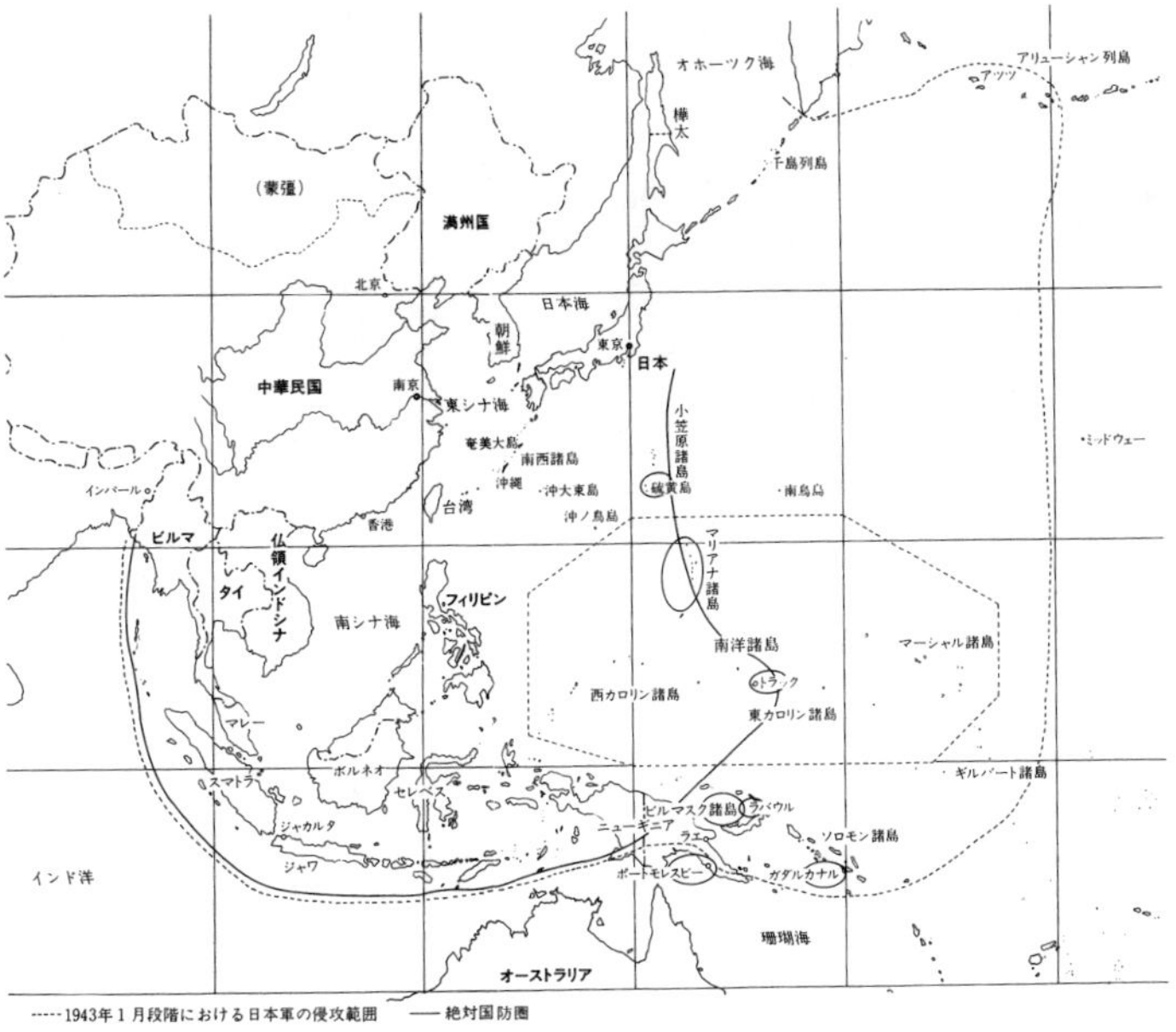

★—日本軍の絶対国防圏

〔絶対国防圏の崩壊〕

一九四四年六月、絶対国防圏の中枢、マリアナ諸島サイパン島に、空母一五隻を主力とする米第五艦隊と遠征上陸軍が殺到しました。米進攻路から見れば、ボルネオ～セレベス、ニューギニアでつくられた門《かんぬき》をこじあける「北上ルート」と、ハワイから大海原《おおうなばら》を押しわたった「西進ルート」が交差する地点に当たります。連合艦隊は第一機動艦隊の空母九隻を基幹に「あ号作戦」を発動、基地航空と空母艦載機で迎撃する一か八かの大勝負を挑みます。しかし、戦力と練度に劣る日本軍は、回復不能の大被害を受け戦場から敗退しました。米軍のレーダーとソナー（水中音波探知機）が、日本側の「アウトレンジ戦法」を封殺し、「マリアナの七面鳥撃ち」と呼ばれる結末にいたったのです。新兵器のVT信管（弾丸から電波を発信し目標の一〇m以内で爆発する）が猛威をふるいました。この「マリアナ沖海戦」（日本側作戦名「あ号作戦」）で、連合艦隊は実質的に消滅します。

海戦につづく陸の戦闘でも、サイパン島の陸海軍守備隊が全滅、在島日本人九〇〇〇人もろとも「玉砕」して陥落しました（七月七日）。その結果、大本営、政府首脳にも「日本敗北」が現実のものとして認識されるようになります。なぜなら、マリアナ諸島に米軍航空基地が作られると、日本全土がB-29爆撃機の空襲圏内に入ってしまうからです。開戦時の首相、東条大将にたいする責任が問われ、内閣は崩壊しました（七月一八日）。しかし、戦争は終わりません。

絶対国防圏の内側にあるフィリピンでは、レイテ島に上陸した一〇万人の米軍を相手に、日本軍が悲惨な戦闘に従事することになりました（「捷1号」作戦。のちに『レイテ戦記』を書く作家・大岡昇平も一兵士でした）。フィリピンは、遠征軍最高指揮官のマッカーサー大将にとって、「I SHALL RETURN」（必ず戻ってくる）と捨て台詞をのこして去った、いわば因縁の地です。レイテ島の日本軍は七万五〇〇〇人に増勢されたものの弾薬・食糧は途絶えてしまい、「レイテ決戦」は名のみに終わりました。海上でも、レイテ湾突入をこころみた戦艦「武蔵」以下、多数の軍艦が沈められました。もはや「艦隊決戦」を望めなくなった連合艦隊は、最悪の選択、「神風特攻」という体当たり攻撃にのめりこんでいくことになります。相前後して実施されたビルマでの「インパール作戦」も、七万二〇〇〇人の戦死、餓死者を出して敗退、「絶対国防圏」は、こうして崩れ去ってゆくのです。

〈原爆投下への道〉

一九四五年二月、元首相の近衛文麿が天皇に接見して、「敗戦は遺憾ながら最早《もはや》必至なりと存候《ぞんじそうろう》」と上奏《じょうそう》し、早期講和を進言しました。しかし、ここでも戦争は終わりませんでした。近衛の上奏にたいして天皇は、「参謀総長は、和を乞《こ》うとも国体の存続は危うく、戦って行けば、万一の活路が見出だせるかもしれぬ。軍は台湾に敵を誘導し得れば、今度は叩き得るといっている」と、のべました。敵を本土ちかくに引きつけて撃破する戦術への転換です。しかし、米軍は強固に守られた台湾ではなく、手薄な沖縄にやってきました。

アジア太平洋戦争最後の大規模地上戦となった「沖縄戦」が開始されたのは、一九四五年四月一日のことです。このころ、日本本土各地はマリアナ諸島から発進するB-29の空襲にさらされていました。三月一〇日の大空襲で東京下町一帯は焼け野原となり、死者一〇万人という被害を出します。それでも沖縄での地上戦はつづきました。本島中部から南部にかけて寸土を争う戦い、住民を巻き込み、男女学生（「ひめゆり部隊」や「鉄血勤皇隊」）まで動員して前進を食いとめようとする絶望的な戦いでした。鹿児島県の知覧《ちらん》、鹿屋《かのや》など九州の飛行場からは、連日、特攻機が帰途のない出撃を繰りかえしました。巨大戦艦「大和」も、沖縄特攻の途次沈みます。一命をとりとめた学徒兵・吉田満は、「徳之島ノ北西二百浬ノ洋上、『大和』轟沈《ごうちん》シテ巨体四裂ス。水深四百三十米。イマナホ埋没スル三千ノ骸《むくろ》、彼ラ終焉《しゅうえん》ノ胸中果シテ如《い》何《かん》」と記しています（『戦艦大和ノ最期』）。

六月二三日、第三二軍司令官・牛島満中将が洞窟司令部で自決、「沖縄戦」は終わります。兵士の戦死者を上回る一〇数万人の住民が戦闘に巻き込まれて命を失った戦いでした。

八月、広島と長崎上空で原子爆弾が爆発しました。一回の出撃、一機による攻撃、一発の爆弾。それで一つの都市が全滅する。まさしく究極の戦争のかたちがそこにありました。長崎に原爆が投下されたその日、「ソ連の対日参戦」の報が大本営にもたらされました。陸軍強硬派は、なお戦争継続を主張しますが、御前会議は、天皇の「聖断」によって「終戦」を決定します。八月一五日、天皇は、連合国の対日最終通告「ポツダム宣言」を受諾する「玉音放送」を行い、そこで「太平洋戦争」の歳月に終止符が打たれるのです。

（前田哲男）

〔参考文献〕『太平洋戦争への道　開戦外交史』（朝日新聞社、一九八八年）、大岡昇平『レイテ戦記』（中公文庫、一九九〇年）、吉田満『戦艦大和ノ最期』（講談社文芸文庫、一九九四年）、C・Wニミッツ『ニミッツの太平洋海戦史』（恒文社、新装版、一九九二年）、『マッカーサー回想記』（朝日新聞社、一九六四年）、吉田嘉七『ガダルカナル戦詩集』（創樹社、一九七二年）

Q4 関東軍とはどのような組織ですか

A

戦前期日本がおこなった大陸政策の実行者としての役割を担い続けた軍隊組織。同時に一個の軍隊組織である以上に極めて政治的な存在でした。関東軍の前身は、日露戦争が日本軍の勝利により終結し、日露講和条約が締結された後の一九〇五（明治三八）年九月に創設された関東総督府（初代総督は大島義昌《よしまさ》大将・遼陽《りょうよう》に設置）指揮下に第一四師団（宇都宮）と第一六師団（京都）の合計約一万人の部隊です。これら両師団を合わせて満洲駐劄《ちゅうさつ》師団と呼称しています。

〔呼称について〕

この場合、「関東」とは中国本部（関内）と満洲（関外）を分ける山海関《さんかいかん》の東の地域を示します。翌一九〇六（明治三九）年九月、関東総督府に代わり関東都督府（旅順に設置）が設置され、翌一九〇七年四月、日露戦争の結果、ロシアから割譲された南満洲鉄道の付属地警備を担う部隊として独立守備隊六個大隊が新設されました。これに一個師団が配備され、合計では約一万人規模の体制でした。

〔外務省との対立〕

総督府から都督に代わっても軍人都督であるかぎり都督府は、大陸政策で主導権を握ろうと常に外務省と対立を繰り返します。ところが第一次世界大戦後、国際社会にデモクラシーの潮流が拡がると、軍主導の政策運営の批判が台頭し、日本国内でも原敬政友会内閣が成立するにおよび、軍人を長官に頂く台湾総督府と朝鮮総督府の官制改革に乗り出します。

そこで原内閣の陸軍大臣田中義一《ぎいち》大将は、手はじめとして関東都監督府の関東都監督は文武官のいずれでも可とする内容などを盛り込んだ官制改革を断行。一九一九（大正八）年四月一一日付で関東都監督府完成が廃止された結果、行政執行機関として関東庁（初代長官は元中華大使の林権助《ごんすけ》）が新設され、陸軍部は関東軍司令部となりました。政治部門と軍事部門が切り分けられ、陸軍の政治介入をはばむ試みが実行されたのです。こうした経緯をへて、後の関東軍が正式に独立設置されることになり、事実上関東軍の歴史が始まったのです。

関東軍司令部条例には、関東軍司令官が天皇に直隷《ちょくれい》し、関東州の防備と南満洲鉄道路線の保護を担うと規定されています。関東軍司令部には、参謀部・副官部・兵器部・経理部・軍医部・獣医部・法官部が置かれ、兵力数に比して強力な軍事組織を構築します。その後、関東軍が陸軍中央や時には政府の命令や統制からもあえて違反行為を繰り返したのは、天皇直隷軍隊としての自負と満洲地域の防衛を一手に担うという目的意識が過剰なほど強かったことによります。

★—関東軍司令部

〔満洲国の支配者〕

平時に数個師団から編成される軍は、関東軍以外にも台湾軍と朝鮮軍があるが当時日本の植民地に展開した軍組織であり、「国土配置部隊」でした。これに対し、関東軍は日本国領土以外に展開した軍組織である点において、きわめて特異な位置を占めていました。とりわけ、一九三二（昭和七）八月八日、軍事参議官であった武藤信義《むとうのぶよし》大将が関東軍司令官兼特命全権大使兼関東長官に任命され、いわゆる三位一体の地位に就任します。関東軍司令官が満洲事変によって建設された「満洲国（満洲帝国）」の事実上の支配者としての実権を掌握することになったのです。

関東軍は日本の大陸政策の先導者としての役割を担い続け、参謀総長や陸軍大臣を筆頭とする陸軍中央の統制すら効かない事態も起こりました。その典型事例として張鼓峰《ちょうこほう》事件（一九三七年）やノモンハン事件（一九三八年）など、対ソ連との軍事衝突のおりに、関東軍の独断が甚大な被害を生む結果となりました。

これらソ連軍との軍事衝突以後、極東ソ連軍の急速な兵力配置が明らかになったこともあって、一九四一（昭和一六）七月、「関特演」（関東軍特殊大演習）と称する約七〇万人規模の大兵力集中を実施します。関東軍は対ソ戦争の準備を着々と進めましたが、一九四一年一二月八日に開始された対英米戦争以後、対ソ戦開始の機会をうかがっていた関東軍は、兵力削減と戦端の機会を喪失します。

（纐纈厚）

Q5 一般市民からみた敗戦はどのようなものでしたか

A

一九四五年八月一五日正午。天皇は、ラジオをつうじて「終戦の詔《しょう》勅《ちょく》」を読みあげ、日本が連合国に降伏したことを国民に告げました。初めて聞く「玉《ぎょく》音《おん》」（天皇の肉声）は、敗戦の悲報でした。衝撃と呆然自失の思い、湧きあがる痛憤の声、いっぽうで「生き延びた」という安堵の内心…。その日、一億国民は、さまざまな感情に揺さぶられました。

【戦時期の市民生活】

そのまえに、戦争末期の市民生活とはどんなものだったのかをみておきます。

都市生活者にとって、最大の関心事は「配給と空襲」にありました。空腹を満たすこと、降ってくる焼夷《しょうい》弾から逃れること、そこに一家の命運がかかっていたといって過言でありません。一九四四年七月、サイパン陥落、日本のほぼ全域が空襲圏内にはいると、灯《とう》火《か》管制《かんせい》・集団疎開・防空壕によって生活は規程されるようになります。わけても、海外からの輸送ルートを断たれた食糧不足は深刻きわまりなく、さながらサバイバル状態に追いこまれました。空き地という空き地、校庭が耕されてサツマイモ畑に変わりました。国会議事堂周辺の広場まで芋畑になり、都市景観も一変します。

日々を生き抜くこと、それだけに必死でした。敗戦までの食生活を調べた斎藤美奈子著『戦下のレシピ』（岩波アクティブ新書）には、「空襲下のレシピ」として「南瓜《かぼちゃ》の完全利用法」「野草の食べ方」「代用醤油の作り方」などがならんでいます。いつ空襲警報が鳴って防空壕にとびこんでもいいように、携帯用「防空食」の紹介もあります。青年男子一日当たりの栄養価は一七九三キロカロリーにまで低下していました。それでも一般市民は、歯を食いしばって「本土決戦」に備えていた、そのさなかに「玉音放送」がなされるのです。予告された「重大放送」とは、戦意高揚の大号令だろうと思っていたおおかたの国民には、まさに青天《せいてん》の霹靂《へきれき》の内容でした。

〈日記が語る敗戦〉

市民が敗戦をどのように受けとめたか、以下、『昭和二十年夏の日記』（河邑厚徳編著）、『戦時生活と隣組回覧板』（江波戸 昭著）、『昭和戦争文学全集一四「市民の日記」』に収められた記録から当時の市民感情を抜きだしてみます。

★—節米代用食「パンの素」

・田中繁（水道局貯水池監視員三七歳）の日記。

陛下の放送を聴く。降伏とは意外であった。国民誰もが朕《ちん》とともに最後まで頑張れと云ふ大号令が発せられるものと思ってゐたのに、此《こ》の降伏は昨十四日既に結ばれたものだ。意味は新爆弾とソ連の宣戦である。勝つ勝つと呼号してゐたが、予想した通り何もかも無かったことがこれに依ってわかる。放送をきいてから今日の気持ちは妙なものになってしまった。それは空襲の心配はなくなったが、今後の生活がドイツのようになるのではないかと云ふ不安である。

・田園調布の戦時回覧板　昭和二十年八月十日　義勇戦闘隊員届出に就《つい》て

男子は国民学校初等科終了より六十歳迄　女子は十七歳から四十歳迄　以上は義勇戦闘隊員即ち義勇兵として届出をしなければなりません。近日用紙を配りますが、職域・学徒隊の戦闘隊員になって居る方は証明書を貰《もら》って置いて下さい。（Q10「徴兵制」の項参照）

戦時回覧板　八月十八日　大詔《たいしょう》渙発されて大東亜戦争は終結しました。

吾等は顧みて誡《いまし》むべきものを誡め、只管《ひたすら》聖慮に応へ奉《たてまつ》らんのみ。此際《このさい》小さき不平不満を捨て今こそ真に一致協力しなければなりませぬ。食糧事情は益々困難の度を加へることと考へます。疎開者の帰京等については特に慎重な態度を執らるゝよう希望いたします。

・高橋愛子（医師夫人 五六歳）『開戦からの日記』
八月十五日水曜日　今日正午、天皇自らの声で、放送される重大放送については、敵が本土上陸も間近になってきましたので、大いに民衆を鼓舞するための放送であろうと、うわさしていましたので〔ママ〕でした。敵が上陸してきましたら、竹槍で相手を刺し、戦車をくつがえしてしまう猛訓練をしていましたから、勇み立つ民衆は時こそきたれと身構えていましたので〔ママ〕す。わたしは、戦争をはじめることについても、民衆は知らない間に無自覚に追い込まれ、また、終戦になることも、自覚なく行われるこの国の民衆を、悲しく思わないではいられませんでした。悲しさと嬉しさ。嬉しさと悲しさ。このごっちゃになった感情を、どう分離し、またどう統一したらよいやら。

『市民の日記』には、ほかにも民衆のさまざまな心のひだが書きとどめられています。

・一語一語、玉音は心にしみわたり、涙が頬を伝う。今後はほんとに一所けんめいに、とにかく日本人同士の争うことのないように働かねばならぬこと、胸にしみて思う。働こう。街は静かである。ひとびとの顔にもまた特別のあらわれはないようだ。ただやはり疲れ切ったためであろうか、ふと戦争終了ということに対して明るくなった顔もあったことも見のがせなかった。これは自分の心の反映であろうか（吉沢久子『終戦まで』）。

・私はくやしいというよりはもっと複雑な思いがしていた。それは戦争も「やめられる」ものであったのかという発見であった。私には戦争というものが永久につづく冬のような（そんなものは実際にありはしないのだが）天然現象であり、人間の力ではやめられないもののような気がしていたのだ。それは愚かしい錯覚であったが、当時の私はそれほど政治について無知であり、国家には絶対に服従するものと考えていたからだ（北山みね『人間の魂は滅びない』）。

目から鱗《うろこ》、ということばがありますが、一般市民の多くにとって「8・15」は、まさしくそれでした。戦争がこのように終わる（終わらせることができる）などとは考えてもいなかった。民衆は国家に従うもの、「天皇の赤子《せきし》」は「神州不滅」を信じ、「一億一心」「欲しがりません勝つまでは」と耐えてきた価値観と忠誠心が、とつぜん、崩れてしまったのです。なにか大きなものが壊れた。しかし、まだ現実を受けとめきれない。人びとは、挫折感、虚脱感、解放感のいりまじった整理できない気持ちのまま、その日を送ったのでした。

〔「一億総ざんげ」から冷戦へ〕

八月一五日に一般市民に理解できたのは、これで戦争が終わったのだ、という実感だけでした。八月一七日付で石川県警察部長が中央に報告した文書には、「一部には期待を裏切られたりとし政府及軍隊を攻撃罵倒《ばとう》し激烈なる言動を為すものあるも一般民の多くは呆然《ぼうぜん》自失《じしつ》前途の光明を失ひたるが如く、士気極めて消沈しつつあり。此の傾向は特に村地方に著《いちじる》し」とあります。都会ほど食糧不足と空襲に苦しめられなかった農村で、いっそうその思いがつよかったのかもしれません。

八月二〇日、戦時内閣に代わって、初の皇族首相となった東《ひがし》久《く》邇《に》稔彦《なるひこ》が記者会見で次のようにのべます。

「ことここに至ったのは、もちろん政府の政策もよくなかったからでもあったが、また国民の道義のすたれたのも原因である。このさい軍官民、国民全体が徹底的に反省し、懺悔《ざんげ》しなければならない」

「一億総ざんげ」といわれるものです。政府・軍の戦争責任を国民に押しつけるかのようなこの発言は、さすがに国民の反発を呼びました。それもあって東久邇内閣は三カ月ももたずに退陣します。しかしこの時期、国民の目は占領軍が打ちだす民主化政策のほうを向いていました。一〇月に、治安維持法違反などで入獄していた日本共産党員ら政治犯五〇〇人が釈放されました。一般市民ははじめて「反戦」をつらぬいた人がいたことを知り、その素顔に接します（Q18の項参照）。

ついで「婦人参政権付与」、「労働組合結成奨励」「教育の民主化」などの措置が指示されます。こうして、敗戦の年――東京はじめ全国ほとんどの都市が焼き払われ、広島と長崎に原爆が投下され、ソ連軍が侵攻した満洲でおびただしい「残留孤児」を生んだ苦難の年――一九四五年は、一般市民の上を過ぎていきます。しかし、それはやがてくる「冷戦」のもと「逆コース」までの短く、不安定なものでした。

（前田哲男）

Q6 日米の兵器格差はどのようなものでしたか

A

敗戦直後、日本の国力調査をおこなった米占領軍の「戦略爆撃調査団」報告書は、第53報告「日本戦争経済の崩壊」冒頭で、「日本の戦争能力をほんの一《いち》瞥《べつ》しただけで、日本が合衆国との戦争を決意したのはそもそも正気の沙汰だったのかという疑問がすぐに浮かんでくる」と指摘しました。そして「要するに日本という国は本質的には小国で、輸入原料に依存する産業構造を持った貧弱な国であって、あらゆる型の近代的攻撃に対して無防備だった。手から口への全くその日暮らしの日本経済には余力というものがなく、緊急事態に処する術がなかった」と断じています。〈勝者の驕《おご》り〉の感も受けますが、ほぼ正確な指摘でしょう。

〔山本五十六の目〕

これと通じる日本側の観察として、山本五十六元帥が大尉時代のアメリカ駐在でえた感想――「デトロイトの自動車工業とテキサスの油田を見ただけでも、日本の国力で、アメリカとの戦争も、建艦競争もやり抜けるものではない」（阿川弘之『山本五十六』）――があげられます。

そこから、対米戦争は「強いられた戦争、やむにやまれぬ自衛の戦い」だった、という見方を引き出すことができるかもしれない（それでも、対米開戦の年、東条英機陸相が近衛文麿首相にかわしたやり取り――「人間たまには清水《きよみず》の舞台から目をつぶって飛び降りることも必要だ」「総理の論は悲観に過ぎると思う。米国には米国の弱点がある筈ではないですか」――から、向こう見ずな〈破れかぶれ戦争〉だったとの反論も成り立ちます）。

〔ハード面〕

それはさておき、「日米の兵器格差」をみていきましょう。まずハード「物量」面から。

　歩兵の基本装備である「三八《さんぱち》式歩兵銃」と「M1カービン銃」の要目を表にしてみました。三八式小銃は明治三八年（一九〇五）に制式化されたもので、部品数が少なく組み立ても簡単、頑丈でした。〈日本のカラシニコフ銃〉といっていい。しかしM1カービンとの性能差は一目瞭然です。のち日本も「九九式歩兵銃」（一九三九年制式、四一年生産開始）を投入しますが、米側新兵器の「トンプソンM1サブマシンガン」（通称トミーガン）を相手にすると歯が立ちませんでした。なにしろ、こちらが〝ダッタッタッ〟と撃つあいだに、向こうは〝ダァー〟と掃射してくるのですから。

　レーダー、ソナー、VT信管（近接信管）といった新装備も、海・空戦の様相を一変させました。近代戦は、開戦後に開発された兵器で決定するといわれます。第一次世界大戦中に実戦化された戦車、潜水艦、戦闘機などがその典型例です。

　レーダーが実戦に登場するのは一九四二年一〇月、ガダルカナル島争奪をめぐる「サボ島沖海戦」（夜戦）でした。夜戦は日本海軍の得意とするところ。ところが、戦端が開かれるより早く日本艦隊は米側レーダーに映しだされていたのです。陣形をととのえ探照灯照射をもってする魚雷発射にかかるまえにレーダー照準による正確な命中弾を受けてしまいました。以後の海空戦で、この格差はひろがるいっぽうとなります。潜水艦を駆り立てるソナー（水中聴音器）にしても同様です。米駆逐艦長は「日本潜水艦は太鼓を叩いて海中を走る」とうそぶいたものでした。VT信管も威力を発揮しました。砲弾に電波発信機を内蔵させ、目標機に接近すると反射波で自動的に爆発する仕組みです。日本側の時限信管（高度タイマー）とは二次元と三次元といえるキル・レシオ（破壊格差）が生じます。「マリアナ沖海戦」（四四年六月）で日本艦隊が大敗した理由のひとつに、このVT信管による〝マリアナの七面鳥撃ち〟がありました。

　ほかに、太平洋での戦いが艦隊決戦でなく島嶼争奪戦となった結

表　三八式歩兵銃とM1カービンの比較

	三八式歩兵銃	M1カービン
全　長	1280mm	1097mm
重　量	3.95kg	4.3kg
作動方式	ボルトアクション手動単発	ガス利用半自動
給弾方式	挿弾 3/5 発	挿弾3/8発
有効射程	300m	500m
口　径	6.5mm	7.62mm

※ M1カービン：『自衛隊装備年鑑』1971年版、三八式歩兵銃：『戦中用語集』（三国一郎）、『日本軍隊用語集』（寺田近雄）

果、米側にLST（戦車輸送艦）をはじめ強襲上陸のための水陸両用戦兵器の出現をうながしたこともあります。日本軍が堅守する海岸に準備砲撃をくわえながら殺到し、浜辺にのし上げて兵員と物資を揚陸、後続陸軍部隊のために足場の陣地＝海岸堡を確保する。米海兵隊が〈殴り込み部隊〉と呼ばれるようになったのも、これら新兵器あってのことです。日本も「大発」（大発動挺）や「特二内火艇」を開発しましたが、あまりに遅すぎ、また少なすぎました。

〔ソフト面〕

つぎにソフト面をみましょう。ここでは情報（諜報）のような目に見えない戦い（Q12「暗号戦」参照）、また「兵站＝ロジスティクス」といわれる、部隊の戦闘力を維持・躍進させ作戦支援する能力、さらには、原爆を製造した「マンハッタン計画」に代表される「軍・産・学」結集のナショナル・プロジェクトを、いかによく組織しえたかが比較対象となるでしょう。つまり戦争機構を管理・運営する能力です。

ウラン235の原子核に中性子をぶっつけると核分裂反応が起こり莫大なエネルギーが放出される。一九三八年、オットー・ハーンがこのことを実験室で確認して以降、原子爆弾の可能性は世界の物理学者たちの共有知識でした。日本でも理化学研究所・仁科芳雄《にしなよしお》博士チームがサイクロトロンをつかって基礎研究に取りくんでいました。問題は、実験室レベルの現象を工業レベルに引きあげるための体制づくりです。アメリカは、大統領直轄のもと、膨大な科学者・技術者、さまざまな企業を組織し、ウラン採掘から濃縮、爆弾製造にいたる過程を極秘かつ最速のうちにすすめ成功させました。おなじ方式の開発管理は戦略爆撃機B‐29の生産にも適用され、日本の諸都市を火の海にする巨大爆撃機を生み出します。この二例が「最大の兵器格差」といえるでしょう。それは物量であると同時に、軍・産・学複合体をつかいこなす「資本主義システム」の格差でもありました。

ロジスティクスの戦いでも大きく差をつけられました。人員・兵器・物資を本国から戦場まで送りとどける、輸送・補給・整備といった後方活動です。日本軍では輜重《しちょう》兵と称された兵科、そして、「輜重輸卒《しちょうゆそつ》が兵隊ならば、蝶々蜻蛉《ちょうちょとんぼ》も鳥のうち」と軽んじられた部門です。しかし、向こうはちがう。従軍記者アーニー・パイルの記事（D・ニコルズ編・著『アーニーの戦争』）にその一例が紹介されています。破壊された小銃の回収・修理部隊の活躍です。

「兵站部なしには戦争はできない。これがわが中級兵站中隊の小火器部門だ。この中隊は毎日小銃約一〇〇挺ずつをピカピカにし、油を指し、また撃てるようにして師団に返している。作業の段取りは簡単で、使える部品を外してべつの銃に取り付ける。部品はすべて一定で互換性があるから、同種の部品を大きな鉄鍋に集めておく。ガソリンで洗い、雨や泥にまみれたものにはサンドペーパーをかける。良好な部品を取り付けて銃を再生する作業に入る。鍋が空になると、再生銃の山ができる――新品同様で、前線に戻すばかりの銃だ」。

こんな芸当、そっくり日本人の得意技のように思えます。しかし残念ながら、この手法は日本軍の小銃や火砲に適用できませんでした。なぜなら陸軍工廠《こうしょう》などごく一部をのぞき、同一規格による生産管理方式が確立してなかったからです。工員が精度の低い旋盤やフライス盤を操作する――それも戦局の推移につれ熟練労働者が召集され未経験の学徒や女性が工作機械を動かす――工程ラインからは、パーツの互換性などのぞめません。くわえて、陸軍と海軍でボルトやナットの規格がちがう問題もあり、壊れた戦闘機三機から一機を再生させる専門部隊などつくるべくもありませんでした。ここにも「物量」だけでなく、戦争への取り組みかたにおける品質管理の格差がひそんでいるようです。

なにごとにも一家言を持つイギリスの戦時宰相ウィンストン・チャーチルは、戦時生産の特徴を、「一年目ゼロ、二年目わずか、三年目大量、四年目洪水」と表現しています。アメリカの〝戦争マシーン〟は、まさしくこのとおりに回転しました。航空機生産をとると、一九四〇年の二万三〇〇〇機から、四三年八万五八九八機、四四年九万六三一八機へと激増します。このなかには零戦との戦いを逆転させたF-6Fヘルキャットもふくまれます。また、ロジスティクス戦のカギとなる貨物船部門では「リバティ型」戦時標準船だけで二七一六隻も建造されました。ピーク時には一隻を八〇時間三〇分で建造した途方もない記録が残されています。ここには国力、物量差が正確に反映されています（日本の数字は恥ずかしくて挙げられそうにない）。

結局のところ、これら――単一でない――いくつもの要素が積みかさなって、戦力格差となったのです。（前田哲男）

Q7 石油など資源確保の実態について教えてください

A

米戦略爆撃調査団報告書が指摘（Q6参照）するとおり、「日本という国は本質的には小国で、輸入原料に依存する産業構造を持った貧弱な国」でした。戦争資源をほぼ自給でき、戦争マシーンを自力で動かせたアメリカとの決定的なちがいがそこにあります。

〈近代戦争の要―石油〉

近代戦争は内燃機関なしに遂行しえません。艦艇、航空機、戦車すべてにエンジンを駆動させる石油が必要です。日露戦争のころ石炭で動かしていた戦艦も、第一次世界大戦をさかいに石油専焼ボイラーに切り替わりました。石炭はともかく、日本は石油をほとんど自給できません。九〇％が輸入で、うち八〇％はアメリカからでした。その最大の消費者が帝国海軍だったので、つまり連合艦隊は〈テキサスの石油〉で威容を誇っていたことになります。日中戦争が拡大するにつれ、米政府は原油、航空燃料、石油製品の対日輸出規制をつよめ、四一年七月の南部仏印進駐を機に全面禁輸を通告します。対米戦に消極的だった海軍にも、「南進論」がたかまってきます。

また〈産業のコメ〉といわれる鋼鉄生産に不可欠なくず鉄（スクラップ）もアメリカだのみでした。ほかにもボーキサイト（アルミニウムの原料）、マグネシウム（合金素材）、天然ゴム、コークス用石炭、マニラ麻、リン鉱石（肥料）など重要資源を、もっぱら海外にあおいでいました。だから、対米戦に踏み切る、ということは「資源自活」を意味していました。

〈東南アジア資源地帯〉

ヨーロッパで第二次世界大戦の戦端が開かれると、日本は、東南アジア資源地帯に目を向けます。宗主国（フランス、オランダ）が「盟友ドイツ」に占領され、単独で戦う（イギリス）も、ビルマやマレー半島の植民地を防衛できなくなったからです。そこで日本は、緒戦、まず資源地帯に進攻します。「大本営発表　強力なる帝国陸軍落下傘部隊は蘭印最大の油田地帯たるパレンバンに対する奇襲降下に成功せり」（四二年二月一五日）。〈空飛ぶ神兵〉と称された空挺作戦の成功により、油田と製油施設をほぼ無疵《むきず》で手に入れました。ついで、戦果はマレー半島の天然ゴム、ニューギニアのボーキサイト、中部太平洋ナウル島のリン鉱石生産地などにも拡大していき、資源確保・絶対不敗の体制が固められます。

★―飛行機の部品にはアルミニウムが使われた

　ここまでは計算どおりでした。ただし、それら原材料を「内地環送」し武器や装備にしないと「戦力」にならない。その段階で目算が狂いました。ひとつはミッドウエイ海戦の敗北で制海空権がゆらいだこと、いま一つはアメリカ潜水艦による通商破壊戦を予測していなかったことです。南方資源を積んだ貨物船――とりわけ油槽船――がつぎつぎと沈められるようになり、軍部に衝撃が走ります。大本営は、開戦前、船舶喪失量を、第一年八〇万総トン、第二年六〇万総トン、第三年七〇万トンと予想していましたが、現実はそれをはるかに上まわる一〇〇万トン台をしめします。いっぽう、戦時建造量のほうは計画通りにいかず、つまり、建造するより多くの船を失う縮小再生産のサイクルにはいっていきます。その結果は工業部門だけでなく国民生活にもおよび、深刻な食糧不足、物資欠乏にさらされるようになります。

　戦争第三年目の四三年一一月、「海上護衛総司令部」が設置されました。艦隊決戦を主任務とする連合艦隊にかわり「海上護衛戦」（シーレーン防衛）を専門とする艦隊です。天皇直属、連合艦隊司令長官より先任の大将が司令長官に配されます。とはいえ、看板や肩書で戦争ができるものではありません。米潜水艦が連携しつつ船団を襲う「群狼《ぐんろう》作戦」はますます活発となり、さらに空からの攻撃もくわわるようになって、戦前に描かれた「資源確保の構図」はくずれていくのです。

（前田哲男）

Q8 食糧調達の実態について教えてください

A

レイテ戦を戦って捕虜となり、敗戦後帰国した作家・大岡昇平は、米軍支給の戦闘糧食Cレーションを持ち帰還します。家族と再会したあとの記述に、「飯を食った。副食にCレーションのハムを開けて見たが、家に帰ってはもうこいつは食う気がしない」とあります。そのそばで幼いお嬢ちゃんはチョコレートやチューインガムを夢中でたべている（『ある補充兵の戦い』）。これはKレーションとともにアメリカ軍が第二次世界大戦中に製造、配給した一般的な携帯食です。「K」は一日三食分がパックされており熱量二八〇〇キロカロリー。「C」ではA缶がビーンズか肉、B缶はビスケット、それぞれにインスタントコーヒー、レモンとがユニット化されていて、砂糖、塩、タバコ、マッチ、チューインガム、粉末ジュースもつき一食当たり熱量一二〇〇キロカロリー。三食で十分な栄養とエネルギーを得られます。米軍は完備した兵站線により最前線まで送りとどけたので、兵士が飢えることはまずありませんでした。

〈日本軍の携行食〉

では日本軍はどうだったか。陸海軍ともに兵食、とりわけ太平洋戦争開始後、携行食・応急食・熱帯食の供給拡大に力を入れたことは事実です。だが、缶詰にする金属が足りなくなる。そこで窮余《きゅうよ》の策として、セロファン袋に水と米を入れ、鍋で煮るとご飯ができる「弁当入袋」というレトルト食、また、「CA缶」「紙缶」と呼ばれる代用缶詰や陶器製の「壺詰《つぼづめ》」などを工夫します。さらに、戦局が悪化し輸送困難になると、食品を圧搾《あっさく》、凍結して水分を取りのぞいた「脱水缶詰」が開発されたりします。重量軽減による輸送量増大を

ねらったのです。それでも末端の戦場までは行きわたらない。そこで「現地自活」（海軍は「現地生産」）ということになります。トラック諸島（現チューク、ミクロネシア連邦）やラバウル（現パプア・ニューギニア）など孤立した南方基地では、「糧食生産隊」が正規に編制され、農地開墾と食糧生産を主任務とする部隊が出現することになります。

〔餓死した英霊たち〕

しかし、それ以上に兵士たちを苦しめたのは、ほかでもない、無謀な作戦計画がもたらした〈人為的な餓え〉でした。陸軍士官学校を卒業して中国戦線で戦い、大尉で復員したのち歴史学者になった藤原彰は、死の二年まえに『餓死《うえじに》した英霊たち』（二〇〇一年）を書いて、「日本人戦没者の過半数が餓死だったという事実」をあきらかにしました。そこでは、南太平洋のガダルカナル島に反攻上陸した部隊、ポートモレスビー作戦やビルマ（現ミャンマー）でのインパール作戦など密林進攻に従事した部隊、フィリピン・レイテ島における山地決戦など主要作戦などがとりあげられ、補給・兵站《へいたん》を考慮しない作戦参謀の独善横暴な作戦立案と指導――「糧を敵に借る」現地調達方針――が、いかに兵士たちを栄養失調、そして餓死に追い込んでいったか論証されています。攻撃至上・補給無視の結果がガダルカナルを「餓島《がとう》」、ボーゲンビルを「墓島《ぼとう》」にかえ、またインパール山中に、えんえんたる「白骨街道」を生んだのでした。

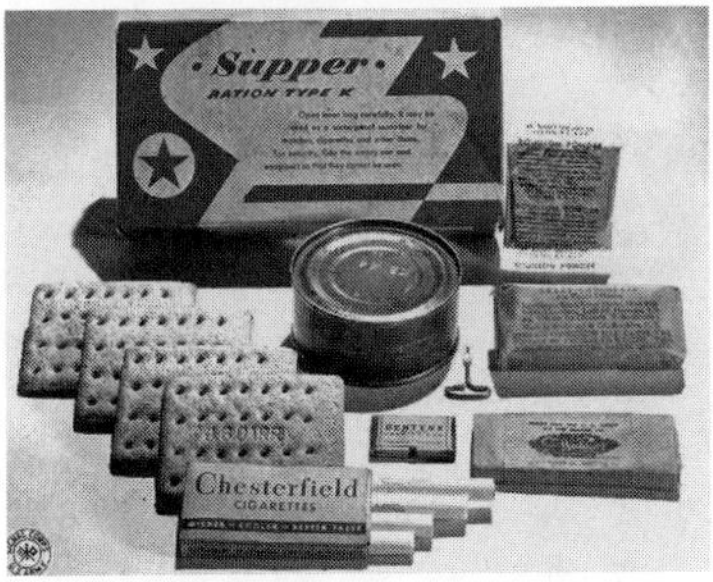

★―Kレーション・夕食ユニット

餓島で戦い、かろうじて生還した小尾靖夫は『陣中日記』で、限界に近づいた兵士の生命日数をつぎのように判断しています。

立つことの出来る人間は…………寿命三〇日間
身体を起して座れる人間は………三週間
寝たきり起きられない人間は……一週間
寝たまま小便するものは…………三日間
ものを言わなくなったものは……二日間
またたきしなくなったものは……明日

戦争の第一線はどこでも凄惨《せいさん》なものです。でも、米軍兵士にこのような情景は起きませんでした。ノーマン・メイラーの体験小説『裸者と死者』を読めばわかります。凄惨の意味のちがい、ここにも、大きな「日米の格差」がありました。

（前田哲男）

Q9 日本の軍事開発力について教えてください

A

「後発工業国」だった日本は、欧米から技術を導入しながら工業化を進め、やがて「零戦《れいせん》」や「戦艦大和《やまと》」など〝世界トップレベル〟といわれた兵器を開発します。しかし、兵器生産のベースとなる総合的な工業力では、欧米との差は歴然としていました。戦前・戦中の航空機と艦船の生産についてみてみましょう。

〈圧倒的な工業力の差〉

日本の航空機の歴史は、一九〇九年（明治四二年）に陸海軍が共同で「臨時軍用気球研究会」を設立したことではじまります。翌一〇年、同研究会の徳川好敏《とくがわよしとし》陸軍大尉が、代々木練兵場で、フランスで購入したアンリ・ファルマン複葉機に搭乗して日本初飛行に成功します。この頃、すでに欧米では、各国が競うようにして軍用機の研究から航空部隊の創設へと進んでいました。

航空産業「後発国」の日本は、欧米から航空機を輸入し、そこから技術を学んで模倣するところからはじめました。当初は軍部が直接輸入し研究・試作をおこなっていましたが、やがて、「三菱内燃機製造」（後の三菱重工）や「中島飛行機」などの民間企業が担うようになります。

初の純国産機は、一九二一年（大正一〇年）に三菱が完成させた海軍の「一〇式艦上戦闘機」です。機体もエンジンも国産でしたが、機体の設計はイギリスより招聘《しょうへい》した技師が担当し、エンジンもスペインの企業が開発したものをライセンス生産したものでした。このように、欧米から技術を導入しながら、「自立化」を目指したのでした。

〈零戦の登場〉

三菱は一九二九年、入社二年目の設計技師・堀越二郎《ほりこしじろう》を、

★―零戦

航空機の最先端技術を学ばせるためにドイツとアメリカに一年間派遣します。堀越は帰国後、アジア太平洋戦争における海軍の主力戦闘機「零戦」（零式艦上戦闘機）を設計します。

零戦は、日中戦争中の一九四〇年に実戦投入されました。「初陣」は、一三機で重慶《じゅうけい》上空に出撃し、中国軍のソ連製戦闘機二七機を一機残らず撃墜して、全機無事に帰還するという鮮烈なデビューを飾り、それまで日本の航空機技術を「外国の模倣しかできず低レベル」と見下していた欧米諸国を驚かせます。

太平洋戦争開戦の一九四一年一二月八日には、七八機の零戦が真珠湾攻撃に参加して米軍機一四機を撃墜して制空権を握り、飛行場にあった飛行機も機銃掃射で二二〇機以上炎上させました。また、同日のフィリピン攻撃では、約八五〇キロ離れた台湾から出撃し、ルソン島の米陸軍航空部隊（約六〇機）を壊滅させたのち、ふたたび八五〇キロを渡洋して台湾に帰還。この作戦でも、未帰還機は八四機中三機だけでした。

米軍戦闘機の乗員からも「ゼロファイター」の名で恐れられた零戦の強さの理由は、機体の徹底した「軽量化」による、優れた運動性能と長大な航続距離でした。しかし、機体の軽量化のために、通常装備する装甲板や防弾燃料タンクを外すなど、防御力を犠牲にしていました。また、軽量化のために機体に多くの穴を開けるなど生産工程が複雑で、大量生産に適さないのも問題でした。

もう一つの大きな弱点は、エンジン出力です。零戦は、中島飛行機が開発した空冷式エンジン「栄二一型」を搭載していましたが、出力は一〇〇〇馬力に足らず、欧米の最新鋭戦闘機と比べて非力でした。

しかも、この時期、欧米のエンジン技術はめざましく進歩し、主力は空冷式から液冷式へ、さらにはジェットエンジンへと変わっていきました。太平洋戦争中期になると、米軍は零戦の倍の二〇〇〇馬力級エンジンを装備する新型戦闘機を大量に投入し、零戦は劣勢を強いられることとなります。

一九四三年、陸海軍は五万五〇〇〇機の航空機の増産を関連企業に要求しますが、実際に生産できたのは一万八〇〇〇機足らずでした。ちなみに、この年にアメリカが生産した航空機は八万五〇〇〇機を超えており、日米間の戦力格差は拡大するいっぽうでした。

翌四四年は、航空機の生産量こそ約二万五〇〇〇機と過去最高を記録しますが、これは国家総動員体制を強め、無理な生産体制を敷いたからこそでした。この年は、国民総生産（GNP）に占める軍事費の割合は、前年の四六％から六四％へと跳ね上がりました。軍需工場には、日本人だけでなく、朝鮮半島などからも多くの労働者が徴用《ちょうよう》されました。

同年末には、フィリピンのレイテ島での戦いに敗れたことで南方資源地帯からの輸送路を断たれ、航空機製造に必要なニッケルやコバルト、タングステンなどの資源不足が深刻化。さらに、熟練工が次々と徴兵されていなくなり、生産性は低下しました。そして、B‐29による本土空襲がはじまり、軍需工場は次々と破壊されていきます。高度九〇〇〇メートルで飛んでくるB‐29を迎撃できる戦闘機は、当時の日本にはつくることができませんでした。

やがて零戦をはじめとする日本軍の航空機は、特攻機とされて海の藻屑《もくず》と消えていきました。

〔世界一の戦艦」だったが…〕

一八九〇年（明治二三年）五月、日本最初の鋼製貨客船「筑後川丸《ちくごがわまる》」が三菱長崎造船所で建造されました。日本の近代的造船業も、航空機と同様、欧米に大きく遅れてスタートしました。ただし異なっていたのは、航空機産業の需要が軍に限られていたのに対し、造船業は軍のほかに海運業という大きな民間市場を有していた点です。

その後、造船奨励法など政府の保護のもとに造船業は飛躍的な発展を遂げ、第一次世界大戦の頃には日本の重工業生産額の半分を占め、英・米に次ぐ世界第三位の建造高を誇るようになりました。技術的にも一九三〇年代前半には、アメリカを凌ぐものがあったといわれています。

ロシア・バルチック艦隊との日本海海戦を制して日露戦争に勝利した日本は、その後、戦艦同士による海戦こそが戦争の勝敗を決するという思想にもとづき、「大艦巨砲主義」で海軍力の増強を進めます。その象徴が、「戦艦大和」でした。

日露戦争後、日本は仮想敵国をアメリカと定めます。軍艦の数や生産力でアメリカにかなわない日本は、個々の軍艦の質で上回ることで対抗しようとします。

広島県の呉《くれ》海軍工廠《こうしょう》で建造され、太平洋戦争開戦一週間後に就役した「大和」は、世界最大の一八インチ（四六センチ）砲を九門装備し、一発約一・五トンもある砲弾を最大四万二〇〇〇メートルまで飛ばすことができ、射程距離は世界一でした。船体の側面には、大和と同じ一八インチ砲にも耐えられるように約四一センチもの厚さの鋼の装甲が張られ、防御力も世界一でした。建造に当たっては、作業効率を上げて工期を短縮するために、科学的な生産管理が導入され、船体をいくつかのブロックに分けて同時に作業を進め、最後に組み合わせて完成させる方法が採用されました。

このように当時の日本の技術の粋を集めて造られた「大和」でしたが、実際に太平洋戦争の海戦の主役となったのは、戦艦ではなく空母と航空機による機動部隊、そして潜水艦でした。結局、「大和」は一九四四年六月のマリアナ沖海戦まで主砲を撃つことなく、その後も一発も敵艦船に命中させることなく、最後は沖縄特攻作戦に出撃し沈んでいきました。

日本は潜水艦の造船技術でも世界をリードしていました。しかし結果は、米潜水艦が太平洋戦争中に一九〇〇隻の日本の軍艦や商船を沈めたのに比べて、日本の潜水艦が沈めたのは一〇〇隻余りでした。逆に一二七隻を沈められました。

当時、米太平洋艦隊の司令官であったニミッツ元帥は、次の言葉を残しています。

「古今の戦争史において、主要な武器がその真の潜在威力を少しも把握理解されずに使用されたという稀有の例を求めるとすれば、それこそまさに第二次大戦における日本潜水艦の場合である」（C・W・ニミッツ、E・B・ポッター共著「ニミッツの太平洋海戦史」）。

（布施祐仁）

〔参考文献〕荒川憲一『戦時経済体制の構想と展開：日本陸海軍の経済史的分析』（岩波書店、二〇一一年）、半藤一利ほか『零戦と戦艦大和』（文春新書、二〇〇八年）

Q10 戦前の徴兵制について教えてください

A

いまの日本に徴兵制度はありません。それは政府が、「憲法第一三条（個人の尊重、生命、自由及び幸福追求権）と第一八条（奴隷的拘束及び苦役からの自由）の趣旨から許容されない」としているためです（鈴木善幸内閣答弁書、一九八〇年）。しかし、一八七三年（明治六）から一九四五年までの七二年間、日本人成人男子には「兵役の義務」が課せられていました。さらに太平洋戦争末期に制定された「義勇兵役法」では、女子にたいしても、「義勇兵役」が義務づけられた歴史があります。その流れから見ていきましょう。

【全国徴兵の詔】

中世から近世まで、兵籍、つまり軍人の身分は、「武士」階級に専有されてきました。だから、人口の九割以上を占める「平民」が戦争に狩りたてられることはありませんでした。明治維新後、そこに「国民皆兵」制度がもちこまれます。「戊辰《ぼしん》戦争」における「農兵」の活躍を目の当たりにした指導者が、近代国家の戦争は「世襲座食」の武士の軍隊では成り立たないと自覚したためです。

一八七二年一一月、明治天皇の名による「全国徴兵の詔《みことのり》」が出され、翌年一月「徴兵令」が発せられました。「全国四民、男子二十歳に至った者」がその対象でした。政府の告諭《こくゆ》に、「血税」や「生血ヲ以テ国ニ報ズル」の文字があったことから、そのまま信じた民衆による「血税騒動」が全国で生じました。松下芳男著『徴兵令制定史』（五月書房）によると、大きなものだけで一五件を数えるといいます。北条県（いまの岡山県）の場合、「農民数万人が蜂起して暴動すること六昼夜」におよび、処分者は「斬罪十四人、懲役三十三人、軽罰者多数、全部で二万六千九百十六名に及んだ」といいます。日本刑事史上、空前の処罰数でした。

〔国民皆兵の原則〕

このような混乱をへて、徴兵制度は日本社会に根を下ろしました。一八八九年（明治二二）発布された大日本帝国憲法（明治憲法）は、第二〇条に「日本臣民ハ法律ノ定ムル所ニ従ヒ兵役ノ義務ヲ有ス」と規定し、納税の義務とともに「国民の二大義務」となりました。それにあわせて徴兵令も改正され、同年、「法律第一号」として公布されました。第一〜第五条は以下のようになっています（原文カタカナ書き）。

・日本帝国臣民にして満十七歳より満四十歳迄の男子はすべて兵役に服する。
・兵役は常備兵役、後備兵役、及び国民兵役とす。
・常備兵役は現役及び予備役とす。現役は陸軍三箇年、海軍は四箇年にして満二十歳に至りたるもの之《これ》に服し、予備役は陸軍四箇年、海軍は三箇年にして、現役を終わりたるもの之に服す。
・後備兵役は五箇年にして常備兵役を終わりたるもの之に服す。
・国民兵役は満十七歳より満四十歳のものにして常備兵役及び後備兵役に在らざる者之に服す。

いまも通用している「現役」ということばは、ここに由来するのです。こうして、戦国期「刀狩り」以来の「兵農分離」の枠組みが崩されました。日清・日露戦争は「国民皆兵」の原則に立つ巨大な軍隊により遂行されるのです。同時に、兵士となることは、成人男子にとって「大人」になるための通過儀礼を意味するようにもなります。

〔兵役法の成立〕

一九三二年（昭和七）、徴兵令の大がかりな改正が行われました。名称も「兵役法」となりました。第一次世界大戦でしめされた「総力戦」のかたちから「国家総動員体制」の確立が認識され、また「普通選挙」を要求する世論の盛りあがりに対応するための措置でした。兵役法は第五条に、

現役ハ陸軍ニ在リテハ二年、海軍ニ在リテハ三年トシ現役兵トシテ徴集セラレタル者之ニ服ス

と規定します。負担が一年軽減されました。ほかにも「兄弟特例」として、世帯を同じくする家族のうち二人以上が徴集され家計が逼迫《ひっぱく》する場合、一人の入営を延期できることや、学校の修業年限に応じて徴収延期をみとめる措置もとられました。とはいえ、おおかたの者——その年の一一月三〇日までに満二〇歳に達した日本国籍の男子——は、「徴兵検査通達書」を受けて出頭し身体検査を受けました。合格と判

定されると「召集令状」（俗に「赤紙《あかがみ》」と呼ばれる）が送付され、正月早々の一月一〇日に戸籍地の連隊に入営し、一年一〇カ月と二〇日間（陸軍）、「在営」することになります。放送作家の三国一郎は、「私は大学在学中に『徴兵検査』を受け、性器、肛門までも調べられた上、『甲種合格』の判定をもらった」と書いています（『戦中用語集』岩波新書）。三国の場合、「日中戦争」が「太平洋戦争」に進展していくなか、学生の入営延期という特典もなくなっていたのです。ちなみに、甲種合格とは身長一五〇センチ以上で身体壮健な者、それに次ぐ第一、第二乙種までが「現役」として徴集されました。営内生活の実情は、野間宏著『真空地帯』、五味川純平著『人間の条件』などにくわしい。

★―徴兵検査

〔総動員される国民〕

一九三〇年代以降、「国家非常時」がさけばれ、「国家総動員法」（一九三八年）が制定されると、兵役法もたびたび改正されました。身長一五〇センチ未満で、それまで「徴兵免除」とされていた者も召集されるようになりました。また、朝鮮、台湾など植民地の若者にも徴兵制が適用されるようになりました。一九四〇年徴集の現役兵は三三万八八一一人にのぼります。男子一〇人のうち七人までが召集され、戦地におもむく時代がやってきました（加藤陽子『徴兵制と近代日本』吉川弘文館）。「満期除隊」となった者が、ふたたび召集される例もふえました。明治期「徴兵令」のころ、自由民権主義者は、「徴兵 徴役一字の違い 腰にサーベル 鉄鎖《てつぐさり》」とうたったものですが、そのような政府批判が許される時代ではなくなっていました。

一九四一年、日中戦争が太平洋と東南アジアに拡大すると、在学中の適齢超過学生にも「臨時徴兵検査」が実施されました。四三年一〇月、延期停止により入営する「学徒兵士壮行会」が神宮外苑競技場で行われます。また、男女学徒の「勤労動員」もはじまりました。これは国家総動員法にもとづくもので「徴用」と呼ばれ、「産業戦士」として軍需工場に送りこまれました。しかし、地上戦の場となった沖縄では事情がちがいました。野戦病院に勤務した「ひめゆり部隊」（高等女学校生徒）や、伝令要因として動員された「鉄血勤皇隊」（師範学校生徒）は軍と行動をともにし、多くが戦闘に巻きこまれて戦死、あるいは集団自決に追いこまれました。「ひめゆりの塔」、「健児の塔」は、その慰霊碑です。

一九四五年六月、「義勇兵駅法」が公布されました。沖縄戦につづき「本土決戦」がちかづいていました。義勇兵役に服するのは、男子は満一五歳から六〇歳まで、女子は満一七歳から四〇歳までとされました。当時の日本人の平均寿命から考えると、文字どおりの「根こそぎ動員」でした。対象者は「皇土防衛の為の直接決戦参与」のほか、運輸・通信・軍需品の生産現場で働くことを義務づけられました。敗戦まで二カ月たらずしかなかったので、この法律が実行された期間はごく短かかった。とはいえ、たび重なる兵役範囲の拡大、女子徴用の導入により、日本の徴兵制度は、すでに国民すべてを兵士として動員しつくす極限状態にたっしていたことがわかります。

〈徴兵制は復活するか？〉

冒頭に記したとおり、いまの日本に徴兵制度はありません。世界的な流れから見ても、徴兵制度はすがたを消しつつあります。国民武装の思想は、フランス革命のさなか、「総動員法」第一条に、「敵兵が共和国の領土から追い出されるまで、フランス人はすべて無期限の軍隊役務に徴用される」と規定されたのが最初です（一七九三年）。その発祥の地・フランスは、一九九六年、義務兵役制の廃止に踏み切りました。また、明治期の軍隊が模範としたプロシャ＝ドイツも、志願兵中心の軍隊に変わりました。それでも、イスラエルのように男女問わず兵役義務を課している国家も少ないが存在します。となりの韓国もなお徴兵制を維持しています。

では、日本に徴兵制が復活する可能性があるか？　それを主張する政党はありません。「自民党改憲草案」にも該当する条項は見当たりません。ただし、政府が徴兵制否定の根拠としてきた憲法第一三条と一八条が変更されているので、復活の可能性は皆無とはいえません。

（前田哲男）

Q11 特攻隊は効果があったのですか

A

特攻隊とは、太平洋戦争中に登場した「特別攻撃隊」の略称です。この名称が最初にもちいられたのは、一九四一年の「真珠湾攻撃」（日本側呼び名「ハワイ海戦」）でした。大本営海軍部が、「同海戦に於《おい》て、特《とく》殊潜航艇《しゅせんこうてい》をもって編成せる我が特別攻撃隊は、警戒厳重を極むる真珠湾内に決死突入し、大なる戦果を挙げ敵艦隊を震撼《しんかん》せり」と発表したのが起源です（戦果不明、一〇名中九名戦死）。それはべつにして、以下、本項でとりあげる「特攻隊」は、戦争末期に出現した「体当たり特攻」——自爆飛行機、人間爆弾「桜花《おうか》」、人間魚雷「回天《かいてん》」、体当たり艇「震洋《しんよう》」——を指すことにします。その理由は、真珠湾の場合、いちおう収容・帰還の手はずが準備されていたのにたいし、後者は、はじめから「生還なき出撃」が前提だったからです。また、規模・回数・期間すべてに、別次元といえるちがいがあります。

〈いかに生まれたか〉

一九四四年、戦局は絶望的でした（別項Q３）。「マリアナ沖海戦」（「あ号作戦」六月）で連合艦隊は空母三隻を失って背骨を砕かれ、つづく「捷《しょう》号作戦」（一〇月）では、レイテ湾突入をこころみた戦艦「武蔵」が沈みます。もはや「艦隊決戦」は望めなくなりました。フィリピン方面に展開する「第一航空艦隊」の基地航空隊も、連日の空襲により作戦機を日々消耗させていきます。可動機わずか三〇まで追いつめられました。

そこで考え出されたのが、「艦上戦闘機・零戦《れいせん》に二五〇キロ爆弾を抱かせて敵艦に体当たりする」戦法です。発案者は第一航空艦隊司令長官・大西瀧治郎《おおにしたきじろう》中将とされています。

★―特攻隊

「捷号作戦」を成功させるには、空母を叩くしかない。特攻機は落下速度で爆弾より劣るが命中精度は高まる。沈没させるのはむりでも空母甲板を破壊して使用不能にできる、と長官は判断しました。すぐに編制作業がはじまります。ただ「特攻作戦」実施については、同時期、海軍中央もおなじ考えに立っていました。それは人間爆弾「桜花隊」と特攻艇「震洋隊」が、一航艦の特攻隊よりはやく一〇月一日に編制されていたことからも明瞭です。したがって、海軍全体に共有された「全軍特攻」思想を、最前線にいた大西長官が率先実行した、とするのが正確でしょう。

〔初期の戦果〕

一九四四年一〇月二〇日、フィリピン・ルソン島マバラカット基地で、編成命令が発せられました。以下が命令の要旨です。

・現戦局に鑑《かんが》み、艦上戦闘機二六機をもって体当たり攻撃隊を編成す
・本攻撃はこれを四隊に区分し、敵機動部隊、東方海面出現の場合、これが必殺を期す
・本攻撃隊を神風《しんぷう》特別攻撃隊と呼称す
・指揮官　海軍大尉　関　行男
・各隊の名称を、敷島隊、大和隊、朝日隊、山桜隊とす

隊名は、古歌「敷島の大和心《やまとごころ》を人問わば朝日に匂う山桜花」に由来しています。

「特攻第一号」となったのは、「大和隊」の久納好孚《くのうこうふ》予備中

尉（法政大出身）です。一〇月二一日、久納隊三機が敵機動部隊めざしてセブ基地を発進しました。二機は悪天候にはばまれ目標を発見できず、久納機の単機突入となったため戦果は確認できません（米側に損害記録なし）。つづいて四日後の二五日、関大尉指揮の「敷島隊」が、零戦五機でマバラカット基地から出撃し、護衛空母セントローに突入、沈没させる損害をあたえました。さらに翌日、爆装零戦三、直衛一の第一隊と、爆装零戦三、直衛二からなる第二隊が空母群に体当たりしました（米側発表、護衛空母二隻損害）。小型護衛空母とはいえ、三隻に損害を与えたのだから、「大戦果」だといっていい。

海軍省は、一〇月二八日、「神風特別攻撃隊敷島隊に関し聯合艦隊司令長官は左の通り全軍に布告せり」と豊田副武《とよだそえむ》長官の感状を発表、「悠久《ゆうきゅう》の大義」に殉じた殊勲を「忠烈萬世《ばんせい》に燦《さん》たり」とたたえました。天皇の、「そのようにまでせねばならなかったのか。しかしよくやった」という「お言葉」も現地部隊に伝達されました。新聞は「鬼神《きしん》を慟哭《どうこく》させる神風」と表現し、国民に異常な感激をあたえました。以後、戦闘機に大型爆弾を積み米艦艇に突入自爆する特攻作戦は陸軍にも取りいれられ、陸海軍一体となった主要な作戦と位置づけられるようになっていきます。ロケット推進式有人飛行爆弾「桜花」以下の特攻兵器もつぎつぎと開発されます。

こうして、フィリピン海域での作戦から生まれた「特攻隊」は、台湾・硫黄島《いおうとう》作戦、沖縄作戦で、さらに反復攻撃の度をつよめます。とくに「本土決戦」の前哨戦とされた沖縄戦（四五年四月〜六月）において、それは頂点にたっします。富永謙吾（元海軍中佐・大本営海軍参謀）著『大本営発表　海軍篇』に以下のように記述されています。

「いわゆる神風特攻は、比島方面、台湾硫黄島方面、沖縄方面にわたって反復回を重ねて、昭和二十年八月十五日まで二九〇回に及んだ。使用機数は二、三六七機、参加隊員は二、五三〇余名に達している。神風特攻は沖縄戦では、『菊水』の名称と番号をつけ、一号——十号菊水作戦と呼ばれている。別に昭和十九年十一月七日から、陸軍特別攻撃隊（旭光、鉄心、石腸等）も特攻を開始した。発表は戦果の確認されたものは、ほとんど大本営発表又は基地特電の形式で公表され、回数は七十一回（発表五十四回、特電、十七回）であった。発表文中、神風特攻隊と明記されたものは、全体を通じ四十回程度である」。

カミカゼが、米軍将兵に一大恐慌を巻きおこしたことは想像にかたくありません。「四月中旬には、アメリカ海軍士官の一部の間で、日本の神風特攻隊は首尾よくアメリカの沖縄進攻作戦を阻止するかもしれないと信じ始めた危険な時期があった」という記述もあります（R・シャーロッド『太平洋戦争史』）。

しかし、事実がしめしているように、特攻作戦は戦局の流れを変えるものではなく、沖縄作戦に——戦艦大和の「水上特攻」をふくめ——逆転の機会をもたらすものとはなりませんでした。

〈特攻がもたらしたもの〉

これほどの若者と航空機を投入しながら、なぜなのか？

第一は米側の対応です。特攻攻撃の戦訓を分析した米軍は、沖縄攻略作戦にあたり、前方海上に哨戒《しょうかい》駆逐艦による「レーダー・ピケットライン」を張りめぐらせ、特攻機の来襲情報をいちはやく探知、迎撃態勢をととのえました。接近すると、上空に待ち受けた戦闘機の餌食《えじき》となり、くぐり抜けても、全艦ハリネズミのように武装した高角砲の槍ぶすまに阻止されます。早期警戒網・上空迎撃・対空砲火、三重の防御を突破して敵艦に突入するのは至難の業でした。

第二に日本側の問題。消耗のみの戦いに補給が追いつきません。使用機は——沖縄上空に到達するさえもあやしい——実戦不適な練習機や観測機まで動員されました。しかも援護する戦闘機もつかないハダカ飛行です。くわえて、操縦士の技量も低下していく。速成の養成訓練。隊長機搭乗員は三〇〇〜五〇〇時間とされたものの、じっさいには練習機五〇〜六〇時間、零戦で二〇〜三〇時間程度、後期になると、特攻教育は七日間の課程で「離陸と体当たり」を習得するだけのものとなります。命中率がガタ落ちになったのは必然の帰結です。

特攻隊は「民族的な叙事詩」だったのか？

大岡昇平は『レイテ戦記』のなかで、「悠久の大義の美名の下に、若者に無益の死を強いたところに神風特攻の最も醜悪な部分がある」と指導部を批判しつつ、しかし「想像を絶する精神的苦痛と動揺を乗り越えて目標に達した人間がいた」ことは「われわれの誇りでなければならない」と書きました。いっぽう学徒出身の特攻生き残り、小沢郁郎は『つらい真実』で、「私は、よく戦った者を高く評価する」としながらも、『クソの役にも立たぬ』体当たりに若者を投じた無能と反人間性に怒りを禁じえない」と記しています。いま世界に、特攻隊類似の「自爆攻撃」が蔓延《まんえん》している時代だからこそ、「神話」と「愚行」の弁別がもとめられているといえます。

（前田哲男）

〔参考文献〕猪口力平、中島正『神風特別攻撃隊の記録』（雪華社、一九八四年）

Q12 暗号戦の実態について教えてください

A

「戦時においては、真実は非常に貴重であるがゆえに、それは常に虚偽の護衛につきそわれなければならない」。これはチャーチルが『回顧録』でのべている警句です。暗号とは、「平文《ひらぶん》」と呼ばれる生《なま》の軍事・外交情報を数字化し、それに「乱数」と呼ばれる無作為の数列をくわえてごちゃまぜ化し、つまり「虚偽の護衛」をつけた秘密通信にして味方に届けることをいいます。無線電信は地上ならどこでも傍受できる。そこで戦時には情報の暗号化——組立・変換・解読——という手順が不可欠となり、逆に、それをいかに入手、解読するかは戦局全体に大きく作用するのです。太平洋戦争で、日本は「暗号戦」においても完敗しました。そのいくつかの例をふりかえってみます。

〔紫暗号〕

「紫暗号《パープル》」の解読。パープルとは、最高機密の外交電報を外国公館に送る日本の暗号システムです（正式名称「九七式欧文印字機」）。アメリカ陸軍通信班はその解読に挑戦し、パープルを破る解読機械の開発に成功します。一九四〇年八月のことです。以後、外務省からワシントン大使館に送られる通信は、同時刻、アメリカ製コピー機にもカタカタと打ちだされるようになります。米諜報陣は「マジック情報」と命名しました。あとは日本語を英語に翻訳するだけです。

そこでは「ゴゼンカイギ」を「午前会議」とするような翻訳ミスはあったものの、日本側外交通信はホワイトハウスに筒抜けになってしまいました。野村吉三郎駐米大使が「ハル・ノート」にたいする日本政府の最後通牒（日米交渉打ち切り通告）を持参したさい、ハル国務長官はすでに内容を知っていました。「真珠湾攻撃」を予知できなかったのは、そ

こに攻撃地点までは書かれていなかったからです。おなじころ、イギリス諜報チームも、ドイツの「エニグマ暗号機」のコピー機製造に成功し「ウルトラ情報」と名づけます。両方を突き合わせると、日・独間の外交上のやりとりが丸裸にされたことになります。

〔ミッドウェー海戦〕

「ミッドウェー海戦」情報。ここでは「海軍D暗号」がターゲットになりました。かれらはJN-25（Japanese Navy25）に取り組んで破りました。ただ、ミッドウェー島をしめす「AF」の略語までは特定できなかったのでトリックを用います。わざと簡単な暗号でミッドウェー守備隊に水不足を報告させ、「D暗号」が「AFでは水が不足している」と通信するのを解読、日本艦隊の攻撃目標を確定させました。だから迎え撃つスプルーアンス指揮の米機動部隊は、日本側の作戦意図と部隊配置を知っていました。E・B・ポッター著『提督ニミッツ』には、「第16機動部隊の各隊指揮官には、太平洋艦隊司令部作戦計画第29-42号が配布されていた。情報源こそ明らかにされていなかったが、ミッドウェー攻撃日本部隊の陣容と攻撃の時期が、あきれるほど詳細に記載されていた」と書かれています。同海戦の敗因にはさまざまの見方がありますが、暗号戦の段階から致命的な失敗を犯していたのです。

〔現代もつづく暗号戦〕

「山本長官機撃墜」の真相。これもJN-25解読によっています。米太平洋艦隊の暗号解読班は、「連合艦隊司令長官は以下の日程でRXZ、RRおよびRXPを訪問する」という無線交信を傍受、解読しました。RRがラバウル、RXZがバレラを指すことはすでにわかっていました。そこにはラバウル発時間、護衛戦闘機の数まで記されていました。ニミッツ太平洋艦隊司令長官は、ヤマモトが日本人にとって「特別の存在」であることを知らされ〝暗殺攻撃〟を決心します。ノックス海軍長官とローズベルト大統領の承認を取りつけたうえで、「山本機襲撃命令」が発せられます。ガダルカナル島ヘンダーソン飛行場を離陸したP-38戦闘機はブーゲンビル島上空で待ち伏せ、上空から山本機に襲いかかって撃墜します。もし、暗号が解読されていなかったら、このような事態が起きなかったのは確実です。

暗号戦はめったに表に出ません。以上三例が公表されたのも一九八〇年代に公文書が開示された結果です。

いま、CIAとNSA（国家安全保障局）に勤務したE・スノーデンによる盗聴暴露が世界を騒がせていますが、じつは両組織とも太平洋戦争の暗号戦から生まれたものなのです。（前田哲男）

Q13 日本の軍法会議について教えてください

A

日本の軍法会議は、明治国家成立の二年後にあたる一八六九（明治二）年、兵部省に設置された糺問司《きゅうもんし》を嚆《こう》矢《し》とします。一八七二年に陸海軍に軍事裁判所が設置され、一八八二年に軍法会議と改称した歴史経緯をたどりましょう。

〔目的と対象〕

軍法会議は、軍隊指揮権の規律を維持し、指揮命令系統を保守することを目的としていました。軍法会議は原則として平時においても常時機能することが期待され、軍法会議の根拠は天皇の司法大権に依拠するものとされました。平時においては現役軍人・軍属およびそれに準ずる者（召集中の軍人や捕虜）を対象としました。戦時においては民間人をも対象とし、強大な権限を発揮することで軍事優先の社会状況を創出するうえで重要な役割を担ったのです。

基本的には憲兵組織の下部組織として位置づけられ、憲法があつかう事案を裁判の対象としました。軍法会議固有の法律が適用された訳ではなく、裁判は国内法に従って進められました。原則として審理は公開でおこなわれ、被告人は弁護士を付ける権利が保障されていました。軍法会議と一口に言っても、その種類と各長官は様々でした。たとえば、常設の軍法会議として、陸軍には高等軍法会議、軍事法会議、師団軍法会議が、海軍にも高等軍法会議、警備府軍法会議、艦隊軍法会議などが置かれていました。また、戦時や事変においては、一定の部隊や地域に設置される特設軍法会議がありました。なお、常設の軍法会議は判事四名と法務官一名が定数と決められていました。

〔構成と問題点〕

軍法会議は、兵科将校から任命される判事三名と、法曹資格を有する法務官二名から構成され、特設軍法会議に限っては、戦争時に生じた不祥事を迅速に処理するために、現役将校三人によって裁判がおこなわれました。そこでは、敵前逃亡、上官への暴行事件や上官の命令への不服従、いわゆる抗命など、軍の規律維持を犯す点で極めて重大な事例が軍法会議の対象でした。

しかし戦後、軍法会議には多くの問題点が指摘されます。たとえば、国内法が適用されることになってはいたが、裁判長は師団長や艦隊司令官など、いわゆる軍の上層幹部が担い、裁判官にしても法務官も含め、すべてが軍人・軍属から構成されていることから、第三者の視点からする公平性・透明性が、どこまで担保されていたかについては疑問が残ります。

★—甘粕正彦

そのことは、被告人の階級が上位と下位の場合とで判決内容の温度差が明らかなケースが多々あったことからも窺えます。つまり、階級上位者の被告人には比較的緩い判決が出るいっぽうで、下位者の被告人には、一般の裁判所と比較しても格段に厳しい判決がでる場合が目立ちました。軍法会議が究極的には軍隊秩序の厳正化に主要な役割期待があったことから、その点で裁判所が果たす普遍的な役割を担うには困難でした。

その典型事例として、関東大震災時（一九二三年）に甘粕《あまかす》正彦《まさひこ》大尉に関わる軍事裁判にふれましょう。関東大震災の時に無政府主義者であった大杉栄《おおすぎさかえ》と内縁関係にあった伊藤野《いとうの》枝《え》、それに六歳の甥を憲兵司令部で殺害した憲兵大尉甘粕と憲兵曹長森慶次郎が軍法会議にかけられましたが、判決は甘粕大尉が懲役一〇年、森曹長が三年でした。それだけでなく甘粕は三年、森は一年で出所します。これは一般の裁判では考えられない判決内容でした。

これと同様に一九三二年に起きた犬養毅首相を白昼に首相官邸に襲い、犬養が凶弾に倒れた、いわゆる五・一五事件をめぐる裁判でも反乱罪で死刑を求刑された三名については禁《きん》錮《こ》一五年から一三年、無期禁錮を求刑された三名には禁錮一〇年など、刑が軽減されていました。そのいっぽうで、二・二六事件（一九三六年）の関係者を処分した軍法会議は、極めて厳格な判決が出されました。被告人には弁護権が保障されず、全員に死刑の判決が下されました。それは、陸軍部内の派閥抗争の反映として政治的な裁判の象徴事例とも言えます。

（纐纈厚）

Q 14 原爆はいかに投下され、被害はどのようなものでしたか

A

一九四五年五月にドイツが降伏して以後も日本は戦争継続の方針を変えようとしませんでした。七月のポツダム宣言発表後も、日本政府は日ソ交渉により連合国側との妥協を画策し、戦争終結に向かおうとしないままでした。

そうしたなか、アメリカ大統領トルーマンは、ポツダム会談終了後に八月三日に日本への原爆投下に踏み切る作戦命令を発令しました。同月六日、西太平洋マリアナ諸島に属するテニアン島を飛び立ったB-29爆撃機エノラ・ゲイ号は、日本時間の八月六日午前八時一五分、濃縮ウラン型原子爆弾「リトルボーイ」を高度九五〇〇メートルの上空から広島市に投下。爆心地から六〇〇メートル以内は二〇〇〇度以上の灼熱地獄と化し、強烈な放射線が飛散。原爆投下から四ヶ月後までに約九万人から一二万人の犠牲者を出します。当時広島の人口は四二万人、一九五〇年までに原爆により死亡者は約二〇万人に達したのです。

〔犠牲者の数〕

なお、日本原水爆被害者団体協議会専門委員会が一九六一年に発表した数字は、軍人・軍属の犠牲者約三万人を含め、一五万一九〇〇人から一六万五九〇〇人となっています。また、広島市・長崎市原爆災害誌編集委員会が纏めた『広島・長崎の原爆災害』（岩波書店、一九七九年刊）によれば、一九四六年八月一〇日現在の原爆死傷者数は、死亡者一一万八六六一人、重傷者三万五二二四人と記録されています。軽傷者四万八六〇六人、行方不明者三六七七人、無傷者一一万八六一三人でした。また、原爆による建物被害戸数は、

全焼五万五〇〇〇戸、全壊六八二〇戸、半焼二二九〇戸、半壊三七五〇戸となっています。

★—広島での原爆の爆発

【戦争終結へ】

原爆投下の事実を知らされた昭和天皇は、これを転機として戦争の早期終結を求めました。そして東郷茂徳外務大臣に、「此《こ》の種の武器が使用せらる以上、戦争継続はいよいよ不可能になったから、有利な条件を得ようとして戦争終結の時期を逸することはよくないと思ふ」（東郷茂徳『東郷茂徳手記時代の一面』原書房、一九八九年刊）と述べ、戦争終結に踏み切るよう指示。天皇は原子爆弾の使用に踏み切ったアメリカの対日強硬姿勢に脅威を抱き、それまでの戦争継続方針をあらため、戦争終結への結論を急がせることになりました。

天皇の意向をうけた最高戦争指導会議は、同月九日に会議を開催して戦争終結方針を検討する予定でした。しかし、同日テニアン島を飛び立ったB-29爆撃機ボックス・カー号は、広島に投下され原子爆弾と比較して二倍の破壊力を有するとされたプルトニウム型の原子爆弾だったのです。当初の爆撃目標は小倉《こくら》とされましたが、天候不良のため長崎に変更されます。一一時二分に原爆が投下。長崎市原爆資料保存委員会は、一九五一年、その死亡者数を七万三八八四人と公表しています。

既述の『広島・長崎の原爆災害』によると、原爆による被害者は日本人だけでありませんでした。厚生労働省は、現在海外に在住する被爆者数を約五〇〇〇人としている。たとえば、広島市内の軍需工場や軍関係施設で労務に従事していた朝鮮人の五〇〇〇人から八〇〇〇人が被爆直後に死亡したとされます。長崎でも一五〇〇人から二〇〇〇人ほどの死亡者が出ました。また、強制連行されてきた中国人、「満洲国」からの留学生、台湾からの軍人・軍属などにも広島で数百人、長崎で最大値で二四〇人ほどが死亡したとされます。この他にも長崎の爆心地から一・六キロの距離にあった福岡俘《ふ》虜《りょ》収容所では六〇人から八〇人ほどの捕虜が犠牲者となったとされます。全体に日本人以外の原爆犠牲者数の確定は資料的には困難を極めているのです。

〔アメリカのねらい〕

数多くのより具体的な被害者数については、日本の敗北が必至となった段階でアメリカが原爆投下に踏み切ったのは、日本の敗北をアメリカ単独で実現させ、圧倒的で高度な軍事力をソ連に示しつつ、日本の無条件降伏を引き出す狙いがあったとされます。その意味で原爆は、たしかに日本の都市に投下されはしましたが、同時に戦後アジア地域の主導権確保を目的としてソ連への威嚇効果や牽制のために強行されたと言えます。

さて、広島と長崎に原爆が投下されたことは、アメリカ政府により直ちに全世界に向けて公表されました。そのいっぽうで日本政府は、甚大な被害を出した原爆投下の事実を国民に告知しようとしませんでした。それでも大本営は八月七日の午後三時三〇分に「広島市は敵B-29少数機の攻撃により相当の被害を生じたり。……敵は右攻撃に新型爆弾を使用せるものの如きも詳細は目下調査中なり」(『朝日新聞』一九四五年八月八日付)との声明を発表。大本営は「新型爆弾」が原子爆弾であることを確認済でしたが、国民の戦意低下を恐れて、あえて事実を隠蔽《いんぺい》したのです。

〔民衆の声〕

しかし、民衆は「新型爆弾」が従来の兵器と明らかに異なる威力をもったものであることを察知しており、原爆被害を通して、その破壊力の凄さを実感しました。民衆の声は、たとえば、「新型爆弾の出現は決定的な打撃だ」とか、「新型爆弾の出現により従来の防空対策は零《ぜろ》になった。生産はがた落ちだ。之《これ》で戦争が継続されるのか」といった批判の声を挙げていました(粟屋憲太郎他編『国際検察局押収文書① 敗戦時全国治安情報』第七巻、一九九四年刊)。きわめて冷静な目線で新たな事態を直視する反応です。

そのいっぽうでは、「もう駄目だ。本土決戦には敵は来らず。空襲は激化されるし敵基地覆滅《ふくめつ》の新型爆弾は先手を打たれるし」との悲痛の声を記録されていました(同右)。陸軍主戦派を中心とする戦争継続派は、天皇の戦争継続の意向を受けつつ、強硬な作戦展開を重ねるも、戦局の悪化を食い止めることはできないままだったのです。天皇を筆頭に日本政府は民衆に本土決戦を呼号し、あくまで徹底抗戦を呼びかけながらも、すでに終戦工作を秘かに進めていました。

しかし、その終戦工作は戦争終結の方向をめぐる戦争指導部内の対立や、何よりも国体護持の確証がえられないとする勢力の強硬姿勢により、原爆投下後も直ちには結論をえない状況でした。それゆえ、最初の原爆投下後、一週間近くをへた八月一五日に昭和天皇による「終戦の詔書《しょうしょ》」によって、事実上日本の敗北が決定されることになったのです。

そもそも日本への原爆投下の背景として、当時における冷戦体制の萌芽と表現できる背景がありました。すなわち、日本が聖断《せいだん》による国体護持やソ連を仲介役とする和平工作により必死に敗戦回避を試みているなかで、沖縄占領に成功し、日本本土への空襲強化と日本侵攻準備に取りかかっていたアメリカは、戦後の新たな世界再編の主導権を確保するため、あらゆる対日攻勢を準備していました。

そのアメリカは、日ソ交渉による日本の和平工作など到底受け入れられないものでした。七月一七日にベルリン郊外のポツダムで開催された米英ソの三巨頭会談（ポツダム会談）では、米ソの共通意思として、日ソ交渉を事実上拒否することが米ソ間で確認されていました。

アメリカの対日政策の基本は、あくまで日本を早期の戦争終結に踏み切らせ、ヤルタ協定によるソ連のアジア秩序再編計画に修正を迫り、あわせてアジア地域へのソ連の影響力を遮断し、日本を防壁として利用することになりました。そのために日本の完全敗北の前にアメリカ主導で対日占領を実現し、日本をアジアにおけるアメリカの代理人としての役割を担う国家へと再編することが企画されたのです。

そこから日本はアジアにおいてソ連への対抗勢力としての位置付けが有力となってきました。そうしたことを背景にアメリカ政府内では陸軍長官スチムソンに代表されるように、日本占領と敗北をアメリカ単独で実行するためにも、圧倒的かつ高度な軍事力をソ連に誇示し、日本降伏を決定づけることが重大だとする認識が共有されることになったのです。スチムソンらは、完成が目前に迫っている原爆投下をトルーマン大統領に進言するに至ったのです。その意味で、原爆投下は冷戦体制の幕開けを示すものであり、戦後の国際秩序の在り様を先取りした事件として歴史に刻まれることになりました。

（纐纈厚）

Q15 東京裁判の実態について教えてください

A

東京裁判（極東国際軍事裁判）への道は、第二次世界大戦中からはじまっていました。とりわけ、戦局が連合国側に有利となり、勝利への確信が深まっていた一九四三年一〇月には、米英ソ三国外相会議が開かれ、翌一一月一日に三国首脳の名で「ドイツの残虐行為に関する宣言」（モスクワ宣言）が発表されました。

そこではドイツの戦争指導者に対して連合国政府の共同決定によって処罰されることが確認され、それが日本にも適用されることになったのです。ただ、処罰内容の具体的な内容については議論が分かれたものの、一九四五年六月までに戦争犯罪者には即決処刑ではなく、国際軍事裁判方式の採用が連合国間で合意に達していました。

〔犯罪行為の立証〕

こうした議論のなかで個々の戦争犯罪者の犯罪行為の立証については困難が予測されましたが、「共同謀《ぼう》議《ぎ》」罪の導入によって、個々の戦争犯罪者の立証が不可能であっても、犯罪全体の計画に関与が客観的に明らかとなれば犯罪を立証可能としました。これによって、当初懸念された立証の不十分性や立証手続きの課題がとりあえず解消されることになったのです。

〔裁判の法的根拠〕

次の問題は裁判の法的根拠でしたが、最終的には「通例の戦争犯罪」に加え、「平和に対する罪」と「人道に対する罪」が採択されることになりました。東京裁判を批判する論者は、この二つの新たな罪状が戦争終結を睨み、新たに作為されたものであることから正当性に希薄である点を強調します。しかし、この二つの罪状は国際世論から強い支持をえた

ものであり、それは戦争反対を掲げて展開されてきた反ファシズム運動の一つの成果として高く評価されるもの、とする判断が妥当でしょう。

こうしたなかで日本に対する戦争犯罪をどのように処理するかについて最初に言及されたのは、一九四三年一二月一日のカイロ宣言でした。そのカイロ宣言には、「日本国の侵略を制止し且之《かつこれ》を罰する為今次《こんじ》の戦争を為しつつあるものなり」として、連合国側の戦争目的が日本の侵略責任を処罰することにあるとする基本姿勢を明らかにしました。

★—東京裁判の法廷

このカイロ宣言を踏まえ、さらに日本の戦争責任をより具体的に論じた内容が一九四五年（昭和二〇）七月二六日に公表されたポツダム宣言です。特に、同宣言の六項と一〇項とにおいて、明確な戦争犯罪処罰の方針を明示していたのです。

一九四五年八月一五日、日本はポツダム宣言を受諾し、連合国軍に無条件降伏しました。同年九月二日、正式に降伏文書に調印し、それより六年半ほどのあいだ、日本は占領下に置かれ、連合国軍最高総司令部（ＧＨＱ）による間接統治がおこなわれました。ＧＨＱは戦前の各界指導者での日本の民主化政策を進めるうえで危険と思われる指導者を公職から相次ぎ追放する措置を採りました。さらに、直接間接に日本の戦争指導に関与した人物については、ＧＨＱが設置した極東国際軍事裁判所（東京裁判）で審理することにしました。

〔開廷から判決へ〕

一九四六（昭和二一）年五月三日から東京裁判が開廷し、以後二年余りの審議の末、一九四八（昭和二三）年一一月一二日、判決が言い渡されました。東京裁判はドイツの戦争犯罪を裁いたニュルンベルク裁判と同様に、判決にA項目、B項目、C項目の三項目に分別されました。A項目戦犯（A級戦犯）は、「平和に対する罪」とされ、「宣戦布告を布告せる又は布告せざる侵略戦争、若《も》しくは国際、条約、協定又は協定又は誓約に違反せる戦争の計画、準備、開始、又は遂行、若しくは右諸行為の何れかを達成する為の共通の計画又は共同謀議への参加」とするものでした。

これは日本の戦争指導に関わった者を対象としており、A項目で逮捕拘束された者は約二〇〇名に達しました。この内起訴された者が全部で二八名を数えました。この内二名（永野修身《おさみ》・松岡洋右《ようすけ》）が判決前に病死、大川周明《しゅうめい》は精神障害のため追訴免除となり、残りの二五名がA級戦犯として判決を受けました。この内、東条英機、板垣征四郎、松井石根《いわね》、土《ど》肥原《ひはら》賢二、木村兵太郎、武藤章らの陸軍軍人と、軍人以外ではただ一人外務官僚出身の首相経験者である廣田弘毅《ひろたこうき》の計七名が死刑（絞首刑）となりました。

この他に終身刑の判決を受けた者が荒木貞夫、小磯国昭、梅津美治郎《よしじろう》、木戸幸一、南次郎、畑俊六ら一六名でした。また、有期禁固刑が二名（重光葵と東郷茂徳）でした。さらにA級戦犯被指定者となりながら、不起訴により釈放処分となった者に岸信介《のぶすけ》、児玉誉士夫《こだまよしお》、笹川良一らがおり、自殺者に近衛文麿、本庄繁、橋田邦彦がいます。

B項目戦犯は、「通例の戦争犯罪」であり、戦時国際法における交戦法規違反行為です。その数は約一万一〇〇〇名以上に上ります。GHQはこれに該当する者として二六三九名に逮捕状を出しました。また、イギリス軍を主体とする連合軍東南アジア司令部では八九〇〇名以上に逮捕状を出しました。このほかにソ連や中国でも逮捕・投獄された者が多く、最終的には一〇〇〇名以上が処刑されたとする記録もあります。国内では横浜で法廷が開かれましたが、国外では香港、ラングーン、バタビア等の地で逮捕され、裁判に付されました。最後にC項目戦犯は、「人道に対する罪」として、国家もしくは集団によって一般の国民に対してなされた謀殺・絶滅を目的とした大量殺人、奴隷化、追放その他の非人道的行為が対象とされました。日本人の戦犯のなかで、これに該当する者は不在でした。

〔どう評価するか〕

東京裁判の評価は今日においては評価が分かれるところです。判決内容に全面的に賛意を示したのはアメリカ、イギリス、ソ連、中華民国、ニュージランド、カナダでしたが、別個の意見書を提出したり、判決に部分的に反対したり、また、インドに至っては全面的に反対しました。裁判の在り方をめぐっても、日本人法律家の裁判への参加が制限されていたこと、判決に至る証拠資料に日本人側にとり不利な証拠が優先されていたこと、などが指摘されています。

東京裁判をめぐっては、今日において批判論が出されていますが、その主な点は原子爆弾の使用など連合国側の人道に対する罪が全く俎上《そじょう》に挙げられなかったこと、日本政府および軍が東京裁判の開始までに多くの公的資料を焼却したことから、充分な資料が踏まえられず、いわば法廷での証言が中心であったことなどが指摘されています。しかし、こうした問題点は無視することはできないにしても、伝統的な「勝者の裁き」論だけを繰り返し、東京裁判で実行された日本の戦争指導者の発言から、開戦経緯や戦争指導の実態に迫り、戦争原因の解明に果たした役割は極めて大きいと言わざるをえません。

特に戦後の歴史学研究のなかで立ち遅れが目立った東京裁判研究については、裁判速記録の複製が一九六八年に出版され、また、朝日新聞社が収集していた公判関係資料や検察・弁護側の証拠書類などが国会図書館に寄贈されたり、多くの公的機関で閲覧が可能になった時点で、急速に東京裁判研究が本格化してきました。

そうしたなかで、客観的かつ冷静な東京裁判研究が進み、その評価が多様化するに従い、その反作用として東京裁判批判論も一段と目立つようになってきました。とりわけ、東京裁判研究の水準を一気に引き上げたのが粟屋憲太郎立教大学教授（当時）に代表される研究グループで、アメリカの公文書館に所蔵されていた東京裁判関係資料の調査と分析、そして公刊活動でした。

粟屋らは、検察局文書からキーナン首席検事や検察局のスタッフの活動に関連する内部資料を閲覧して、被告二八名の選定経緯、東京裁判の開廷に至る基本経緯を確認しつつ、同時に東京裁判の準備・開廷が検察側の主導の下に進められ、法廷での審理も検察側が告発した追訴内容に沿って進められたことを明らかにしました。

検察文書にはA級戦犯容疑者や証人・参考人への検察局による尋問《じんもん》調書があり、この調書には戦争指導に関わった政治家・軍人・官僚・財界人など各界要人や右翼運動家、さらには皇族の証言もあります。これらの資料の存在は、戦前の日本がいかなる過程で戦争の道へと進んでしまったのかを知る上で貴重な資料となります。その意味では、敗北直後における膨大な資料焼却による戦前研究の手掛かりを失ってしまっていることから、極めて貴重な事実です。

（纐纈厚）

Q16 戦争責任をどう果たすべきですか

A

戦後日本で戦争責任が希薄であり続けた最大の理由は、何よりもアジア太平洋戦争の総括が不徹底であることに求められます。アジア諸国民に甚大な被害を強いた戦争の歴史を体験しながら、日本の敗北原因を英米との物量戦に求め、アジア民衆の抵抗、反日ナショナリズムが本当の原因であったことに無自覚であり続けました。たしかに日本はアメリカを中心とする連合国側に降伏したかもしれませんが、日本を敗北に追い込んだのは、中国を筆頭とするアジア民衆の抗戦能力と実行力であることを謙虚に学ぶ必要があります。

〔アメリカへの接近〕

戦後日本社会と日本人は、「アメリカに敗北した」とする戦争総括に走った結果、日本は敗戦に追い込んだアメリカという国家を過剰なまでに圧倒的な存在とみなし、二度と敗戦の憂き目に遭遇しないためにも、国家の在り様から日本人の生活様式、さらには思考方法にまでアメリカ一辺倒の思いが深まっていきました。

それと反比例するかのように、日本を敗戦に追い込んだアジア諸国やアジアの人々に背を向け続けました。言うならば、日本はアジアとアメリカの肩越しにしか向き合おうとしなかったのです。それゆえに、かつてのドイツのシュミット首相から、「日本はアジアに友人をもっていない」と喝破《かっぱ》された経緯があります。

〔ドイツとの比較〕

なぜ戦後日本人がそのような姿勢を崩さなかったのでしょうか。多様な理由がありますが、ドイツの場合は自らの投票行動によって、文字通り合法的に選出された国家社会主義ドイツ労働党（ナチス党）が政権を握り、侵略戦争を開始しました。ドイツ社会とドイツ人は、それゆえ投票行動をおこなった自らの判断や行為を深く重く受け止めざるをえなかった

★—紀元二千六百年祝賀行事

ことがあります。

戦争責任という、ある意味で漠然とした物言いではなく、ナチス・ヒトラーの戦争犯罪に手を貸した〝共犯者〟という自覚を抱いたのです。そこから数多のドイツ人は自らを厳しく問い詰め、同じ過ちを繰り返さないための、実に多くの方法を採り入れて実行しました。それに反して、日本の場合はどうでしょうか。中国への本格的侵略の開始を告げた満洲事変（一九三一年九月一八日）は、石原莞爾《いしわらかんじ》に代表される関東軍急進派将校たちによる謀略として秘かに計画され実行されました。中国との全面戦争の契機となった盧溝橋《ろこうきょう》事件（一九三七年七月七日）も、満洲事変と同様に日本軍の恣意的な挑発行動の延長として生じた事件でした。

この二つの事件に日本人の多くは直接関与することも、賛否を問われる機会も与えられませんでした。そして、極めつけは、対英米開戦を事実上決定した、一九四一（昭和一六）年九月六日に宮中奥深くで開催された御前《ごぜん》会議の存在です。

【天皇の戦争】

当然ながら、御前会議での決定事項は日本国民に知らされるべくもありませんでした。同時に一九四五（昭和二〇）年八月一五日の無条件降伏の受諾を告知する玉音《ぎょくおん》放送により、日本の「終戦」を知らされたのです。言うならば、アジア太

平洋戦争とは、天皇と軍部、これを取り囲む一部のリーダーたちによって開始され、そして終わった、文字通りの「天皇の　天皇による　天皇のための戦争」でした。要するに、国民不在の戦争だったのです。

そこでは、国民不在の戦争であったことから戦争責任意識は深められませんでした。戦後日本占領を担ったGHQ（連合国軍最高司令部）は、戦争責任を一部軍部急進派に負担させ、天皇を含めた政治指導者・エリート層の戦争責任を免罪した日本人もそれに便乗し、当事者でないことを理由に戦争責任の所在の曖昧化に手を貸してきました。しかし、「天皇の戦争」とは言え、国民自身に戦争責任は不在なのか、と言えば、それもまた問題でしょう。

〈日本人のひとりとして〉

はたして日本国民・日本人には戦争責任はなかったのでしょうか。責任の所在は、一口に日本人といっても、多様な立場や階層によって自ずと異なります。ですが、当該期の政治に関与しなかった、出来なかった事を理由に戦争責任から解放されることはありえるのでしょうか。それは国内的理由であって、国際社会から見た場合、日本人や日本社会の戦争責任は別次元で発生していないでしょうか。

ここでは戦後日本人の戦争責任の所在にしぼって言うならば、「天皇の戦争」としての本質は確かだとしても、そのように総括することによって戦争責任から逃れ、戦後も国民不在の戦争だったとすることで、日本人・日本国民が戦争に直接間接に関わった歴史事実をも忘却しようとする姿勢は問題としなければなりません。

特に先の戦争は「天皇の戦争」だったとする認識を膨らませ、同時にアメリカに敗北したがゆえに、そのアメリカとの同盟関係強化を果たすことで、アジアを後方に追いやったこと自体も、戦後日本人の大きな過ちです。

そこから言いえることとは、何よりも先の戦争は、戦争に国民総体が動員され、数多の日本国民が関与した戦争であったことをあらためて認識すること、そして中国を筆頭とするアジアの抗日意識や抗日戦争により国力の消耗を強いられ、それがアメリカを中心とする連合国に降伏することに繋がったとする歴史事実を確認することです。「戦争責任をどう果たすのか」、の問いに応えていくうえで、こうした歴史事実の確認が不可欠です。

〈戦後責任の問題〉

戦争責任問題は、戦争期に生きた日本人だけでなく、戦後日本社会で生きてきた、いわゆる戦後日本人の問題です。それを戦後責任とする呼称でさかんに指摘されるようになってから久しい。戦争責任の希薄さの原因とは別に、ここでいう戦後責任への自覚も希薄であった理由は、外部的な理由と内部的な理由に分けられます。

外部的理由として指摘されているのは、戦後アメリカのヨーロッパ戦略とアジア戦略の相違があります。すなわち、ヨーロッパでは、北大西洋条約機構（NATO）という並列型の集団自衛条約が締結され、ドイツがこれに参入するためには、被侵略国家への謝罪や戦争再発防止の宣誓が不可欠でした。これに対して、アジアではアメリカ直列型の個別安全保障条約が締結され、アジアの被侵略国家への謝罪が必ずしも必要ではなかったことが挙げられます。

つまり、ドイツが戦後にヨーロッパで受け入れられるためには、かつての戦争相手国と直接的な友好関係を築き、信頼回復の努力が求められたのに対し、アジアではたとえばアメリカとフィリピン（米比安保条約）、アメリカと韓国（米韓安保）というように、アメリカを頂点とするアジア社会の再構築が文字通りアメリカに全面依存する格好で進められました。

それで日本はかつての侵略相手国や植民地支配国との関係は、アメリカを経由して関係改善に一定の努力を払えば済んだのです。本来ならばフィリピンも韓国も、日本の侵略責任や植民支配責任を問い、相応の賠償も含めて請求権を保持するはずでした。しかし、これもアジアの冷戦構造を背景と理由として、アメリカは日本敗戦後から一九四九年の中国革命により中華人民共和国が成立するまでの日本民主化政策を放棄し、日本を反共防波堤国家として再構築するために日米安保条約を締結し、日本国憲法の平和主義を事実上骨抜きするに至ったのです。

仮にアジアにおいてのヨーロッパと同様に並列的な集団自衛条約が締結されたならば、日本はドイツがおこなったようにアジア諸国との信頼回復の一つとして、戦争責任問題は極めて重要かつ率先して取り組むべき国家的かつ国民的課題となったはずでしょう。

朝鮮半島には戦後アジアの冷戦構造の結果としての分断国家が、国際法から見て休戦協定は締結してはいるものの、事実上の戦争状態が継続したままです。連綿と続くアジア冷戦構造のなかで、日本の戦争責任への追及が依然として全面化していない環境から、戦後日本人は植民地支配責任も戦争責任についても自らの問題として捉えきれていないのが現実でしょう。日本人は、アメリカのアジア冷戦を背景とするアジア戦略の展開に便乗し、日米同盟という軍事同盟及び歴史認識同盟に依拠して戦争責任を意識的か無意識的かは別にして、事実上放棄あるいは忘却してしまったのです。（纐纈厚）

Q17 メディアはどのように戦争に関わりましたか

A

一九四一年一二月八日午前六時、「大本営発表第一号」が発表されました。

「帝国陸海軍は今八日未明、西太平洋に於て米英軍と戦闘状態に入れり」。

その直後の記者室の情景を、大本営報道部員だった富永謙吾海軍中佐は、戦後の回想記に、「記者室の電話という電話は、一斉に開戦第一報に躍り上った。誰の声も明るい大声にはずんでいた」と書いています（『大本営発表の真相史』）。以下、新聞各紙が開戦をどうあつかったか、見ていきましょう。

〈大本営発表とメディア〉

翌日の新聞も、「ああこの一瞬、戦わんかなの時至る。永久に忘れ得ぬこの名句その長さは僅《わず》か三十字の短文であるが、正に敵性国家群の心臓部にドカンと叩きつけた切り札である。砕けるばかりに握った鉛筆の走る音、カメラ陣のフラッシュの斉射、この間僅かに三分間、かくて開戦を告げる世紀の大発表第一声は終わった」と興奮をかくしていません。メディアのあいだにも戦争待望論が充満《じゅうまん》していたことがわかります。紙面には「ハワイ、比島に赫々《かくかく》の大戦果」「米海軍に致命的大鉄槌《てっつい》」「戦艦ウェストバージニア撃沈」といった大見出しが躍りました。この「大本営発表」は、ほぼ正確でした。

しかし、翌年の「ミッドウェイ海戦」になると、じっさいは大敗北だったのに、メディアは大本営の虚偽発表を鵜呑《うの》みにして、「米航空母艦エンタープライズ型一隻及ホーネット型一隻撃沈　撃墜せる飛行機約百二十機」と、架空の勝利を大々的につたえます。太平洋戦争四五カ月の期間中に「大本営発表」は八四六回ありましたが、その多くが、敵に与えた戦果は水増し、味方の損害を軽微に評価する、およそ実態からほど遠いものでした。批判や検証はなし（できなかった）。戦時メディアは、当局の発表をそのまま右から左に流すだけの機関になりはててしまいます。

〈死んでいたメディア〉

「戦争が起こると、最初の犠牲者は真実である」ということばがあります（The first casualty when war comes, is truth）。戦時、政府や軍は、検閲で報道を統制し、戦意高揚のための宣伝に全力をそそぐのがつねです。太平洋戦争期の「大本営発表」は、まさにその典型例でした。『広辞苑』は「大本営発表」のもうひとつの意味を、「権力を持つ側が一方的に流す、自らに都合の良い情報」としていますが、太平洋戦争時のメディアは、天皇直属の最高戦争指導機関、「大本営」の発表をそのまま垂れ流す「上から目線」に、唯々諾々《いいだくだく》としたがうのみの媒体となっていました。そのニュースを国民は真実と信じ、戦況の推移に一喜一憂したのです。

それにしても、たとえば「ベトナム戦争」（一九六〇年代）では、アメリカのメディアが痛烈な政府批判報道を行った例、また、直近の「イラク戦争」にたいしても、「大義なき戦争」とする論調が世界のメディアに満ち溢れた例もあるのに、なぜ、太平洋戦争ではそうならなかったのか？　日露戦争のときでさえ、与謝野晶子の『君死に給うことなかれ』が掲載される言論の自由があったにもかかわらず、なぜ、メディアは、権力の監視役を降りてしまったのか？

じつは、このとき、メディアはすでに死んでいたのです。

きっかけは一九三一年、軍部の謀略によって引き起こされた「満洲事変」でした。それまで「普通選挙」や「軍縮」をつうじ、「大正デモクラシー」の旗手とされてきた朝日新聞が、軍部批判の論調を捨て「事変支持」に社論転換しました。理由は、右翼と軍部からの攻撃、そして不買運動の圧力に抗しきれなくなったためです。編集局長だった緒方竹虎《おがたたけとら》（戦後、自由党総裁）はのちに、「新聞社の収入が大きくなればなる程、資本主義の弱体を暴露するのである。朝日新聞も又その例に漏れない。新聞資本主義は発禁や軍官の目を極度に恐れる」と書いています（『朝日新聞社史』）。報道の自由・編集の独立より販売・部数維持が重要になっていたのです。以後、「国策発動に大局的に協力する」が朝日の新方針になりました。緒方は、「朝日新聞にもし幾分かの弁疏《べんそ》（言い訳）が残されているとすれば、それは、一番遅れて賛成したという以外に何物もない」と反省しています。

〈政府発表のスピーカー〉

日中戦争が全面化した一九三七年以降、事態はもっと深刻

★—緒方竹虎

になっていきます。翌三八年施行された「国家総動員法」は、メディアをがんじがらめに縛りあげる法律でした。同法は、政府に、国家総動員のため必要あるときは、新聞記事の制限または禁止をすることができる、と規定し、罰則として発売禁止、原版差し押さえのほか、新聞社にとって死刑にもあたる「廃刊処分」も規定していました。圧力や不買にとどまらず、「法の力」によって、直接、言論を弾圧する時代がやってきたのです。各社ともいったん「国策への協力」を表明した以上、正面切って反対することはできません。なんとか「廃刊処分」だけは削除させたものの、骨組みを変えることはできず、法案は成立します。

この法律により、政党政治とともにメディアも「物言わぬ羊」「政府発表のスピーカー」になっていきます。毎日新聞社史によると、「満洲事変」以後、陸海軍などから指示された掲載禁止・注意事項は千数百にのぼった、とのことです。

「国家総動員法」のもとで「新聞統合」もすすみました。言論統制を効率よくするための措置です。「一県一紙」が導入され、一九三八年に全国一一〇三紙あった日刊紙が、四年後には五四紙にまで減少しました。新聞は、中央紙三（朝日新聞・毎日新聞・読売報知）、ブロック紙四（東京新聞・中日新聞・大阪新聞・西日本新聞）、業界紙二（日本産業経済新聞・産業経済新聞）に統合され、あとは「県紙」になりました。NHKは国営だから軍と政府の意のままに動かされます。

〈抵抗したメディア人〉

だから、太平洋戦争がはじまると、メディアが、筆をそろえ声を合わせて戦争を賛美したのは自然のなりゆきでした。「大本営発表」の垂れ流しがそれをしめしています。それでも（ごくかぎられた範囲とはいえ）政府批判がなかったわけではない。

四三年一月一日付朝日新聞は、代議士・中野正剛《なかのせいごう》署名の「戦時宰相《さいしょう》論」を掲載し、東条首相（陸相兼務）を批判しました。中野は反戦論者ではありませんが、軍部独裁反対・議会主義擁護の立場から首相と対立していました。記事に激怒した東条は「発禁だ」と怒鳴り、内務省に差し押さえを命じます。中野は、軍刑法の「造言蜚語《ぞうげんひご》」容疑で憲兵隊に検束され、釈放後、自決します。

記事がもとで「懲罰召集」を食った例もあります。毎日新聞の新名丈夫《しんみょうたけお》記者が四四年二月二三日付紙面に書いた、「竹槍《たけやり》では間に合わぬ　飛行機だ海洋航空機だ」という記事です。これも反戦ではない。「竹槍でも戦おうという精神はいいが、そこまで行かぬ前に、飛行機で敵を叩かなければならぬ。それには海軍機が必要だ。飛行機の増産に励《はげ》め」という内容なのですから。しかし、東条首相の逆鱗《げきりん》に触れました。政策批判だと受けとめたのです。退社させよ、の要求を毎日側が拒否すると、新名記者を陸軍に召集します。三七歳、すでに兵役免除の身だったので「懲罰」としか考えられない。こんな言論統制もまかり通ったのでした。

記者も戦火の犠牲になりました。「従軍記者」の身分は、特派員と報道班員に分かれ、前者は、社命による従軍なので宿泊や服装は自前だし取材先の選択や行動も自由。しかし後者の場合、「軍属」あつかいとなって軍の統制下に組みこまれ、宿泊・被服が軍から支給され、兵士とのちがいは階級章をつけるかどうかだけでした。読売新聞社史は、「特派員で亡くなった社員四十五人」とし、「召集と戦災によるものを入れればさらに広がり、全社の部課に及んでいく」と記しています。メディアもまた、みずから蒔いた種を刈り取らなければなりませんでした。

戦後、朝日新聞社長になった箕土路昌一は「回顧談」で、「全新聞記者が平時に於て大声叱咤《しった》した言論の烽火《ほうか》を、最も大切な時期に自ら放棄して恥じず、益々彼等を誤らしめたその無気力、生きんが為の売節の罪を見逃してはならぬ…言論死して国遂《つい》に亡ぶ、死を賭しても堅持すべきは言論の自由である」と書きのこしています。これは時代を超えてメディア人を撃つことばだといえるでしょう。（前田哲男）

〔参考文献〕松本重治『上海時代　ジャーナリストの回想』（中公新書、一九七四年）、清沢 洌『暗黒日記』（岩波文庫、二〇〇四年）、山中恒『新聞は戦争を美化せよ』（小学館、二〇〇一年）、富永謙吾『大本営発表の真相史』（自由国民社、一九七〇年）

Q18 日本に反戦運動はあったのですか

A

反戦運動を、「戦争開始を中止させるための大衆行動」や「現に行われている戦争の終結をもとめる広範な呼びかけ」と理解するなら、太平洋戦争中、そのような動きはありませんでした。正確にいうと、言論・表現・結社の自由は、すでに芽を摘《つ》まれ抹殺されていて、存在の余地がなかった。もし、戦争に批判的な言動をすれば、「非国民」「国賊」呼ばわりどころか、「第五列」（敵国への内通者＝スパイ）とみられ、「軍機保護法」（一九三七年）や「国防保安法」（一九四一年）により処罰されたでしょう。さらに、最高刑に死刑をさだめた「治安維持法」（一九二五年制定、四一年大改正）もありました。

〈昭和の暗黒時代〉

軍事史家・松下芳男は『三代反戦運動史』のなかで、「国民は鋼鉄の鞭《むち》によって盲従が強いられ、ベトン（コンクリート）の壁によって真相がさえぎられ、『見ず、聞かず、言わず』三猿主義を強要された。昭和の暗黒時代、無批判、無反省、無法の軍部独裁の暗黒時代！　後世の史家は、おそらくこう名づけるであろう」とのべ、さらに「この『反戦運動史』の太平洋戦争の章においては、『こういう反戦運動があった』という記述でなしに、『こういう事情のために、反戦運動が表面化しなかった』という記述にならざるを得ない」と論じています。

それとくらべると、日露戦争のころ、幸徳秋水《こうとくしゅうすい》の『平民新聞』が開戦反対キャンペーンを張り、与謝野晶子の反戦詩（「君死に給うことなかれ」）や、徳富蘆花《とくとみろか》の、学生に向けた火を吐くような非戦論に接しえた明治時代のほうが、まだしも

「自由」だったといえるでしょう。日本の反戦運動は、昭和初期の無産政党弾圧、とりわけ共産党にたいする一斉手入れと検挙（一九二八、二九年）、および『蟹工船』で知られる党員作家・小林多喜二《こばやしたきじ》への拷問虐殺（三三年）などによって、世論との接点を絶たれました。そのあとに「満洲事変」をはじめとする戦争の時代がやってくるのです。

〈個人の言論活動〉

けれども、質問の範囲をもっと広くとって、「戦争開始を押しとどめようとした言論人の努力」、また「投書や落書きに見る庶民の腹の底」と受けとめれば、ほそぼそと、また、孤立した動きとしてではあっても、昭和の全期間をつうじて見ることができます。まず、ジャーナリストの場合。

『信濃毎日新聞』主筆の地位にあった桐生悠々《きりゅうゆうゆう》は、紙面で反軍・反ファシズムの言論活動を展開しました。とくに、「関東防空大演習を嗤《わら》う」と題した評論――内容は「反戦」というより、「かかる架空的な演習を行っても、実際には、さほど役立たないだろう」というもの（一九三三・八・一一日付）――は、軍当局の怒りを買い、社を追われます。以後は、個人雑誌『他山の石』を発刊して、たび重なる発禁に遭《あ》いながらもジャーナリストの一分、権力批判の姿勢を貫きとおします。死後のこされた、「蟋蟀《こおろぎ》は鳴き続けたり嵐の夜」に、かれの深い孤独と烈々たる反骨精神がうかがえます。

石橋湛山《たんざん》（戦後、首相）も、リベラルな言論人の立場から戦争政策に批判をくわえた人物でした。旬刊『東洋経済新報』主幹、のち社長として、湛山はおもに外交を論じます。明治時代の特色は、「帝国主義的発展にあるのではなく、政治・法律・社会の万般の制度及び思想に、デモクラチックの改革を行ったことにある」と信じるかれは、中国政策や「日・独・伊三国同盟」に批判の論陣を張ります。慎重にことばを選びながら、湛山は「小日本主義」を主張しつづけました。おなじ系列に（生前に公表されなかったが）、戦時下、『暗黒日記』を書きつづけた清沢洌《きよし》、また、代議士としては、日中戦争を批判して議員除名された斎藤隆夫も、戦時下抵抗の例として記憶すべきでしょう。しかし、どれも国民にとどくにはあまりに小さな活動でしかありませんでした。

〈国家総動員法の下で〉

日中戦争がはじまり、「国家総動員法」や「国防保安法」が制定されてからは、反戦運動が表面化する余地はなくなっていました。なにしろ国防保安法は、第一条に「本法ニ於《おい》テ国家機密トハ国防上外国ニ対シ秘匿《ひとく》スルコトヲ要スル外交、財政、其ノ他」とあり、「其ノ他」を拡張すれば、どんな行為にでも適用できます。観光旅行で風景を撮影した人が拘引

★―石橋湛山

されたり、山の上から港をスケッチしただけでスパイ行為とみなされたという例がいくらもあります。街じゅうに「秘密戦を防げ」「はづむ話で漏らすな軍機」などの標語があふれていました。

そのような時代に、兵役を拒否した日本人がいました。明石順三・静栄夫妻が主宰するキリスト教団「灯台社《とうだい》」の若者三人、一九三九年のことです。夫妻の長男・真人と村本一生、三浦忠治は、徴兵され入隊後、「自分はキリスト者として聖書の〝なんじ殺すなかれ〟の教えを守りたいので、銃器をお返しします」と申し出ました。ほかの二人も「私の銃をお返しします」と上官に告げ、軍事教練を拒否しました。三人は憲兵隊に引き渡され、抗命罪で「軍法会議」に付され、明石真人に懲役三年、村本、三浦には二年の刑を宣告されました。村本が獄中で書いた手記の一節に、「誤れる指針によりて導かれ、戦争へ戦争へと狂うがごとく盲進する日本の先途こそまことに危うきかな！」とあり、確信的な反戦主義者だったことがわかります。明石夫妻のほうには「治安維持法」違反が適用され、さらに重い懲役一二年と三年六カ月の刑が科せられました。「灯台社」メンバーの兵役拒否は、強大な権力機構に素手で立ち向かった稀有の例として記憶されるべきでしょう。

直接行動に至らなくとも、司法省刑事局の極秘文書『思想月報』や『特高月報』には、反戦・反軍の投書、落書き、ビラが「不敬・不穏」の例としてまとめられていて、庶民の心の奥を読みとることができます。いくつか抜きだしてみると、

・立テ労働者、タオセ資本家。
・戦争は天皇陛下がさせるのだから、天皇陛下が止めるように命令すれば止むのである。天皇陛下が戦争をさせるから、益々人民が困るのである。
・日支事変で我々は金持ちのギセイニナリつつある。目を覚ませ国民。かくなれば政府をたおせ、官吏をたおせ。

・戦死する前に天皇陛下万歳というて唱えるちゅうが、そんなことという暇がない。あれは皆嘘じゃ。

最後に挙げた発言者（山口県の路上でなされた）には、不敬罪と陸軍刑法違反で禁固三カ月の実刑に処された、とあります。

これらについて『思想月報』は、「最近戦死傷者の増加に伴い、その遺家族間において反戦的言動に出《い》ずるもの生じ、戦争はとくに貧家の、しかも生活の中心たるべき者を最も多数戦死・戦傷せしむるものなりと怨嗟《えんさ》し、戦争を呪詛《じゅそ》するなど、その動向に相当注意を要す」と警戒心をあらわにしています。

こうした庶民の「腹の底」とはべつに、太平洋戦争の敗色が濃くなってくると、重臣や政府高官のあいだで、「国体護持」の見地から「東条内閣打倒工作」がすすめられ成功（四四年七月）しますが、これは「反戦運動」とはいえないでしょう。

〈傍観者意識をこえて〉

まとめると…、ヒトラーの弾圧政策に抵抗して強制収容所に送られ、奇跡的に生き延びたマルチン・ニーメラー牧師が、戦後かたったことばに要約できます。

ナチスが共産主義者を攻撃したとき、自分は少し不安であったが、とにかく自分は共産主義者でなかった。だから何も行動に出なかった。次にナチスは社会主義者を攻撃した。自分はさらに不安を感じたが、社会主義者でなかったから何も行動に出なかった。それからナチスは学校、新聞、ユダヤ人等をどんどん攻撃し、自分はそのたびにいつも不安を増したが、それでもなお行動に出ることはなかった。それからナチスは教会を攻撃した。自分は牧師であった。だから立って行動に出たが、そのときはすでにおそかった。

太平洋戦争になって反戦運動が起こらなかった理由に、こうした「傍観者意識」も忘れてはならないでしょう。同時に、今後、それが繰りかえされない保証はないということも心すべきです。（前田哲男）

〔参考文献〕桐生悠々『桐生悠々反軍論集』（新泉者、一九八〇年）、稲垣真美『兵役を拒否した日本人　灯台社の戦時下抵抗』（岩波新書、一九七二年）

Q19 冷戦をわかりやすく説明してください

A

冷戦とは、第二次世界大戦後にアメリカ合衆国を中心とする資本主義（自由主義）陣営とソビエト連邦（ソ連）を中心とする社会主義（共産主義）陣営が世界を二分して対峙した、政治的・軍事的な対立構造のことです。第二次大戦の終結後、一九八九年まで続きました。米ソが直接戦う戦争（「熱い戦争」）が起きなかったことから、「冷たい戦争」と呼ばれました。

ヨーロッパは資本主義の西側と社会主義の東側に二分され、「鉄のカーテン」と呼ばれる断絶と緊張が続きました。ドイツは西独と東独の二国に分断され、東側支配下のベルリンで西側が管理する西ベルリンを隔絶した「ベルリンの壁」は冷戦の象徴となりました。世界的に資本主義陣営は「西側」、社会主義陣営は「東側」と呼ばれ、イデオロギー対立と相互敵視が続き、経済的、人的交流は制限されました。

冷戦時代、アメリカとソ連は核軍拡競争を続け、世界の核兵器総数は六万発を超えるに至りました。「核抑止論」と呼ばれる恐怖の均衡のもとで、一九六二年のキューバ核危機のような緊張局面もありましたが、米ソ間で実際に戦争が起きることはありませんでした。しかし、世界各地で米ソを肩代わりする「代理戦争」がおこなわれ、多くの血が流されました。今日の核の脅威は、冷戦が地球に残した負の遺産といえます。

【核軍拡競争】

一九四五年八月のアメリカによる広島・長崎への原爆投下によって、核時代の幕が開けました。すでに敗戦が濃厚であった日本にアメリカが原爆を投下した背景には、ソ連を中心とする社会主義勢力が戦後に台頭することをおさえようとする世界戦略がありました。

一九四九年にはソ連が最初の核実験をおこない、米ソ核開発競争がはじまりました。五〇年代から六〇年代にかけて、イギリス、フランス、中国が核実験をおこない核競争に加わりました。原爆よりはるかに破壊力の大きい水爆が開発され、一九五四年には広島原爆の約一〇〇〇倍の威力をもつ水爆実験がマーシャル諸島ビキニ環礁でおこなわれました。このとき日本のマグロ漁船「第五福竜丸」が放射性降下物（死の灰）を浴びたことをきっかけに、日本で原水爆禁止運動がはじまりました（世界の核兵器数の推移について、図参照）。

表　冷戦と核兵器に関連する年表

1945.	7	米国がアラモゴルドにて世界最初の核実験
	8	広島・長崎に原爆投下
49.	4	北大西洋条約機構（NATO）成立
49.	8	ソ連が最初の核実験
50.	6	朝鮮戦争勃発
52.	10	英国が最初の核実験
	11	米国が最初の水爆実験
53.	8	ソ連が最初の水爆実験
54.	3	米国がビキニ環礁で水爆実験（第五福竜丸が被爆）
55.	5	ワルシャワ条約機構成立
60.	2	フランスが最初の核実験
60.	6	日米安保条約発効
60.	12	ベトナム戦争始まる
62.	10	キューバ危機
63.	8	部分的核実験禁止条約（PTBT）採択
64.	10	中国が最初の核実験
67.	2	ラテンアメリカ非核地帯条約署名
68.	7	核不拡散条約（NPT）署名
72.	5	米ソ、第一次戦略兵器制限条約（SALTI）署名 弾道ミサイル迎撃システム制限条約（ABM 条約）署名
74.	5	インドが地下核実験
79.	6	米ソ、SALTI Ⅱ署名
79.	12	ソ連、アフガニスタン侵攻
85.	8	南太平洋非核地帯条約署名
87.	12	米ソ、中距離核戦力（INF）全廃条約署名
89.	12	米ソ首脳会議（マルタ）で冷戦終結宣言
91.	1	湾岸戦争
	7	米ソ、第一次戦略兵器削減条約（START Ⅰ）署名
	12	ソ連崩壊

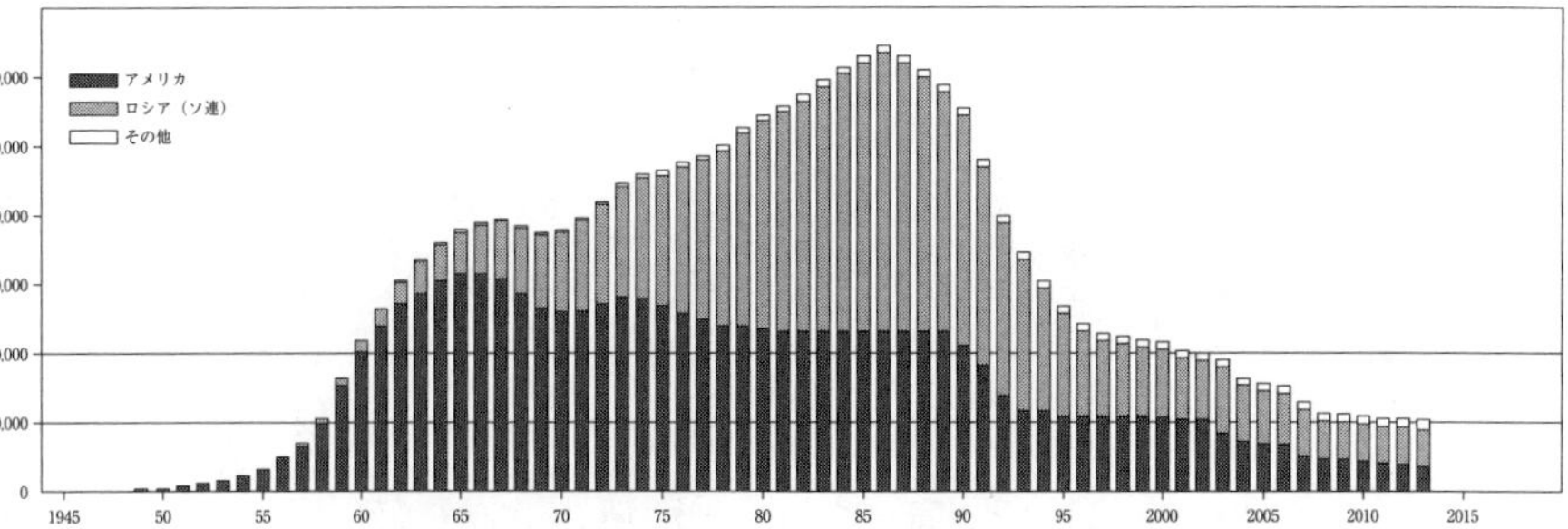

★—核兵器の数の推移（出典：『原子科学者会報』より作成）

(注)このほかに米ロ両国は退役したが解体待ちとなっている核兵器を数千発ずつ持っている。これらを含めると世界の核兵器は2013年現在約1万7000発である。

【相互確証破壊（MAD）】

冷戦時代の核戦略は、次のような「核抑止」の理論にもとづいていました。核を持ち対立する両陣営のうち、いっぽうが核攻撃をおこなえば相手方が核で報復し、その結果両方がともに壊滅する。そのことが分かっているので双方とも先制攻撃を控えるから、核戦争は回避できるという理論です。そのために米ソはわざわざ、互いに対防御手段を制約する約束（一九七二年のＡＢＭ条約）を結んでいました。この理論は頭文字「ＭＡＤ」（Mutual Assured Destruction）と呼ばれ、その相互確証破壊は正気でない恐怖の均衡を世界が作り上げてきたことを示しています。

敵の先制攻撃を受けてもこちらの核戦力が生き延びて報復できるようにするために、敵よりも核兵器を多く持つという数の競争が生まれました。さらに、敵の攻撃をいち早く察知し即時に核ミサイルを発射する体制が築き上げられました。こうして、米ソの核戦力は膨れあがってきたのです。

〔危機と戦争の連続〕

冷戦期の米ソ間で核のバランスがとれ、戦争が抑止されてきたという見方は正確ではありません。一九六二年、ソ連がキューバに核ミサイルを配備しようとしたことに対して、アメリカはこれを阻止すべく核攻撃も視野に入れた臨戦態勢をとりました。米ソは核戦争一歩手前の状態までいきましたが、間一髪のところで交渉が成立しました。このキューバ核危機の経過をみれば、核戦争が回避されたのは幸運に追うところが多かったことが分かります。

また、米ソの肩代わりをする形で、数多くの代理戦争が戦われました。朝鮮半島を南北に割った朝鮮戦争（一九五〇～五三年）、ベトナムの南北間で戦われたベトナム戦争（一九六〇～七五年）はいずれも、社会主義陣営の拡大をおそれたアメリカの軍事介入により多数の犠牲を生んだものでした。ソ連によるアフガニスタン侵攻（一九七九～八九年）、カンボジア内戦（一九七〇～九三年）も代理戦争の性格を色濃くもっています。

アメリカはまた、中南米から社会主義の影響力を排除するために数々の軍事独裁政権への支援をおこない、そのことがこの地域でのクーデターの横行や貧困の拡大につながりました。

〔東西の軍事同盟と非同盟〕

東側陣営は「ワルシャワ条約機構」（一九五五年）、西側は北米とヨーロッパによる「北大西洋条約機構（ＮＡＴＯ）」（一九四九年）という軍事同盟を形成しました。また、日米安保条約や韓米安保条約などの二国間安全保障条約も、日本や韓国を西側陣営に位置づける軍事同盟条約といえます。

これに対して南の発展途上国を中心に、東西いずれの軍事同盟にも属さない「非同盟運動」が生まれました。一九五五年にインドネシアのバンドンで開かれたアジア・アフリカ会議がその走りであり、今日一二〇カ国以上が参加しています。これらの国々は「第三世界」とも呼ばれました。

〔冷戦の終結〕

一九八〇年代後半にゴルバチョフ・ソ連共産党書記長が大胆な国内の改革（ペレストロイカ）と軍縮提案を打ち出すと、レーガン米大統領はこれに呼応し、米ソ間の軍縮と緊張緩和が進みました。そのいっぽうで東ヨーロッパでは民主化運動が広がり、共産党の独裁体制が倒されていきました（東欧革命）。こうした中で一九八九年一一月に東ドイツ政府がベルリンの壁の開放を宣言し、冷戦の象徴であった壁は人々の手によって崩されました。翌月には地中海のマルタで米ソ両首脳が冷戦の終結を宣言しました。その後一九九一年、ソ連はロシアおよび独立国家共同体へと解体され、消滅しました。

冷戦終結を導いた推進力として、一九八〇年代の西ヨーロッパにおける反核運動と、東ヨーロッパにおける民主化運動を挙げることができます。そこに首脳レベルの政治的リーダーシップが加わったことが、冷戦終結を決定づけました。

〔ポスト冷戦の今日〕

冷戦の終結は、核の重武装で備えていた敵が消えたことを意味します。人々は平和の到来を期待し、実際、米ロ間では九〇年代に入って核削減が進みました。二一世紀に入り、米ロは互いに「もはや敵ではない」と宣言しましたが、配備した各数千発の核兵器はいまだに冷戦時代と同様に、数分以内で発射できる態勢がとられています。また、核の数こそ減ったものの、核の拡散という新たな脅威が生まれています。

東西の分断を克服したヨーロッパでは、ヨーロッパ連合（ＥＵ）や欧州安全保障協力機構（ＯＳＣＥ）を基礎にした地域共通の平和と安全のメカニズムが生まれました。他方で、ワルシャワ条約機構がその役割を終え一九九一年に解散した後、ＮＡＴＯは東欧諸国を新たに巻き込みながら拡大しています。ロシアはこうしたＮＡＴＯの拡大を軍事的に警戒しています。東、西、南というブロック分けの発想は、今日の国際政治の中にも根強く生き残っています。

私たちが暮らす北東アジアは、朝鮮半島の分断、中国と台湾の対立など、冷戦構造をいまだに残した世界唯一の地域です。さらに、日本による過去の戦争と支配に対する清算と和解が未解決であるため対立構造がより複雑になっています。

今日では、中国の台頭とこれに対する日米の対応が、「新しい冷戦」をこの地域にもたらすとの懸念もあります。冷戦の克服は、いまだに模索の途上にあるのです。

（川崎　哲）

〔参考文献〕映画『13デイズ』ロジャー・ドナルドソン監督（二〇〇〇年）、『ザ・デイ・アフター』ニコラス・メイヤー監督（一九八三年）

Q20 安保条約はどのように生まれましたか

A

現在の安保条約（正式名称は「日本国とアメリカ合衆国との間の相互協力及び安全保障条約」）は一九六〇年一月に締結されました。それ以前には、一九五一年九月に、サンフランシスコ講和条約とあわせて締結された旧安保条約（正式名称は「日本国とアメリカ合衆国との間の安全保障条約」）がありました。日本に米軍が駐留する根拠となっている安保条約が誕生した歴史をみてみましょう。

【占領時代の特権を維持】

第二次世界大戦後、日本を占領した連合国軍の最高司令官ダグラス・マッカーサー元帥は、「日本の役割は太平洋のスイスになることだ」と語りました。マッカーサーは当初、日本をスイスのような「永世中立国」にする理想を持っていました。しかし、終戦後まもなくはじまった東西冷戦のなかで、この理想は長くは続きませんでした。

一九四八年の年頭には、ケネス・ロイヤル陸軍長官が「日本を極東における全体主義（共産主義）の防壁にする」と演説します。翌四九年に中国で毛沢東率いる共産党が攻勢を強めると、この方針は強固なものとなります。そして、形式的にはソ連も含む「連合国」の占領下にあった日本を、西側の「自由主義陣営」の一員として強化し、「反共の防壁」の役割を担わせるため、講和条約の締結が対日政策の最優先事項となります。

しかし、占領下で手に入れた基地および作戦行動の自由を制約されたくない軍部は、講和条約の早期締結には消極的でした。国防総省は「講和」の最低限の条件として、講和後も沖縄でアメリカが長期的な戦略的支配の体制を構築することや、横須賀海軍基地をはじめとする本土の米軍基地を維持す

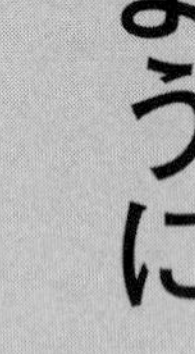

ることなどを強く主張します。

いっぽう、こうしたアメリカ側の動きを受けて、当時の吉田茂首相は一九五〇年四月、「講和後も米軍を日本に駐留させる必要があるだろうが、もし米側からそのような希望を申し出にくいのであれば、日本側からそれをオファーするような持ち出し方を研究してもいい」というメッセージを米側に伝えました。

日本側が基地提供の意思があることを示したことで、講和への動きは加速します。同年六月二五日には朝鮮戦争が勃発。アメリカは在日米軍を朝鮮半島に派遣し、その「空白」を埋めるため、マッカーサーは日本政府に警察予備隊の創設を命じます。そして九月、トルーマン大統領は、「米国は講和後も新協定を結び、実質的に占領状態と変わりない（基地の）特権を保有する」とした対日講和方針を決定します。

講和条約と新協定締結に向けた本格的な日米交渉は、翌五一年の一月にはじまります。米政府の「特使」として来日したダレス国務長官顧問は、米側スタッフの最初の会議で、交渉に臨む方針をこう述べました。

「われわれは日本に、われわれが望むだけの軍隊を、望む場所に、望む期間だけ駐留させる権利を確保できるだろうか。これが根本問題である」。

〔徹底した秘密主義の下で締結〕

五一年七月二〇日、日本政府に米サンフランシスコで開かれる講和会議への正式招請状が届けられます。

吉田茂首相は、八月一六日に開会した臨時国会で、講和条約と新協定（安保条約）の内容と交渉経過をはじめて説明します。しかし、後者については、「日本は軍備がないので、平和条約が成立して占領軍が撤退した後、外部からの攻撃に対する防御手段として日本に米軍が駐屯することを希望する」と述べただけで、協定の具体的な内容については「交渉中」としていっさい明らかにしませんでした。

★―吉田茂

九月四日、サンフランシスコの中心部にほど近いオペラハウスを会場に、日本を含めて五二カ国が参加する講和会議が開会します。日本からは、吉田首相をはじめ野党議員も含む六人の全権団が参加しました。

各国代表の意見陳述が七日午後までおこなわれ、その夜、吉田茂首相が講和条約の受諾演説をおこないました。この演説を受けての「最終討論」が終了した午後一一時過ぎ、日本の全権団が議場を出ようとした時、GHQ外交局長のシーボルトがやってきて「明日の講和条約調印のあとに安保条約の調印もすませたい」と事務方に告げました。しかし、この時点では、吉田首相と一部の側近をのぞいて、誰も安保条約の条文を知りませんでした。

安保条約の調印式は、翌八日の午後、サンフランシスコ市郊外にある米陸軍基地内の簡素な下士官クラブでおこなわれました。調印式では、米側はアチソン国務長官、ダレス特使に加え、民主、共和両党の上院議員を加えた四人が署名しましたが、日本側は吉田首相ただひとりが署名しました。調印式の会場には、六人の全権のうち吉田首相のほか三人が参列しましたが（二人は欠席）、吉田は「政治家がこれに署名するのはためにならん」と言って一人で署名しました。ダレスの補佐役で、のちに駐日大使となるアリソンは「安保条約に署名した日本側代表団の少なくてもひとりは帰国後暗殺されることは確実だ」と語っていたといわれています。

安保条約の条文が国民に公表されたのは、調印後のことでした。そして、このように徹底した秘密主義の下で結ばれた安保条約は、あまりに不平等なものでした。

アメリカは日本に米軍基地を置き、「極東の平和」や「（日本国内の）内乱の鎮圧」にまで自由使用する権利を保証されるいっぽう、日本を守る義務は課せられませんでした。さらに、翌五二年二月に締結された行政協定（現・地位協定）では、日本のどこにでも基地を置ける、いわゆる「全土基地方式」が採用されました。

アメリカが当初提案した行政協定案には、米国が駐留継続を希望する基地については講和条約発効後九〇日以内に日本側と協議し、合意できなかった場合は合意できるまで暫定的に継続使用できるという条項が入っていました。これには、のちに首相となる宮沢喜一も「講和が発効して独立する意味がないにひとしい」と驚き、外務省に削除を求めたといいます。その後、この条項は行政協定本文からは削除されますが、「交換公文」という形の「密約」にされて残ります。

こうして、アメリカは方針通り、講和後も「実質的に占領状態と変わりない特権を保有」することに成功します。軍部が強く要求した沖縄の「排他的かつ長期的な戦略的支配の体制」も、講和条約によって沖縄・奄美が日本から切り離され、米軍の施政権下に置かれたことで実現します。

〈見せかけの「対等」〉

占領時代そのままの特権を米軍に認めた安保条約・行政協定の不平等性は、誰の目にも明らかでした。そして、五三年の石川県内灘での米軍試射場設置反対闘争を皮切りに、浅間山《あさまやま》、妙義山《みょうぎさん》、北富士《きたふじ》、砂川《すながわ》と全国各地で基地反対闘争が起こります。五七年には、群馬県相馬ヶ原演習場で薬きょう拾いをしていた農婦が米兵によって射殺される「ジラード事件」が起こり、それまでくすぶっていた反米感情がナショナリズムとも結びついていっきに高まります。

翌五八年におこなわれた総選挙では、「非武装中立」を掲げる社会党が衆院の三分の一を超える史上最高の一六六議席を獲得します。これに危機感を抱いた当時の岸信介内閣は、安保条約をより「対等」なものに改定するよう米側に求めました。

新安保条約の目玉は、「事前協議性」の導入でした。それまでの「基地の自由使用」を改め、米軍が核兵器の持ち込みや在日米軍基地からの作戦行動をとるさいは、事前に日本政府と協議することを義務付けるというものでした。しかし、裏では、核兵器を搭載した艦船の寄港・通過や、在日米軍基地からの直接の戦闘作戦行動ではない部隊の「移動」などを事前協議の対象から外す「密約」を結び、事実上骨抜きにしていたのです。

結局、岸首相が演出してみせた「対等な日米新時代」は、見せかけだけでした。本質的には、新安保条約でも、旧安保条約の下での「実質的に占領状態と変わりない（米軍の）特権」は温存されたのです。そして、米国の日本防衛義務を明記するのと引き換えに、日本も自衛隊の軍備を増強し、米軍の軍事力向上にも協力する義務を負ったのです。（布施祐仁）

〔参考文献〕三浦陽一『吉田茂とサンフランシスコ講和』（大月書店、一九九六年）、植村秀樹『「戦後」と安保の六十年』（日本経済評論社、二〇一三年）、新原昭治『日米「密約」外交と人民のたたかい』（新日本出版社、二〇一一年）

Q21 憲法第九条をどのように考えますか

A

「武力による威嚇《いかく》または武力の不行使」「戦力の不保持」「交戦権の否認」など、徹底した「平和主義」が憲法九条では採用されています。この憲法九条が対外的に九条がどのような意義、役割を有してきたのかをここでは紹介します。

〈避雷針としての九条〉

日本国憲法が制定された当初、日本国憲法は「避雷針《ひらいしん》憲法」などとも言われました。敗戦当時ですが、日本の支配者の最大の関心は天皇や天皇制を擁護することでした。ところが天皇の名のもとに行なわれた日本の侵略戦争によって、近隣諸国の民衆は約二〇〇〇万人も犠牲になりました。また、従軍慰安婦として心ならずも日本兵の性の相手をさせられた女性も、一説では二〇万人以上とも言われています（The Washington Post, March 24, 2007）。日本軍に強制的に連行され、意思に反して働かされた人も少なくありませんでした。こうした人たちは「生命」そのものを奪われなくても、まさに「人間の尊厳」が蹂躙されました。

こうした日本の侵略戦争によって言語に絶する被害を受けた近隣諸国の民衆は天皇の処罰や天皇制の廃止を求めていました。アメリカの世論でも、天皇の処刑を求める人は三三%、天皇制の廃止を求める人は八割近くになりました（川村俊夫『戦争違法化の時代と憲法九条』〈学習の友社、二〇〇四年〉九二－九三頁）。アメリカ本国での世論とは異なり、マッカーサーは日本の占領支配を順調に行なうためには天皇を利用することが得策だと考えました。そのためには日本の侵略戦争によって莫大な被害を受けた人々に対し、日本は二度とこうした非人道的な侵略戦をしないという覚悟を世界に示す必要がありました。日本国憲法九条で「戦力不保持」「交戦権の

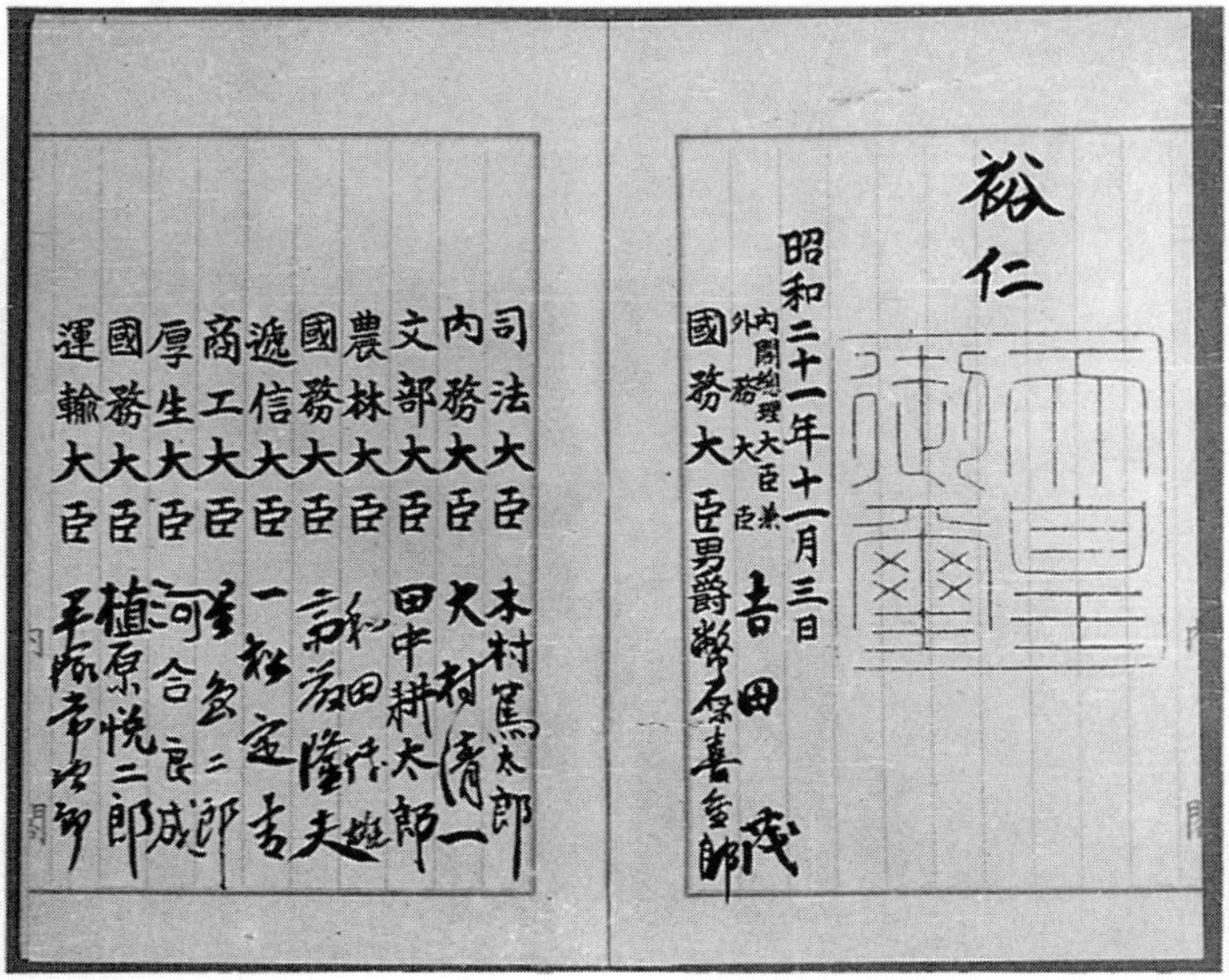

★―日本国憲法

否認」といった、徹底した「平和主義」が採用された背景には「天皇制擁護」という目的がありました。

ただ、「天皇の避雷針」のために採用された憲法九条の成立には、「沖縄の軍事基地化」という前提があったことも忘れられてはなりません。アジア・太平洋戦争末期、天皇や権力者は東京から長野県松代《まつしろ》に逃げる準備をしていましたが、その時間かせぎのため、沖縄の軍人や民衆には徹底抗戦の命令が出されていました。沖縄の地上戦で二〇万人もの犠牲者が出たのはこうした「捨て石」作戦の結果ですが、憲法九条の制定にさいしては沖縄の軍事化が前提とされ、ふたたび沖縄は「捨て石」にされました。そして現在でも、とりわけ米軍基地が密集する沖縄には米兵等の犯罪、騒音、米軍山火事などのさまざまな基地被害が存在し、住民が被害を受け続けています。

〈世界に対する反省〉

次に、「完全に謝罪憲法である。前文や第九条などは明らかに大東亜戦争を謝罪し、反省を誓ったものである。二度と『悪さ』はしません、過去の侵略戦争を心から反省していますということを、世界に向かって固く誓った内容になっている」（清水馨八郎『大東亜戦争の正体　それはアメリカの侵略戦争だった』（祥伝社、二〇一三年）三〇－三一頁）と指摘されているように、過去の日本の侵略戦争を対外的にも深く謝罪し、二度と戦争や武力による威嚇または行使をしないとの国際公約としての役割を有しています。

〈憲法九条と武力行使〉

そして憲法九条の意義・役割として、「海外での武力行使そのものを行なわなかったこと」と「自衛隊が保有する兵器に一定の制約が存在したこと」があげられます。たとえば小泉政権、第一次安倍政権などは「非戦闘地域での後方支援は憲法九条で禁止された武力行使と一体化しない」（いわゆる「一体化論」）に立ち、アフガン戦争やイラク戦争で自衛隊を海外に派兵してアメリカ軍などの後方支援をおこないました。

国際社会では戦闘行為をしている軍への後方支援も当然、「武力の行使」に見なされます。自民党の政治家が国会で繰り返し唱えていた「一体化論」が国際社会で通用するかどうかは問題ですが、ただ、憲法九条の制約があるため、自衛隊もアフガン戦争やイラク戦争でアメリカと一緒に武力の行使そのものをおこなうことができませんでした。歴代の自民党中心の政権下でも、「武力行使の目的をもって武装した部隊を他国の領土、領海、領空に派遣するいわゆる海外派兵は、一般に自衛のための必要最小限度を超えるものであり、憲法上許されない」、「わが国は、主権国家である以上、国際法上、当然に集団的自衛権を有しているが、これを行使して、わが国が直接攻撃されていないにもかかわらず他国に加えられた武力攻撃を実力で阻止することは、憲法第九条のもとで許容される実力の行使の範囲を超えるものであり、許されない」（『平成二五年版防衛白書』一〇一頁）とされてきました。

また、兵器に関しても、「爆撃につぐ爆撃、日本は軍事的制約を突き破る（Bomb by Bomb, Japan Sheds Military Restraints）」、「防御的兵器と攻撃的兵器の境がなくなりつつある」（二〇〇七年七月二三日付『ニューヨーク・タイムズ』）と言われるように、最近ではかなりあいまいになっていますが、「個々の兵器のうちでも、性能上専《もっぱ》ら相手国国土の壊滅的破壊のために用いられる、いわゆる攻撃的兵器を保有することは、直ちに自衛のための必要最小限度の範囲を超えることとなるため、いかなる場合にも許されない。たとえば、大陸間弾道ミサイル（ICBM）、長距離戦略爆撃機、攻撃型空母の保有は許されない」（『平成二五年版防衛白書』一〇一頁）とされてきました。自衛隊の装備は歴代自民党政権下であっても憲法九条の制約から「専守防衛」に限定され、海外での武力行使が可能になる装備を持つことはできないとされてきました。一九七〇年代のF‐4導入のさいには「爆撃装置はつけない、給油機も持たない、給油の練習もしない」（一九七三年三月二二日、参議院予算委員会での田中首相答弁）とのように、F‐4から空中給油装置や爆撃装置をはずしたこともありました。憲法九条の制約から、現在の自衛隊は「敵基地攻撃能力」（最近は「策源地攻撃能力」とも言われています）を有していません。

〔憲法改正問題について〕

今まで紹介したように、歴代保守政権の下でもあっても、憲法九条の下では海外での武力行使や集団的自衛権の行使は禁止されるとされてきました。ただ、憲法では海外で武力行使、集団的自衛権の行使ができない→国際平和への貢献、協力に支障→海外での武力行使、集団的自衛権の行使が可能になる憲法改正、という政治的な動きが存在します。いっぽう、今の憲法では海外での武力行使ができない→イラクやアフガンでの戦争のように、海外での武力行使は非人道的な民間人虐殺にも加担、海外で武力行使をしないことが国際平和への協力、国際社会からの信頼獲得→憲法改正に反対、という立場もあります。小池清彦や竹岡勝美などの元防衛省幹部たちの中には、憲法改正、海外での武力行使→海外での戦闘で死傷者→志願者の減少→徴兵制、といった危惧を表明する者もいます（小池 清彦、箕輪 登、竹岡 勝美『我、自衛隊を愛す故に、憲法九条を守る　防衛省元幹部三人の志』かもがわ出版、二〇〇七年）。

（飯島滋明）

〔参考文献〕『防衛白書（平成二五年版）』、前田哲男・飯島滋明『国会審議から防衛論を読み解く』（三省堂、二〇〇三年）

Q22 シビリアンコントロールについて教えてください

A

　軍事にたいする文民統制の原則、つまり、政治家と議会が軍隊を支配・統制するということ。シビリアン・シュプレマシー＝文民（官）優位ともいわれる。戦争が、封建領主の気まぐれや〝国盗り物語〟からはなれ、「国民戦争」「国家総力戦」のかたちで戦われるようになって以降、政治と軍事の関係を決める原則となりました。たとえれば、「朕は国家なり」（ルイ一四世のことば）で表された絶対王政時代の軍事・戦争権限にたいする、「国民戦争」時代の戦争観、すなわち「戦争は他の手段をもってする政策の延長である」（クラウゼヴィッツ『戦争論』）や、「戦争は、将軍にまかせるにはあまりに重大だ」（フランスの政治家クレマンソー）などに呼応する、政策目的優位型の政・軍関係といえます。

〔議会＝文民の承認〕

　イギリスでは、すでに一六八九年の「権利章典」で、国王にたいする議会の権利がみとめられ、宣戦布告や軍事費調達のための課税に議会＝文民の承認が必要とされていました。一八世紀になると、アメリカのバージニア権利章典（一七七六年）に、より明確な文言で――「いかなる場合にも、軍隊は文権（civil power）に厳正に服従し、その統制の下におかれなければならない」と明記されました。こうした英米法の考えがしだいに普遍的な軍隊統制のあり方となります。こんにち、ごく少数の軍人独裁国家をのぞくと、軍隊は大統領ないし首相を最高指揮官とし、選挙で選ばれた議会によって、戦争権限や軍事費を統制管理するのがふつうになっています。

　さて、では日本で、シビリアンコントロールはどう運用されてきたでしょうか。

　鎌倉から江戸時代まで、政治は「武家」の手に握られ、

「征夷大将軍《せいいたいしょうぐん》」が政権の長でしたから、「シビリアンコントロール」とは無縁の政治がつづきました。一八八九年制定された明治憲法もプロシア憲法（大陸法）を基礎としたので、英米型の考えが反映されることはありませんでした。第一一条には「天皇ハ陸海軍ヲ統帥ス」とあり、第一二条「天皇ハ陸海軍ノ編制及《および》常備兵額ヲ定ム」、一三条「天皇ハ戦ヲ宣シ条約ヲ締結ス」と、天皇の軍事大権が規定されています。かりに天皇をシビリアン＝文民とみるなら、〝絶対的なシビリアンコントロール〟ともいえるでしょう。だがいっぽう、天皇は「軍人勅諭《ちょくゆ》」（一八八二年）において、みずから「朕《ちん》は汝《なんじ》等軍人の大元帥なるぞ」と宣言しており、軍人最高の身分にあるのがあきらかです。ゆえに「天皇親率《しんそつ》」の軍隊にあって文民が軍事に関与する余地はありませんでした。

じっさい、明治期の「薩長軍閥」や昭和期の「軍部独裁」のことばが表わすように、明治憲法下の内閣と議会にとって、軍事領域は、国務事項から分離された関与を許されぬ聖域でした。憲法第一一条により、陸海軍の指揮統帥権は天皇にのみ直属するとされ（統帥権独立）、ことに作戦用兵分野は「軍機・軍令事項」とされて、首相といえども情報の外に置かれていました。陸海軍大臣は現役軍人が専任し、だから、軍部が内閣の方針に反対して大臣を辞職させ後任推薦を拒否すると、内閣は崩壊しました。

〈日米間の考えの違い〉

敗戦、そして一九五〇年、占領軍命令により「警察予備隊」が創設（四年後に「自衛隊」となる）されたさい、米軍当局と日本側が直面したのが、新組織の指揮統率の責任をだれが負うのか、という問題、端的にいうと、トップは文官か武官かの選択でした。米軍事顧問団幕僚長だったフランク・コワルスキー大佐の回顧録『日本再軍備』によると、

「西洋の伝統的な見解に基づき、われわれは東京の予備隊本部は国防省にあたると見なし、当然文官の首脳部と武官の幕僚より成り立つものと考えていた。したがって予備隊本部長官は軍部機構の頂点に立つ文官であると信じて疑わなかった。文官首脳部は、予備隊全体の政治とか、予算とか、総括的政策の決定および実施指令責任を持ち、武官よりなる部課は、予備隊の運用、作戦の責任を持つ部隊中央本部幕僚である。」

これが米側の考えです。ところが、日本側にはその考えがにわかに理解できなかった。それは「天皇の軍隊」のもと、「国務と統帥の分離」に慣らされ、軍事政策と運用の決定は一元的に武官の専権事項である、とする観念で固まっていたからです。警察予備隊本部長官に任命された増原恵吉《ますはらけいきち》、人事

★—警察予備隊

局長・加藤陽三《かとうようぞう》は、ともに旧内務省出身のエリート官僚でしたが、なぜ、文官と武官の機構をべつにするのか、武官によるひとつの幕僚機構ですむのにと、容易に納得できませんでした。コワルスキー大佐と軍事顧問団長シェパード少将が辛抱づよく説明する。大佐の目に、「二人の会談は（増原）長官が熱心に（シェパード）先生の言葉を吸収しようとする、セミナーの形態を帯びるようになった」と映ったそうです。

〔制服組と背広組〕

こうして、警察予備隊創設を機に、シビリアンコントロールの考えと制度が日本に持ちこまれます。七万五〇〇〇人の警察予備隊員は、一〇〇人の予備隊内局の文官（ワンハンドレッド・スタッフズと呼ばれた）によって統率されることになりました。制服組＝総隊総監部と背広組＝長官・本部内局との関係は、以下のように整理されました（相互事務調整規程）。

・長官は警察予備隊の長として内閣総理大臣の指揮、監督のもとに警察予備隊の隊務全般にわたり方針の策定及び一般的監督につき、その責に任ずる。

・総隊総監は、長官の最高の助言者であって、部隊に対する統率及び管理の権限に基づき、実施計画の作成および警察予備隊の全部隊を指揮する。

・本部内局は、実施計画及び方針の作成を指示し、最終的承認権を有し、総監部の運営的活動に対し大綱的方針に基づく監督を実施する。

この変革、シビリアンコントロールの導入は、大きく振りかえると、源頼朝が征夷大将軍に任命（一一九二年）されて以来のことでした。しかし、コワルスキー大佐ら米側の目で

見ると、

「一国の軍隊は文官の支配下におかれるということは、西欧ではおかすことのできない原則であるが、日本で最も民主的な考えを持っていると思われる人びとにとっても、この原則を理解し受け入れることが、こうも困難であったということは、全く驚くほかないというべきである。」となります。そうであっても、日本側にしてみると、それまで経験したことのない政・軍関係を突きつけられ目を白黒というのが本音だったのでしょう。

〈運用の基本政策として〉

以来、「文民統制の確保」は、自衛隊運用の基本政策として維持されています。第一に、内閣総理大臣（文民）が自衛隊にたいする最高の指揮監督権を有すること。第二に、防衛大臣（文民）が隊務を統括すること。第三に、国民を代表する国会が、自衛官の定数、主要組織などを法律・予算として議決し、また防衛出動などの承認をおこなうこと。これらがシビリアンコントロールの基礎となっています。発足時、「ワンハンドレッド・スタッフズ」と呼ばれた内局は、二〇一四年時点で一二七二人にふえ、〇七年、防衛庁から「防衛省」移行前後に改編がおこなわれました。これは「省移行」ばかりでなく、田母神《たもがみ》俊雄《としお》・航空幕僚《ばくりょう》長による政府の歴史認識批判論文（〇八年）や、内局トップ・守屋武昌事務次官が収賄容疑で起訴（〇七年）といった不祥事を受けたものです。制服組高官による公然たる政府批判と、防衛行政の責任者が犯した犯罪は、防衛省に大きな衝撃をあたえ内部改革をうながしました。

防衛省内における新たなシビリアンコントロールの枠組みは、

・内局の防衛参事官制度を廃止して、政治任用の「大臣補佐官」を新設する。

・政治任用者、文官、自衛官の三者で構成する「防衛会議」大臣のもとに置く。

・防衛副大臣と二人の防衛大臣政務官が政策と企画について大臣を助ける。

などとなっています。文官優位は保たれていますが、従来とくらべ運用（作戦）機能が内局から制服組の牙城である統合幕僚監部に移された点に特徴があります。内局による一元的指導体制がやや揺らいだといえます。

シビリアンコントロールについて今後注目すべきは、「自民党改憲草案」に盛られた「国防軍」が、どのような指導原則によって動くかです。それについてはQ61で見ることにします。

（前田哲男）

〔参考文献〕纐纈厚『文民統制』（岩波書店、二〇〇五年）

Q23 どのように戦後補償を行いましたか

A

アジア太平洋戦争で日本はアジア近隣諸国およびオランダやイギリスなど欧米諸国民に甚大な損害を与えました。国際法からも、また道義的な面からも、そうした諸国民に補償行為を重ねていくことが、戦争責任を認め、謝罪行為となります。その上ではじめて失われた信頼を取り戻す道が開かれるのです。しかし、日本政府による戦後補償は、一九五二年に制定された戦傷病者戦没者遺族等援護法を嚆矢《こうし》とし、翌年の一九五三年には軍人恩給が復活し、同時に未帰還者留守家族や援護法などの援護立法が相次ぎました。そして、一連の援護法には国籍条項が設定されて、援護法の対象者から「外国人」は排除されていました。

〔被害者としての意識〕

そのことは戦争による犠牲あるいは被害が日本人固有の問題とする歴史認識を多くの日本人に植え付ける結果となりました。そこには日本人に被害者意識が先行し、加害者としての意識づけが希薄化することになりました。そのいっぽうで戦後の賠償支払いが一九五〇年代から一九六〇年代にかけておこなわれます。フィリピン（二〇年間）、ビルマ（一〇年間）、インドネシア（一二年間）、南ベトナム（当時、五年間）など合計額で三六四三億四八八〇万円が支払われました。ただし、これらは政府間の支払であって、被害を受けた個人への支払ではありませんでした。

〔中国とアジア諸国〕

また、最大の侵略相手国であった中国とは、一九七二年に国交を回復するまで閉ざされた関係にあったことから補償請求もされることはありませんでした。より具体的には、

表　日本が支払った賠償額

国名	金額（円）	金額（米ドル）	賠償協定名	協定調印日
ビルマ	720億	2億	日本とビルマ連邦との間の平和条約	1955年11月05日
フィリピン	1980億 終了時 1902億300万	5億5000万	日本国とフィリピン共和国との間の賠償協定	1956年05月09日
インドネシア	803億880万	2億2308万	日本国とインドネシア共和国との間の賠償協定	1958年01月20日
ベトナム	140億4000万	3900万	日本国とヴィエトナム共和国との間の賠償協定	1959年05月13日
合　計	3643億4880万	10億1208万		

一九七二年九月二九日に調印された日中共同声明そのことが、日本政府および日本人をして戦後補償への真摯な取り組みを等閑《なおざり》にしてきた原因となりました。加えて、国交正常化以後においては、中国政府がいわゆる日本政府に戦後補償を求めなかったことから、戦後補償への国民的関心も高まることはなかったのです。さらに、戦後と同時に開始された東西冷戦構造のなかで、アメリカは日本を反共防波堤国家として政治的経済的な安定を求め、戦後賠償を日本に要求したいとするフィリピンをはじめとするアジア諸国に対し、日本の経済発展を最優先する理由から日本に経済負担を強いることに牽制をかけました。

そうしたアメリカの思惑も戦後補償の機会と自覚を失わせることに繋がりました。高度経済成長の軌道に入った日本は、これら特に東南アジア諸国には、経済支援をし、経済関係の強化策の一環としてインフラ支援の形で国家賠償行為と位置づけ支援をおこないました。これは後にはＯＤＡ（政府開発援助）の名目で獏大な資金が投入されます。しかし、ＯＤＡ資金は戦争被害者個人に支給されるものではなく、あくまでインフラ整備に充当された資金でした。

〔ドイツとの比較〕

しかし、被害者への戦後補償行為が不在であった理由に冷戦構造のみを挙げる訳にはいきません。なぜならば日本と同じ敗戦国であったアデナウアー首相率いるドイツ（当時は西ドイツ）は、一九五六年に「西ドイツ連邦補償法」や一九六〇年代の「ポーランド和解補償法」をはじめ、戦後補償の取組に鋭意努力してきました。さらに、かつてドイツの戦争に加担したシーメンスやクルップなどの企業には、戦後補償費用の拠出を求め、企業も戦争責任をはたすという観点から積極的にこれに応じてきた歴史もあります。それゆえ

戦後史編

に、ドイツはフランスやイギリスをはじめ、かつての戦争相手国との間に信頼関係を取り戻し、現在ではEUの中心国としての地位を与えられるに至っているのです。

これに比して日本は国籍条項と冷戦構造を理由づけにして、戦後補償への関心が政府や国民の間にも高まることはありませんでした。ところが、一九八九年後、ソ連の崩壊を契機にベルリンの壁が壊されて以来、東西冷戦構造が終息する頃から、アジア近隣諸国民および被害者から日本の戦後補償を求める声が浮上してきます。たとえば、韓国では一九六五年締結の日韓基本条約により日本への戦後補償を事実上求めない約束が軍事独裁政権と日本政府との間に交わされたこともあって、長らく個人レベルの補償請求は固く禁じられていました。韓国における軍事政権の後退と冷戦構造の終息という状況変化によって、一九九〇年代に入ると日本の植民地下にあった韓国から戦後補償を求める声が挙がりはじめました。

具体的には、一九九〇年八月二九日、サハリン残留韓国・朝鮮人補償請求裁判が東京地裁に提起され、さらに翌九一年一月三一日には大阪で在日韓国人傷痍軍人の鄭商根《チョンサングン》氏を原告とする裁判が提起されました。また、同年八月には元従軍慰安婦であった金学順《キムハクスン》女史が名乗りを挙げ、これを機会に戦後補償問題が大きな政治問題として議論されることになったのです。こうした一連の動きに触発される格好で韓国から在韓被爆者、広島三菱重工徴用工、台湾から台湾元日本兵及び遺族協会連合会、香港から軍票問題の香港索償協会、マレーシアから泰緬鉄道連行動労者をはじめ、日本政府に戦後補償を求める組織・団体が活発な活動を展開するようになりました。

〔日本政府の見解〕

こうした動きへの対応を迫られることになった日本政府は、原則として戦後賠償は一九九〇代までに終了済みという見解を採っています。先述したとおり、一九五〇年代から一九六〇年代にかけて合計額で三六四三億円、そして、九〇年代までに合わせて約六六〇〇億円が支払い済みであるとしています。これに対して「戦没者」の言葉で括られる約三〇〇万人とされる日本人犠牲者の遺族には遺族年金が現在でも支給され、旧軍人・軍属にも軍人恩給が支給されています。その総額は一九五二年四月三〇日に公布された「戦傷病者戦没者遺族等援護法」(法律一二七号)以来、現在まで総額で四〇兆円に達するとされます。同法では、障害年金、厚生医療等、遺族年金、弔慰金など多種多様に及び、日本人関係者には手厚い補償制度が整備されています。また、遺族年金に至っては、要するに「遺族」が消滅するまで恒久的に支給される内容となっており、膨大な額が今後も予算として計上されることになっています。

日本人には戦後補償が継続され、外国人被害者には補償完了という格好となっているのです。戦後補償問題を考えるうえで常に議論とされてきたのは、戦後日本人の戦争責任に関わる歴史認識です。主に一九九〇年代から浮上した日本および日本人の戦争責任を追及するアジア近隣諸国民の声を前にして、特に多くの日本人が、その理由について不可解な思いにとらわれました。なぜ、今になって戦後補償を求める声がでてきたのかについてです。

それだけ戦後日本は、戦争責任の追及に関して東京裁判ですべて決着済みだとする認識を共有していました。そこでは戦争指導者が断罪され、公職を追放されるなど処分され、従って日本政府にも日本人にも戦争責任は不在とする思い込みです。たとえば、一九九三年に『朝日新聞』(一一月一四日付)がおこなったアンケートによると、日本政府は戦後補償を求めるアジア近隣諸国民の声に応えるべきだとの回答が五一％、国同士は決着済だから応じる必要はないとの回答は三七％でした。

〈感情のねじれ〉

この数字だけみると、戦後補償に前向きの国民が多数を占めますが、年齢別でみると戦争世代で否定的見解が多く、戦後世代には補償の履行《りこう》と真相究明を痛感するものが多いのです。このことは自らの戦争体験をへるなかで他者あるいは被害者への同情及び支援の意識よりも、自らもある種被害者であるとする意識が先行している傾向が見られます。

自らも広い意味で被害者なのに、加害者として位置づけられ、アジア近隣諸国民への支援者に回るのは否定したい感情が強いのです。問題は、こうした戦争世代あるいは、そうした心情を理解することで戦後補償に後ろ向きの人々が依然として少なくない事が、全体として戦後補償行為が進まない大きな理由と考えられます。

日本政府は、そうした日本国内の事情を全く無視する訳にいかないとしても、かつてのドイツが失われた信頼を回復するために、あらゆる努力と犠牲を厭わなかったことに学びながら、今後においては一層のこと戦後補償を求める声に真摯に向き合うべきでしょう。

(纐纈厚)

Q24 自衛隊はどのように生まれたのですか

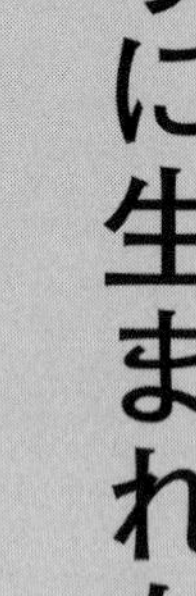

A

アジア太平洋戦争後、日本は戦力不保持を定めた新憲法を制定しましたが、朝鮮戦争勃発を契機にＧＨＱの指令で警察予備隊がつくられ、保安隊などをへて、一九五四年七月一日に陸、海、空の自衛隊が発足します。この流れを見てみましょう。

〈日本を反共の防壁に〉

アジア太平洋戦争に敗れた日本は、ポツダム宣言にしたがって武装解除されました。大日本帝国陸、海軍を解体しただけでなく、敗戦の翌年に新憲法を制定し、戦争放棄、戦力不保持、交戦権否認を宣言しました。ダグラス・マッカーサーを最高司令官とするＧＨＱ（連合国最高司令官総司令部）も、日本がふたたび世界の脅威にならないように、徹底した民主化と非軍事化を進めました。

しかし、その時代も長くは続きませんでした。米ソ冷戦がはじまったからです。一九四八年の年頭、アメリカのロイヤル陸軍長官が「日本を極東における全体主義（共産主義）の防壁にする」と演説。これ以降、アメリカは占領政策を転換し、日本の「再軍備」を目指すようになります。いわゆる「逆コース」のはじまりです。

マッカーサーは当初、日本の再軍備には反対していましたが、一九五〇年六月二五日に朝鮮戦争が勃発すると、当時の吉田茂内閣に七万五〇〇〇人の警察予備隊の創設と八〇〇〇人の海上保安庁増員を指令します。当時、米軍は陸軍四個師団を日本に配置していましたが、それらをすべて朝鮮戦争に投入するため、米軍に代わって日本の治安維持を日本自身に担わせようとしたのです。

警察予備隊の創設は、ＧＨＱの軍事顧問団の指導の下で進められました。当初は幹部不在だったため、米軍将校が事実上指揮をとり、小銃などの装備もすべて米軍から借り受けました。いっぽう、警察予備隊の活動については、憲法との整合性をとるために、あくまで「警察の任務の範囲に限られる」（警察予備隊令）とされました。

〔安保条約、MSA協定をテコに〕

一九五一年九月八日、サンフランシスコ講和条約調印のその日に、日米両政府は日米安全保障条約に調印します。同条約では、講和条約発効後も米軍が日本国内に基地を置くことを認めるとともに、その前文で「（日本が）直接及び間接の侵略に対する防衛のため、漸増的に自ら責任を負うことを期待する」と明記されました。

以後、アメリカは日本政府への軍備増強の要求を強めていきます。これに対し、吉田茂首相は「経済重視・軽武装」の基本方針をとりつつも、徐々に軍備を増強していきます。

同年一〇月、アメリカは日本に駆逐艦など六八隻の艦艇を貸与すると伝えます。この運用を秘密裏に検討する「Y委員会」が内閣の下につくられ、そこに最後の海軍省軍務局長であった山本善雄《よしお》元海軍少将を筆頭とする旧海軍関係者も入ったことで、「海軍再建」に向けた動きが加速します。翌一九五二年四月二六日、海上保安庁に海上警備隊が創設。三カ月後の八月一日に保安庁が発足すると、「警備隊」と名称を変えて、「保安隊」となった警察予備隊とともにその下に置かれました。

保安庁法では、警察予備隊令にあった「警察の任務の範囲」の一言は消えました。兵力は一一万に増員され、装備も警察予備隊時代の小銃などの小火器中心から火砲や戦車などの重武器に強化されていきました。また、航空機の貸与もはじまりました。

一九五三年に入ると、アメリカは貸与する装備が重武器になってきたことを口実に、MSA（相互安全保障）法にもとづく武器援助方式への切り替えを求めてきました。MSA法は、受け入れ国に武器援助と引き換えに自衛力強化を義務付けており、アメリカはこれをテコに日本にさらなる軍備増強を要求したのです。

当初アメリカは、陸上部隊だけで一〇個師団三二万五〇〇〇人を求めてきました。交渉の結果、日米両政府は全体で一八万人に増員することで合意し、翌一九五四年三月八日にMSA協定に調印。その翌日、吉田内閣は「防衛庁設置法案」と「自衛隊法案」を閣議決定し、衆参両院での可決・成立を経て、七月一日に防衛庁と陸、海、空自衛隊が発足しました。このように、日本の軍備増強は出発から、米軍の「肩代わり」を求めるアメリカの要求に押される形で進められてきたのです。

（布施祐仁）

Q25 戦後の防衛構想について教えてください

A

戦後、防衛庁・自衛隊が発足した当初の一九五七年五月、岸信介《のぶすけ》内閣のもとで「国防の基本方針」が定められました。直接、間接の侵略を未然防止し、万一侵略された場合はこれを排除して、民主主義を基調とするわが国の独立と平和を守る目的とされています。具体的には①国連の活動を支持し、国際間の協調をはかり、世界平和の実現を期する、②民生を安定し、愛国心を高揚し、国家の安全を保障するに必要な基盤を確立する、③国力国情に応じ自衛のため必要な限度において、効率的な防衛力を漸進的《ぜんしん》（少しずつ）に整備する、④外部からの侵略に対しては、将来国連が有効に機能を果たしえるまでは、米国との安全保障体制を基調としてこれに対処する—の四項目です。

〈国防の基本方針を受けた政策〉

「国防の基本方針」を受けて、わが国は憲法のもと、専守《せんしゅ》防衛に徹し、他国に脅威を与えるような軍事大国とならないことを基本理念としています。同時に日米安保体制を堅持するとともに、文民統制を確保し、非核三原則を守るとしています。

防衛力整備の変遷をみていきます。防衛庁・自衛隊の発足当初である一九五七年から七六年までは、第一次から第四次の「〇次防」と呼ばれる「防衛力整備計画」にもとづいて、武器を買い揃えてきました。一次防（五八年—六〇年）は、国力国情に応じた必要最小限の自衛力として骨幹《こっかん》防衛力を整備するとされました。

二次防（六二年—六六年）は、在来型兵器の使用になる局地戦以下の侵略に対し、有効に対処できる総合防衛力の向上を目指しました。三次防（六七年—七一年）はわが国が整備すべき防衛力を目標を示し、三次防までに陸海空自衛隊の骨幹が

ほぼ整備されました。続く四次防は（七二年―七六年）は三次防と同じ目標を掲げたものの、石油ショックから三次防の二倍の防衛費を投入しながら目標を達成しない事態になりました。「防衛費はどこまで膨らむのか」という世論が厳しくなるいっぽうで、ソ連に対抗するのに必要な防衛力にはいつになっても到達しないというジレンマに陥ったのです。対応策として、東西の冷戦構造が緩んでいたことを背景にわが国の防衛力は過大でも過少でもない適切な規模のものでよいとする「基盤的防衛力構想」を骨格とした「防衛計画の大綱（五一大綱）」（七六年―九五年）が策定されました。大綱別表で保有すべき装備品の上限や陸上自衛隊の定数が整備目標として明記されました。

〈〇七大綱から現在〉

八九年、東西冷戦が終わり、自衛隊の任務見直しが行われました。日本防衛に加え、大規模震災への対応や国際貢献を含む〇七大綱（九五年―二〇〇四年）が策定されました。次には大量破壊兵器や弾道ミサイルの拡散を受けてミサイル防衛システムを米国から導入したのをきっかけに一六大綱（〇四年―一〇年）に移行します。基盤的防衛力構想の有効な部分を引き継ぎつつ、対処能力を高める―「多機能で弾力的な実効性のある防衛力」が掲げられました。

〇九年はじめて本格的な政権交代があり、民主党政権が誕生すると、防衛力の存在よりも運用に焦点をあてた「動的防衛力」を構築するとの考え方に変わり、軍事力強化を急ぐ中国を意識した南西防衛、島しょ防衛に重点を起きました。一二年、ふたたび自民党政権に戻り、一三年一二月には新大綱に変わりました。「基盤的防衛力」に戻すことなく、「動的防衛力」を発展させた「統合機動防衛力」としました。

特徴は中国との間の尖閣諸島の問題から紛争への発展を想定して米国の海兵隊をモデルにした「水陸機動団」を新規編成したり、北朝鮮の弾道ミサイル対処を意味するミサイル防衛能力の強化を打ち出したことです。「水陸機動団」は長崎県佐世保市にある島しょ防衛の専門部隊「西方普通科連隊」（七〇〇人）を二〇〇〇人から三〇〇〇人規模に拡大し、五年間で新型輸送機オスプレイや水陸両用車を買い揃えるとしています。弾道ミサイル対処には敵基地を攻撃できる能力を持つことの検討も含ま

★―観閲式の陸上自衛隊（陸上自衛隊フェイスブックより）

れています。

安倍晋三首相は防衛出動の要件を緩和して、日本が武力侵攻を受けていなくても、自衛隊が武力行使できるよう憲法解釈を変更しようとしています。武力行使のハードルを下げる狙いのためか、新大綱には意味不明の「グレーゾーン」という言葉が七回、「シームレス（継ぎ目ないこと）」が五回登場します。「グレーゾーンの事態にシームレスな対応をする」と称して、まずは現場の自衛隊に対応させ、のちに政治判断することを「シームレスな対応」と呼ぶのでしょうか。軍事だけに文章の意味は明確でなければなりませんが、新体綱は不明瞭です。

安倍首相は、まずは憲法を変えることなく、解釈改憲によって集団的自衛権の行使や国連の安全保障措置への参加を通じて海外における武力行使を解禁しようとしており、解釈改憲を確実にする「国家安全保障基本法」の制定を目指しています。専守防衛に徹するとの基本方針がどこまで変わるのか、予断できない状況となっています。

（半田　滋）

〔参考文献〕日本の防衛政策（田村重信、二〇一二年）、『平成二五年防衛白書』、『平成二五年版防衛ハンドブック』

コラム1

ウィキリークスからわかったこと

ウィキリークス（WikiLeaks）は、匿名《とくめい》で投稿された政府や企業などの内部告発情報を公開するウェブサイトです。二〇〇七年に存在が明らかになって以来、一二〇〇万件を越える機密情報をデータベース化してきました。中には、米軍ヘリがイラクの民間人を射殺する映像なども含まれています。二〇一〇年末にはアメリカの二五万通に及ぶ外交公電を掲載したことで、国際問題に発展しました。創始者のジュリアン・アサンジは、活動の目的を「市民主体の世界を築き、腐敗した組織に対抗するもの」と語っています。

機密情報の内部告発としては、二〇一三年六月に起きた「スノーデン事件」もあります。これは、米中央情報局（CIA）元職員エドワード・スノーデンによるもので、米国家安全保障局（NSA）が極秘のうちに大量の米国内外の個人情報を収集していたことを、複数のメディアに公開しました。スノーデンは、「米国政府が人権上問題のある政策を推進している」と訴えました。

インターネットを使った内部告発は、政府や企業が隠されていた情報を公開するという意味で、評価すべき点があります。しかし、国家機関や企業などにとっては脅威となります。ネット全盛の現代では、こうした活動を完全に把握し停止させることができないため、「機密」を守りたい組織の側と情報公開を求める側との摩擦は今後も高まっていくでしょう。

もうひとつ重要な論点は、現代は各国政府などにより、あらゆる所で盗聴やネットの監視がおこなわれているという事実です。二〇一三年に、英国政府がG8で他国の盗聴をしていたことが暴露されましたが、国家間も含めあらゆる情報が監視の対象になっています。国家はテロ対策などを理由にこうした体制の強化に努めていますが、人権やプライバシー権との折り合いをどのようにつけていくのかが課題です。

（高橋真樹）

(espenmoe/Creative Commons)

Q26 日本は朝鮮戦争にいかにかかわったのですか

A

朝鮮戦争はアメリカを主体とする国連軍と、中国・ソ連の援助を受ける北朝鮮軍が朝鮮半島の覇権をめぐって、一九五〇年から三年間にわたって繰り広げた激闘です。このような長期戦を遂行するために不可欠なのが、軍事物資や兵員を前線に送り届ける兵たん機能です。朝鮮半島に近い日本は、兵たんを支える補給基地のほか戦闘機、爆撃機、艦艇の出撃基地としてフル稼働し、結果的に経済復興のきっかけをつかみました。

〔補給基地として注目集める〕

けたたましい突撃ラッパとソ連製T-34戦車のキャタピラ音とともに、北朝鮮軍の軍事侵攻は突如はじまりました。一九五〇年六月二五日のことです。第二次大戦終結からわずか五年で世界の平和は破られたのです。宣戦布告なき朝鮮戦争は自由主義対共産主義というイデオロギーの衝突でもありました。

三八度線を怒濤のように南下する北朝鮮軍。これに対抗できる部隊は、創建まもない韓国軍を除くと少数の米軍部隊しかありませんでした。このため、東京の米極東軍司令部、トルーマン大統領の命により、日本に駐留していた占領軍（陸軍第八軍）を急きょ戦場に投入することにしました。

第八軍は四個師団、一〇万人からなる大部隊でしたが、治安維持を目的にしていたことから人員・装備ともに不十分で大規模な補給の必要に迫られました。しかし、「世界の工場」として第二次大戦に活躍した米本土ははるか遠く、輸送には時間（往復一カ月）とコストがかかります。そこで注目を集めたのが、韓国と海峡を隔てて隣接する日本でした。

〔戦闘車両や航空機を修理〕

「日本を補給基地にする」。米極東軍の決断を受けて日本の繊維、金属、機械業界はフル操業します。第二次大戦後の不況にあえいでいた経済界にとっては渡りに船だったのです。土のうに使う麻袋、毛布、軍服、テント、セメント、有刺鉄線、ドラム缶、航空機用燃料タンク、そして兵士が生きるために必要な食料品……。

当初、米軍の大量発注は軽工業部門に集中します。守勢に回ったことで陣地構築など防衛線の整備に力を入れなくてはいけない事情からでしたが、それ以上に日本の重工業部門の復活に警戒感を抱いていたからです。

機械部門も戦闘で損傷したトラックや貨車など車両関係の修理が大半でした。ところが、激化のいっぽうをたどるとともに、消耗戦の様相を呈してきた戦局（米軍はピーク時に九個師団を動員）がそれを許しませんでした。

GHQ（連合国軍最高司令官総司令部）は一九五二年、日本企業に対して航空機や武器の製造を許可するという名目で戦闘兵器の大量生産を命じます。中心になったのは対地攻撃用の爆弾や砲弾、銃弾など消耗性の高い武器弾薬関連で、合わせて戦闘車両や航空機の修理もおこなうようになりました。

〔復活する兵器産業〕

これによって、戦後解体されていた旧財閥系大企業が息を吹き返します。たとえば、ゼロ戦で知られる三菱重工や小松製作所は戦車や装甲車、陸軍の名機を生み出した富士重工（中島飛行機）は戦闘機の修理・保守整備に着手します。また、日立造船は艦艇の修理といった具合です。

これは戦後封印されていた兵器産業の復活を告げる出来事でもありました。このほか、川崎重工、トヨタ自動車、東芝、新日鉄、住友化学など、現在、世界企業として知られる巨大メーカーはこの時に台頭したと言っても過言ではありません。

のちに「朝鮮特需」と呼ばれる急激な戦後復興は世界をあっと言わせ、米国を感嘆させせました。

「日本人は驚くべき速さで、かれらの四つの島を一つの巨大は補給倉庫に変えてしまった。このことがなかったならば、朝鮮戦争を戦うことはできなかった」とは、当時のロバート・マーフィー駐日大使の言葉です。「アジアの工場」の出現でした。

〔特需総額は四〇億ドル〕

米軍と企業の取引は日本政府を介さない直接取引の形でおこなわれ、銀行・郵便局には札束が山のように積まれました。また、日本は部隊の集結、再編、訓練、休養をおこなう戦闘支援拠点と位置づけられていたため、米軍兵士が国内各地で落とすお金も巨額でした。

こうした「特需」は一九五三年に休戦した後も続き、経済企画庁（当時）と米大使館の統計によると、一九五〇〜一九五六年の主要特需契約高だけで約二〇億ドルに上ります。さらに米軍の日本国内での消費も加えると、総額で四〇億ドルに達します。

戦後初の好景気は日本の経済復興を急加速させ、GNPや国民所得、民間消費といった経済指標は戦前の水準を突破します。

また、米軍の発注を受けた企業は敗戦で中断されていた最新技術を手に入れ、合わせてアメリカ型の大量生産方式と厳格な品質管理を短期間で学ぶことができました。これは、のちの経済成長の基礎と、防衛力整備への布石になったといえます。

〔出撃基地ニッポン〕

こうした補給基地としての機能のほか、注目すべきは出撃基地ニッポンの姿です。この点に大きくかかわるのは米極東海軍と極東空軍です。

米極東海軍の主力となったのは第七艦隊で、空母一七隻を中核とする海上打撃群を日本海と黄海に展開し、航空攻撃や艦砲射撃、海上封鎖、掃海などに当たりました。このさい、出撃基地として積極的に活用されたのが佐世保（長崎県）と横須賀（神奈川県）でした。

両基地は旧日本海軍の拠点だったことから母港としての機能に優れ、米軍にとって使い勝手のいい後方支援施設でもあったわけです。艦船や空母搭載機の補修・整備、物資の積み降ろしが盛んに行われました。

特に、釜山との距離がわずか一六五マイル（約三〇〇キロ）の佐世保は重用され、荷役用の港湾労働者だけでピーク時五万人に上ったといいますから、その規模がわかるでしょう。出港すればすぐに前線という、まさに出撃基地だったのです。

〔海峡を越えて航空攻撃〕

戦場となった朝鮮半島は日本に司令部を置く第五空軍の作戦領域内でした。このため、第五空軍は三沢（青森）から嘉《か》手納《でな》（沖縄）にいたる国内の一〇基地から約五〇〇機を投入。フィリピン、グアムからも多数の増援機が駆けつけ、総戦力は一〇〇〇機規模に膨れあがりました。

作戦機の拠点は戦局の進展とともに日本、韓国と変わりましたが、国内では九州北部の板付《いたづけ》（福岡県）や築城《ついき》（同）、

★―板付基地から出撃するF-80ジェット戦闘機（毎日フォトバンク提供）

岩国《いわくに》（山口県）からF-80ジェット戦闘機などが出撃し、地上部隊の近接支援に当たりました。B-29などの大型爆撃機は嘉手納（沖縄県）と横田（東京都）から飛び立ち、じゅうたん爆撃を繰り返しました。

第五空軍は開戦初期だけで四三〇〇〇回の対地支援、二五五〇回の爆撃任務をこなしたという記録が残っています。日本から海峡を越えて激しい攻撃が加えられたのです。航空作戦の拠点として、日本は予想以上の役割を果たしたと言っていいでしょう。

それを示すのが「戦略的な爆撃では沖縄・横田の二ヶ所の航空基地、戦術的には九州福岡周辺の航空基地で十分であった」という防衛省防衛研究所の分析です。

以上のように補給、出撃基地としての能力を見せつけた日本を目の当たりにして、アメリカはある決断を下すことになります。それは中国、北朝鮮、ソ連の共産陣営に対する封じ込め戦略の拠点としての役割です。冷戦時代の本格的な幕開けです。

（斉藤光政）

〔参考文献〕芦田茂「朝鮮半島と日本」（防衛省防衛研究所戦史部）、島川雅史『増補・アメリカの戦争と日米安保体制』（社会評論社、二〇〇三年）

Q27 日本はベトナム戦争にいかにかかわったのですか

A

日本は直接戦闘に参加しませんでしたが、米国の後方支援拠点として間接的に戦争にかかわったといえるでしょう。朝鮮戦争で果たした補給、出撃基地としての役割が、兵たん機能を最重視する現代戦の中でさらに拡大強化され、「アメリカの戦争」を支えたのです。ベ平連に代表される反戦平和運動がわき起こり、国家のエゴによって繰り返される戦争の意味を市民の目線から問いはじめたも特徴の一つです。

〔米軍の本格介入〕

アメリカにとってのベトナム戦争は、第三海兵師団のダナン上陸（一九六五年）からはじまったといえます。それまで軍事顧問団や航空部隊など少数兵力の派遣にとどめていたアメリカが大規模戦闘兵力を投入することで、あらためてベトナム戦争が「アメリカの戦争」であることを宣言したとも受け取れます。

第三海兵師団の投入によって戦線は一気に拡大し、同師団とコンビを組む第一海兵航空団も後を追うように進出します。米軍が一九七三年の撤退まで派遣した延べ兵力は二〇〇万人。ベトナム戦争は米政府が言うような「局地戦」などではなく、アメリカの未来とその後の方向性を左右する大規模戦だったのです。

〔最重要の後方支援拠点〕

注目したいのは、アメリカの先兵となった第三海兵師団が沖縄、第一海兵航空団が岩国（山口県）に本拠地を置く部隊だったという事実です。これは、ベトナム戦争における日本列島の性格を象徴的に表しています。在日米軍の出撃基地、補給基地としての役割です。

日本には朝鮮戦争時から継続して培《つちか》ってきた軍事物資の製

造能力がありました。初期の段階でベトナム戦争を取材したカメラマンの岡村昭彦《あきひこ》や作家の開高健《かいこうたけし》は、前線に日本製品があふれていたことを報告しています。

特に米軍が評価したのは、各種兵器の補修・修理・管理にあたる日本人基地従業員、そして日本企業の技術力の高さでした。高度経済成長期にあった日本の工業力が米軍の戦争遂行を力強く後押ししたのです。また、日本国内には西太平洋地域で最大規模を誇る米軍の貯油施設や弾薬庫が置かれ、作戦策源地としての重要性を際立だせました。

ベトナム戦争が本格化した一九六〇年代以降、在日米軍はそれまでの日本列島防衛軍から、「いつでも、どこにでも」展開できる機動的な遠征軍へと姿を変えましたが、それを支える後方支援拠点こそが、のちに「不沈空母」にたとえられる日本でした。

〈クローズアップされる沖縄〉

こうした後方支援拠点の中で最もクローズアップされたのが、米軍が「太平洋のキーストーン（要となる石）」と表現する沖縄でした。沖縄なくしてベトナム戦争はありえなかったというのが、軍事専門家の一致した意見です。

南ベトナムの解放戦線地域と、それを支援する北ベトナムを攻撃する北爆の主力は、嘉手納《かでな》基地を発進する巨大なB-52爆撃機でした。五八〇〇人の米兵が包囲され全滅の危機にあったケサン攻防戦（一九六八年）にはのべ二七〇〇機が出撃し、一万トン近い爆弾を投下しました。

前述のように、沖縄は第三海兵師団の出撃基地として使われたほか、高温多湿の環境がベトナムに似ていることから、ゲリラ戦訓練用の演習場である「ベトナム村」が設置され、派遣前の最終訓練がおこなわれました。

沖縄は一九七二年の本土復帰まで米軍統治下にあったので、市民の目を気にせず自由に使えるという利便性と、敵の手が届かない聖域という安心感が背景にはありました。

このため、嘉手納基地に隣接する弾薬庫には核爆弾が貯蔵され、ケサン攻防戦では航空機による戦術核爆弾投下が真剣に検討されたほどです。

こうした沖縄の基地の多くは暴力的な土地収用、いわゆる「銃剣とブルドーザー」によってつくりあげられたことを忘れてはいけません。

〈事前協議の対象外〉

沖縄から出撃するB-52の無差別爆撃は国内世論の反対を巻き起こします。「平和憲法を持つ日本がベトナム戦争にかかわっていいのか」という問いかけでした。

これに対して、当時の日本政府の答えは「沖縄基地から米

★—沖縄・嘉手納基地のB-52爆撃機（侵略のシンボルと化した。毎日フォトバンク提供）

軍機の直接作戦行動への発進をやめさせるわけにはいかない」（椎名《しいな》悦三郎《えつざぶろう》外相）と消極的なものでした。

米軍部隊が日本国内の基地から発進して作戦をおこなうさいには、日本側と事前協議しなくてはいけないという取り決めが日米安保条約にあります。簡単に言うと、日本にとって不利益となる国内からの直接攻撃については、日本政府の承認を得る必要があるということです。

しかし、返還前の沖縄はこの「事前協議」の対象外であるとの判断を政府は下したのです。激しい基地反対運動を繰り広げていた沖縄県民は落胆しました。

〔絶えない疑問の声〕

では、本土の基地からベトナムに出撃した航空機や戦闘艦艇はどうなるのでしょうか。たとえば、海兵隊基地の岩国（山口県）からはA-4攻撃機、空軍基地の横田（東京）と三沢（青森県）からはF-105戦闘爆撃機、RF-101偵察機が戦闘に参加しています。国内の米軍基地からインドシナ半島に飛び立つ戦闘機の姿は、国民の目にはあたかも在日米軍が直接、ベトナム攻撃に参加しているように映りました。

しかし、このケースについても政府は事前協議の対象外であるとの見解を示しました。いずれもベトナム隣国のタイにいったん移動し、そこを出撃拠点にしているため、日本国内からの「直接作戦行動」には当たらないとしたのです。横須賀（神奈川県）を母港に出撃を繰り返す空母ミッドウェイについても同様の判断でした。

じつは、在日米軍の行動を制約するこの事前協議制度は今日まで一度も活用されたことがありません。ある意味で、米軍はフリーハンドに近い状態に置かれているのです。平和憲法の観点から制度の有効性について疑問の声が絶えないのは自然なことといえます。

〈盛り上がる反戦平和運動〉

アメリカに端を発する「ベトナム戦争反対」の大きなうねりは、七〇年安保闘争で揺れる日本列島をのみこみました。中でも、無党派市民運動の草分けであるべ平連（「ベトナムに平和を」市民連合の略）は、デモと討論が一体となった自由自在なスタイルが支持を集め、米反戦脱走兵の支援などを積極的に展開します。

べ平連は五〇〇あまりの各種グループを生み出しますが、代表的な組織として反戦喫茶がありました。三沢基地前の「アウル」や岩国基地の「ほびっと」がそうで、米兵と一般市民が肩を並べて「愛と平和」を叫びます。しかし、こうした反戦運動は連合赤軍事件やアメリカのベトナム撤退によって急速に求心力を失っていきました。

〈戦争とジャーナリズム〉

ベトナム戦争はジャーナリストの戦いでもありました。アメリカを中心に世界中から集まった新聞、通信、雑誌、そしてフリーの従軍記者がペンとカメラで〝醜い戦争〟の実態を伝え、世論を目覚めさせました。中でも、ソンミ村虐殺事件の報道が与えた衝撃は大きく、「アメリカの侵略戦争」というイメージを固定化させました。

過去にピュリツアー賞を三人の日本人が受賞していますが、そのうち二人はベトナム報道によるものです。米ＵＰＩ通信社カメラマンの沢田教一《きょういち》（一九六六年受賞）と酒井淑夫《としお》（一九六八年受賞）ですが、沢田はカンボジア内戦取材中の一九七〇年に殉職しました。

ベトナム戦争での従軍取材は比較的自由でしたが、ジャーナリズムの力に驚いた米軍はその後規制を強め、湾岸戦争（一九九一年）、イラク戦争（二〇〇三年）では厳しい取材統制をおこないます。残念ながら「戦争が起こると、最初の犠牲者は真実である」という格言が今も生きているのです。

（斉藤光政）

〔参考文献〕前田哲男編『現代の戦争』（岩波書店、二〇〇二年）、島川雅史『増補・アメリカの戦争と日米安保体制』（社会評論社、二〇〇三年）

Q28 日本は湾岸戦争にいかにかかわったのですか

A

アメリカが主力となった多国籍軍を戦費負担という経済的側面から大きく支えました。その意味では、間接的な〝戦争参加国〟と呼べるでしょう。しかし、支援国の中で最大級の経済貢献を果たしたにもかかわらず、日本は自衛隊を派遣しなかったことから「血も汗も流さない」と批判を浴び、「湾岸ショック」という国家的トラウマ（心的外傷）を抱えることになりました。それが、憲法の理念に反して自衛隊の海外派遣を可能にする国連平和維持活動協力法（一九九二年）へと結びついたのは残念なことです。

〈短期戦決したハイテク兵器〉

湾岸戦争はイラクのクウェート侵攻（一九九〇年八月）をきっかけに一九九一年一月、多国籍軍によるイラク空爆ではじまりました。多国籍軍は国連の武力行使容認決議にもとづく諸国連合（三四カ国）のことで、戦闘兵力の中心は冷戦後唯一の超大国となったアメリカでした。

このほか英、仏の欧州勢、エジプト、サウジアラビアなどのアラブ合同軍が参加しました。イラクとクウェートの石油埋蔵量を合わせると世界の五五％を占めます。それを独裁者フセインが支配するイラクが独占することに各国は危惧を覚えたのです。

一カ月以上にわたる激しい空爆の後、多国籍軍は地上戦に突入し、得意の機動力でクウェートを解放。三月はじめにはイラクを敗北に追い込みます。空爆を含む戦闘期間は五〇日に満たないものでしたが、戦史に残る短期決戦を可能にしたのは、夜を昼に変える暗視装置や精密誘導ミサイルに代表されるハイテク兵器でした。米軍が発表する誘導弾のリアルな爆発シーンは連日、テレビを通して家庭に流され「テレビゲ

ームのような戦争」と形容されました。

〈国連平和協力法案が廃案〉

こうした現代戦において最も重視されるのが、武器弾薬、燃料などの物資供給をおこなう兵たん（ロジスティクス）機能です。軍隊の七割はこのための後方支援組織で占めるともいわれ、湾岸戦争でブッシュ米大統領が日本に求めたのも、自衛隊の補給艦による軍需物資輸送という共同行動でした。加えて、戦費の拠出も同盟国の義務とされました。

海部政権はアメリカの要請にこたえようと、国連平和維持活動の枠組みの中で自衛隊を派遣する「国連平和協力法案」の成立を試みましたが、全野党の反対にあい、廃案に追い込まれました（一九九〇年一一月）。たとえ、国連平和維持活動の中でおこなう後方支援であろうと、憲法上の観点から軍事的に貢献できる余地はないというのが反対理由です。

じつは、同法案をめぐっては政府内ですら見解がばらばらでした。後方といえども危険が存在する以上、武装組織である自衛隊を派遣する必要があるとする積極派と、自衛隊とは異なる形での人的派遣が望ましいとする消極派が対立していたのです。

こうした政府内の不統一に加えて、リクルート事件発覚（一九八九年）によって自民党の政権基盤そのものが揺らいでいた状況では、「国連平和協力法案」が成立する可能性は当初から低かったといえます。

〈日本外交の敗北〉

Q26、Q27を見ていただけばわかるとおり、日本は戦後一貫してアメリカの忠実な同盟国役を演じてきましたが、こと対中東政策においては、アメリカを敵視するイランと国交を保つなど独自の外交スタンスを貫いていました。日本経済の生命線ともいえる原油ルートを確保するねらいからで、当事国であるイラクとの関係も良好で、日本は財政的スポンサーでもありました。

それを裏付けるように、湾岸危機にさいして海部政権はアメリカとイラクの調停役を買って出るつもりだったとの専門家の指摘があります（『Japan On the Globe』伊勢雅臣）。

この時期の日本の対外政策については、湾岸戦争を機に新世界秩序の確立を目指すアメリカの思惑を読み違えた、つまり「外交の敗北」だという厳しい批判があるいっぽう、冷戦後の世界がはじめて直面した国際危機にあたって、平和的解決の道を模索した「独自外交」を再評価すべきという声があります。

〈物的貢献にアメリカから批判〉

このような政治状況から、日本はイラクに対する武力行使についても即時支持に回るにはためらいがあり、その後の戦費負担についても五月雨《さみだれ》式で後手に回りました。これが「too little, too late,（すべてが少なすぎ、遅すぎる）」とアメリカから酷評される要因にもなりました。

繰り返すように、憲法の制約上、アメリカが求める人的貢献＝自衛隊派遣は不可能でした。したがって、湾岸戦争で日本が果たせる役割は物的貢献＝戦費負担に限られていました。

しかし「人を出さず、金だけ出す」日本の姿は、多国籍軍に戦闘部隊を派遣している国々、特にアメリカ世論から批判される運命にありました。

折しも、日本はバブル景気。アメリカの経済、文化の象徴であるロックフェラー・センターやコロンビア映画を買収する日本企業の姿はアメリカ人の感情を逆なでし、プライドを傷つけていました。人的貢献の不在は経済的繁栄の絶頂にあった日本の傲慢《ごうまん》さに映ったのです。

〈戦費負担は西側トップ〉

では、日本が負担した戦費はどのくらいだったのでしょうか。驚くべきことに、一三〇億ドル（戦後の円高補填を加えると正確には一三五億ドル）という巨費に上り、大半が多国籍軍の中核を成したアメリカに流れました。

米議会によると、アメリカが湾岸戦争に費やした経費は六一一億ドル。このうち八五％にあたる五二〇億ドルが連合国からの資金提供でまかなわれました。

拠出内訳をみると、サウジアラビア、クウェートに次いで三位の日本は前述のように一三〇億ドル（連合国負担の二五％）。四位はドイツの七〇億ドル（一三％）です。

サウジアラビアとクウェートはいわば戦争の当事国者です。これを除くと日本が最も多く、第三国としては最大の経済的貢献を果たしたといえます。極論すると、アメリカの湾岸戦争は日本の資金によって維持されたのです。

「中東地域紛争に介入した『西側』主要国は、圧倒的な軍事力を投入したアメリカを中心として、軍隊を派遣した英仏と、軍資金を提供した日独の組み合わせによって、湾岸戦争という共同の営為を遂行したということになる」（島川雅史『増補・アメリカの戦争と日米安保体制』社会評論社、二〇〇三年）という表現が最も適切でしょう。

このことからも「少なすぎ」というアメリカの指摘は不当だということがよくわかります。

また、気をつけなくてはいけないのは、これら巨額の拠出について日本政府は「復興資金」と国民にいつわって支出している点です。さらに興味深いことに、アメリカが湾岸戦争で消費した弾薬は廃棄・更新直前のものが多いことから、戦争全体の収支は〝黒字〟だったとの指摘があります。

〔海自掃海艇をペルシャ湾派遣へ〕

「湾岸ショック」を助長したのは戦争終結後、クウェート政府がアメリカの新聞に掲載した連合国に謝意を示す広告です。この中に日本の国名が入っていなかったことは、巨額の資金援助と在日米軍基地の提供を通して最大級の貢献をしていたと思い込んでいた日本政府と国民にとって不本意極まりないものでした。

★―ペルシャ湾に展開する海上自衛隊の掃海艇（毎日フォトバンク提供）

これをきっかけに国民意識が変化しました。「人的な国際貢献を」という気運が急速に盛り上がり、日本はペルシャ湾への海上自衛隊掃海艇の派遣に踏み切ります（一九九一年四月～一〇月）。自衛隊にとってはじめての任務による海外派遣でした。

国連平和協力法案の時と同様に「海外派兵の道を開くな」という反対意見が上がりますが、結局「湾岸の教訓を生かせ」という圧倒的な声にかき消されてしまいます。

こうした「国際貢献論」や「自衛隊活用論」を背景に一九九二年、宮沢政権はＰＫＯ協力法を成立させ、本格的な自衛隊の海外進出への道を開きます。

それは、自衛隊初の戦時派遣であるインド洋への補給艦派遣（二〇〇一年）、そしてイラク派遣（二〇〇三年）へとつながることになります。いずれの時も、政権与党の自民党が殺し文句として使ったのが「湾岸戦争のトラウマを繰り返してはならない」でした。

（斉藤光政）

〔参考文献〕東京新聞「新防人考　変ぼうする自衛隊」（二〇〇七年）

Q29 日本はアフガン・イラク戦争にいかにかかわったのですか

A

二〇〇一年のアメリカ同時多発テロ事件、いわゆる「9・11」によって引き起こされたのが、アメリカを中心とする有志連合諸国によるアフガニスタンへの報復攻撃です。「不朽の自由作戦」（同年一〇月）と名付けられた武力行使は当初、空母からの空爆や艦艇からの巡航ミサイル攻撃が主となりましたが、これら艦艇への洋上補給作業に当たったのが海上自衛隊です。続くイラク戦争（二〇〇三年）では派遣規模がさらに拡大。陸上、航空自衛隊が復興支援の名の下にイラクへ渡り、憲法違反ではないかと論議を呼びました。

【テロとの戦争を宣言】

「9・11」テロはアメリカに大きな衝撃を与えました。経済の象徴である世界貿易センタービルと、軍事の中枢である国防総省への旅客機を使った自爆攻撃はパールハーバー以来六〇年ぶりの奇襲でしたが、アメリカはただちに戦争行為であると断定。テロリストを敵とみなす「新しい戦争」の開始を宣言しました。北大西洋条約機構（ＮＡＴＯ）とオーストラリアなどもこれに追随しました。有志連合（多国籍軍）の誕生です。

ブッシュ米大統領はテロの首謀者をビン・ラディン率いるアル・カイーダと特定し、これを保護するアフガニスタンのタリバン政権に身柄引き渡しを求めましたが、同政権は拒否。この結果、アメリカを中核とする有志連合はアフガニスタン攻撃に踏み切ることになりました。

こうした武力攻撃の根拠となったのは、国連決議を必要としない集団的自衛権の発動でした。この時、ブッシュ大統領は世界に向かって「アメリカにつくか、それともテロリストか」と西部劇的な感覚で二者択一を迫りましたが、これは国際法を無視した乱暴なやり方といえます。

〔自衛隊初の戦時派遣〕

アメリカがつくり出した「テロとの戦争」という概念の中で、日本は有志連合への協力を求められましたが、はたして戸惑いはあったのでしょうか。残念ながら、そういうことはなく、逆に小泉政権は前のめりともいえる対米追従姿勢で、自衛隊派遣を検討します。その背景にはQ28でふれた「湾岸ショック」がありました。派遣の根拠となったのは、二年の時限立法で急きょ制定された「テロ対策特別措置法」です。これにともなって、海上自衛隊の護衛艦二隻と補給艦一隻からなる小艦隊が、インド洋で海上阻止行動にあたる米軍などの艦船に「協力支援」することになりました。

★—燃料補給をおこなう海上自衛隊の補給艦「ときわ」

海上阻止行動とは、テロリストに対する武器・弾薬や、資金源となる麻薬などの海上輸送を武力によって止める作戦で、簡単にいえば海上封鎖です。

日本が主に担ったのは有志連合艦艇への燃料の洋上補給でしたが、これは自衛隊初の戦時派遣にほかなりませんでした。朝鮮戦争、ベトナム戦争、湾岸戦争と米軍の後方基地役を務めていた日本が、ついに戦闘中の作戦に参加することになったのです。歴史的な出来事でした。

〔憲法違反との指摘も〕

当然のごとく、自衛隊の戦時派遣は国内で論議を呼び、激しい反対意見がでました。代表的なところでは、民主党の小沢代表が「海上補給活動はアメリカが勝手に始めた対アフガニスタン武力行使への（武力と一体となった）支援活動であり、憲法違反である」と違憲論を強く主張しました。憲法が禁じた武力と集団的自衛権の行使にあたるという考えです。

小泉政権はこうした反対意見に耳を傾けることなく、テロ対策特別措置法の延長を重ねた結果、二〇〇七年まで六年間にわたって洋上補給活動を続けることになります。

〔洋上補給も「参戦行為」〕

では、洋上補給の中身はどういったものだったのでしょうか。

政府の発表によると、有志連合の艦艇に対する燃料補給の総数は七〇五回で、総量は四六万キロリットルにのぼりました。内訳をみると、米艦が三三九回で圧倒的に多く、全体の約半数を占めます。次にパキスタン一一〇回、フランス七九回、カナダ四二回、イタリア三九回、英国二七回、ドイツ二三回などの順で、計一一カ国の艦艇が補給を受けています。日本が提供した艦艇燃料は、米海軍にとっては全消費量の一割にも満たないものでしたが、パキスタンなど規模の小さい海軍ではじつに九割に達しました。海上自衛隊は有志連合艦艇にとって、海に浮かぶオイルタンクだったのです。

こうした洋上補給の意味について、日米安全保障政策を専門とするジャーナリストの平田久典は「前線、後方という区別が存在せず、しかも補給こそが勝敗のかぎをにぎるとされる現代戦の観点からすれば、海上自衛隊がおこなっていた給油活動は立派な参戦行為にほかならない」と指摘します。

ましてや、補給相手の大半が駆逐艦という純粋な戦闘艦艇でした。政府がいくら「後方での支援活動」だと強調しても、アメリカが主導したアフガニスタン侵攻作戦に日本が積極的に加担したという事実は否めないでしょう。

〔人道復興支援を名目に=自衛隊派遣〕

「テロとの戦争」をうたい、デモクラシー十字軍の旗を掲げるアメリカが、次に矛先を向けたのはイラクのフセイン政権でした。今では「ブッシュ大統領のうそ」と判明している、生物・化学兵器など大量破壊兵器の存在が攻撃理由でした。

イラク戦争でも有志連合の枠組みが利用され、二〇〇三年の開戦から八年後の米軍完全撤兵まで約四〇カ国が派兵し、ピーク時の総兵力は三〇万人に達しました。

日本の小泉政権の反応はアフガニスタン戦争以上にすばやいものでした。「アメリカの武力行使を理解し支持する」と開戦直後にアメリカの行動を全面支持。大義名分のない戦いへの参加を拒否したドイツとは対照的に、「人道復興支援」を名目に陸上、航空自衛隊の本格派遣に踏み切りました。海上自衛隊は継続してインド洋での補給活動にあたることになりました。

〔空輸活動に違憲との判断〕

陸上自衛隊が派遣されたのは、比較的治安が安定しているとされた南部の都市サマーワでした。隊員約五〇〇人（各方面隊が半年ごとに交代）で、給水、医療支援、学校・道路の補修を三本柱に二〇〇六年まで活動しました。

戦闘地域ではないかと論議の絶えない地域へのはじめての自衛隊派遣だっただけに注目を集めましたが、戦闘部隊ではないということもあって地元住民との関係は良好で、迫撃砲やロケット弾による宿営地攻撃が計一三回発生したものの、幸い死傷者はでませんでした。

いっぽう、航空自衛隊はC-130輸送機がクエートのアリ・アルサレム空軍基地を拠点に、イラク南部と北部、首都バクダッドとの間で人員と物資のピストン輸送をおこないました。任務終了の二〇〇八年までにこなした飛行は八二一回、輸送総量は六七三トンでした。

しかし、問題は運んだ人員にありました。防衛省が二〇〇九年に開示した内部資料によると、派遣期間中の輸送人員は延べ二万八〇〇〇人で、そのうち七割は小銃などの武器を携帯した米軍兵士だったというのです。

こうした航空自衛隊の空輸活動について、名古屋高裁は早くも二〇〇八年の段階で「憲法違反である」との認識を示していました。戦争を放棄し、国際紛争に武力を用いて関与しないという憲法第九条第一項に反すると判断したのです。

〔イージス艦の行動に謎〕

また、憲法の観点から見逃してはいけない事案に、海上自衛隊の補給艦に随伴した護衛艦が果たした役割があります。

断続的に最新鋭のイージス艦が派遣され、米艦に対して防空分野での支援、いわゆる海上レーダーサイトとしての役割をはたしましたが、これは集団的自衛権の行使にあたる恐れがありました。

この問題について、元防衛官僚の一人は「日本政府は補給艦派遣をだしにして、護衛艦をインド洋に派遣している」と証言しています。つまり、海上自衛隊の真の目的は燃料補給ではなく、米艦隊の護衛にあったと批判しているわけです。

アフガニスタン、イラクの両戦争を通して、米英航空部隊の出撃拠点として機能したのが、インド洋のディエゴガルシア島にある米空軍基地でした。当然、敵対勢力にとってターゲットになりやすい場所ですが、日本のイージス艦は米艦とともに同島上空と周辺空域の監視をおこなっていたとの専門家の指摘もあります。

政府は当時のイージス艦の詳しい派遣海域について説明していません。国民の目の届かないところで、自衛隊が憲法に禁じられた集団的自衛権行使の先取りをしていた可能性があるのです。追及していく必要があるでしょう。 （斉藤光政）

〔参考文献〕鎌田慧・斉藤光政『ルポ下北核半島』（岩波書店、二〇一一年）

Q30 戦争違法化について教えてください

A

国際法での「戦争」の位置づけは「正戦論」⇒「無差別戦争観」⇒「戦争違法化」という流れをたどり、現在にいたっています。まずは「戦争違法化」の意味や背景を理解するために、「正戦論」⇒「無差別戦争観」という流れを簡単に紹介します。

〔正戦論について〕

ローマカトリックの権威の下にあった中世ヨーロッパでは、原則として戦争を認めないキリスト教との関係で、どのような場合に「戦争に訴える権利（jus《ユス》 ad《アド》 bellum《ベルム》）」が正当化されるかが問題とされていました。こうした伝統を踏まえつつ、かつ「三〇年戦争」の悲惨な状況を目の当たりにして、「正戦論」を自然法で基礎づけた代表的な論者が「国際法の父」と言われるフーゴ・グロティウスです。グロティウスは著書『戦争と平和の法』（一六二五年）で、戦争が認められるためには「自己防衛」「奪われた財産の回復」「悪い行為に対する処罰」などの正当な理由がなければならないとしました。

〔無差別戦争観について〕

ローマカトリックの権威が失墜し、同時に主権国家が台頭するにつれて、「正しい戦争」を認定する権威をもつ存在がなくなりました。そこで一八世紀になると「正戦論」は国際法の舞台から姿を消します。代わって、国家は主権の行使として自由に戦争ができるという「無差別戦争観」が一八世紀から第一次世界大戦までの国際法では支配的となりました。「無差別戦争観」が支配的な国際社

★—フーゴ・グロティウス

会の下では、毒ガスや細菌兵器の不使用、歴史上の建物の攻撃回避といった、害敵手段の制限を規定する「戦闘行為に関する法規（jus《ユス》 in《イン》 bello《ベロ》）」が国際法の主な対象となりました。

〈無差別戦争観から戦争違法化へ〉

「無差別戦争観」にとどめを刺した出来事は第一次世界大戦でした。毒ガスや戦車、航空機、潜水艦などの近代兵器が使用されたことで、第一次世界大戦では約一千万人の犠牲者が出るなど、前代未聞の被害が生じました。そこで国際社会では、「戦争に訴える権利（jus ad bellum）」そのものを制限しようとする動きが出ました。一九一九年の「国際連盟規約」では、締約国は「戦争に訴えざるの義務を受諾」（前文）するとされました。

一九二九年には、アメリカの国防長官ケロッグとフランスの外務大臣ブリアンが提唱した「戦争放棄に関する条約」（いわゆる「不戦条約」、「パリ条約」）が成立します。ただ、「国際連盟規約」や「不戦条約」で禁止されたのは「戦争」であり、宣戦布告がなく、戦争に至らない「武力の行使」は禁じられていないとの主張がなされました。実際もこうした主張にもとづき、たとえば日本は一九三一年の「満洲事変」、一九三七年の「盧溝橋事件」で事実上の戦争をおこないました。

〈戦争違法化の徹底―武力不行使の原則について〉

一九四五年に制定された「国連憲章」では、「戦争違法化」がより徹底されました。国連憲章二条四項では「武力による威嚇または武力の行使（the threat or use of force）は……慎まなければならない」として、「武力不行使の原則」が採用されています。国際連盟規約や不戦条約で用いられてきた「戦争」という用語でなく、「武力による威嚇または武力の行使」との文言にされたのは、「国際連盟規約」や「不戦条約」でおこなわれたような事実上の戦争も禁止しようとしたためです。そのために「戦争の違法化がはじめて完成された」とも言われています。現在の国連憲章で認められている武力の行使は、国連憲章第七章で明記されている「集団安全保障」に基づく場合と、「個別的または集団的自衛権の行使」（国連憲章五一条）の場合だけです。

そして一九八六年の「ニカラグア事件」で国際司法裁判所は「武力不行使の原則」が国際慣習法としての地位を有するとの判断を示しました。一九九八年の国際刑事裁判所規定では、「侵略」が「国際的罪」（五条）とされています。

（飯島滋明）

〔参考文献〕伊香俊哉『近代日本と戦争違法化体制』（吉川弘文館、二〇〇二年）

Q31 自衛隊の組織について説明してください

A

いうまでもなく自衛隊は日本防衛の役割を担う軍事組織です。自衛隊の組織は、自衛隊法によって厳密に定められています。自衛隊は陸上、海上、航空に分かれ、約二二万五〇〇〇人の自衛官がいます。戦車、護衛艦、戦闘機といった武器を保有するのですから、自衛隊の活動そのものも厳しく制約されています。細かくみていきましょう。

〈だれがコントロールするのか〉

自衛隊にとって重要なのは、自衛隊法の第七条で「内閣総理大臣は、内閣を代表して自衛隊の最高の指揮監督権を有する」と明快に規定してあることです。「首相は自衛隊の最高指揮官」といわれる根拠です。

この規定は、太平洋戦争で軍部が独走し、アジア諸国を巻き込んだ大戦に発展した反省から、わが国においては自衛隊が自らの行動を決めるのではなく、政治が自衛隊を律する「シビリアンコントロール（文民統制）」を採用していることを明文化したものです（Q22参照）。

そして第八条は「防衛大臣は、この法律の定めるところに従い、自衛隊の隊務を統括する」と文民である防衛相が自衛隊の実務をコントロールすることを明記。第九条になって「統合幕僚《ばくりょう》長、陸上幕僚長、海上幕僚長又は航空幕僚長は、防衛大臣の指揮監督を受け、それぞれ前条各号に掲げる隊務及び統合幕僚監部、陸上自衛隊、海上自衛隊又は航空自衛隊の隊員の服務を監督する」とあり、ここではじめて自衛隊トップの統合、陸上、海上、航空という四人の幕僚長が隊員を監督することを定めています。

首相と防衛相のたった二人だけで自衛隊を監督することはできません。そこで防衛省設置法にもとづいて防衛省という

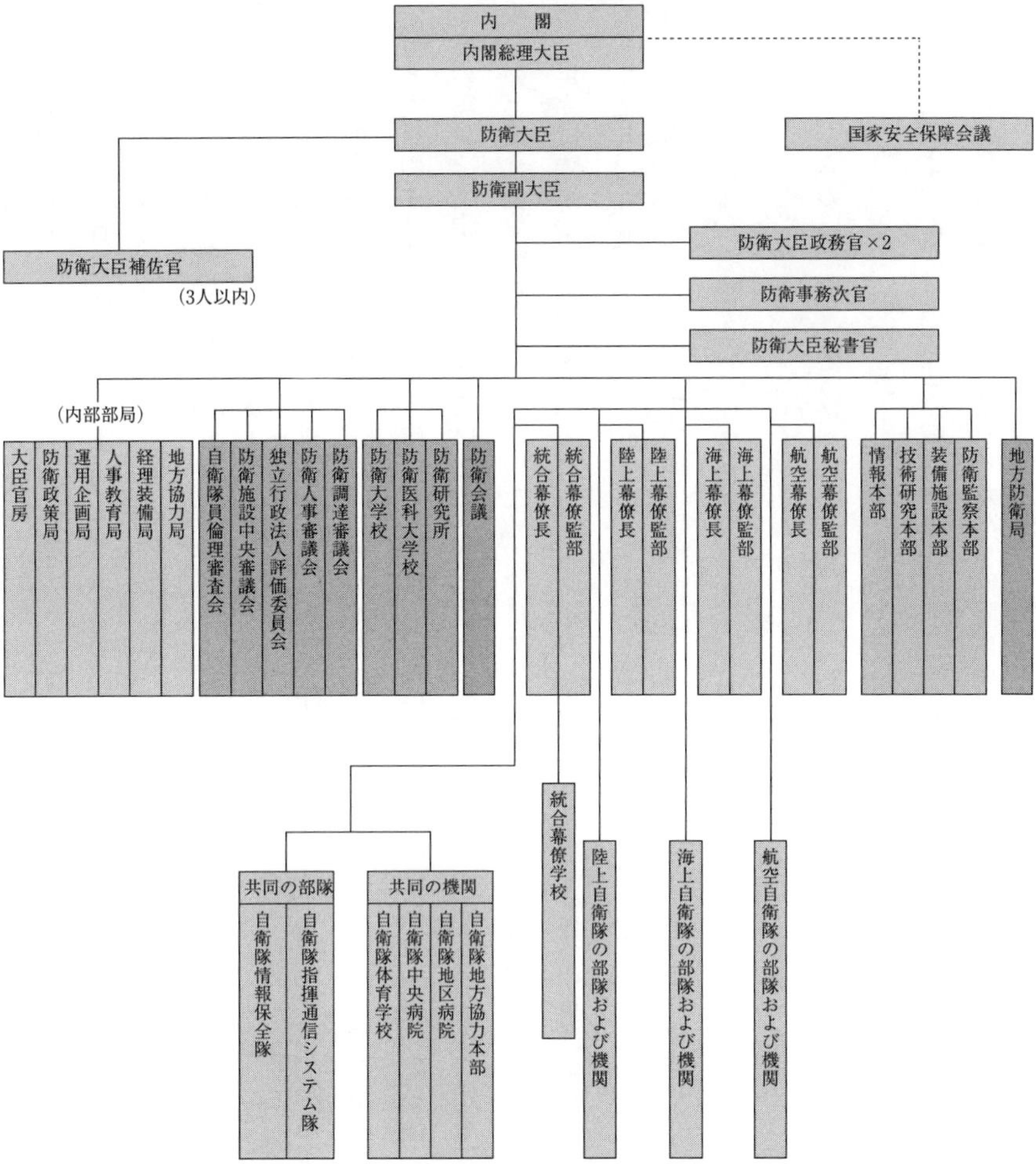

（臨時または特例で置くものを除く。）

★―防衛省の組織

国家組織が置かれています。役割は防衛省設置法第三条で「防衛省は、我が国の平和と独立を守り、国の安全を保つことを目的とし、これがため、陸上自衛隊、海上自衛隊及び航空自衛隊を管理し、及び運営し、並びにこれに関する事務を行うことを任務とする」とあり、自衛隊の管理運営を担います。防衛省は官僚組織で、主に防衛省内部部局（内局）に配置されるため内局を指して背広組、自衛隊を制服組と呼び分けることもあります。

〔陸上、海上、航空自衛隊の組織〕

防衛省、自衛隊には何人いるのでしょうか。政治家は防衛相、副防衛相、防衛政務官（二人）の四人だけです。「定員」

でみると、内局などの背広組は二万一六七九人、自衛官は二四万七七四六人（二〇一三年三月三一日現在）です。いっぽう、陸海空の各自衛隊を「実員」でみると、陸上が一三万六五七三人、海上が四万二〇〇七人、航空が四万二七三三人、統合幕僚幹部など三二一三人（同）で、合計すると二二万四五二六人となります。

自衛官が定員と比べて二万人以上も少ないのは、防衛費のうちの人件費が前年度の実員をもとに計算されるためです。定員と実員のすき間を埋めようにも、過去にさかのぼって前年度の実員を増すことはできないため、常に実員は定員より少ないという現象が起きます。このため、定員に対する実員の充足率は陸海空の平均で九〇・八％。制服組の「人が足りない」という不満につながっています。ちなみに女性自衛官は実員一万二二四二人（同）です。

自衛官で医師の資格を持つ医官は八二六人（定員一一一七人）、歯科医師の資格を持つ歯科医官は二三六人（同二四九人）です。このほか看護師資格を持つ看護官（いわゆる自衛隊ナース）もいます。敗戦までと異なり弁護士資格を有する自衛官はいませんが、国際法や戦時国際法に通じた法務官と呼ばれる幹部自衛官が陸海空それぞれの自衛隊にいます。

陸上、海上、航空の自衛隊ごとに組織をみていきましょう。陸上自衛隊は全国を五つに区分し、北部（北海道）、東北（東北）、東部（関東、甲信越）、中部（東海、関西、中国、四国）、西部（九州・沖縄）の各方面隊が防衛を受け持っています。各方面隊の下には合計一五個の師団・旅団がありま す。さらに師団・旅団の下には主力の普通科（歩兵）連隊や特科（砲兵）、施設（工兵）、戦車、通信、偵察、飛行、後方支援などの部隊があります。

担当地域を持たない組織としては、海外派遣の専門組織である中央即応集団があり、海外展開する米軍との連携を強化する目的から司令部は在日米陸軍司令部があるキャンプ座間《ざま》（神奈川）に置かれています。下部に海外派遣の先遣部隊となる中央即応連隊（宇都宮）のほか、第一空挺団（船橋）、特殊作戦群（同）、第一ヘリコプター団（木更津《きさらづ》）などいずれも陸上自衛隊でひとつしかない組織を抱えているのが特徴です。

変わったところでは自衛官だけでなく一般人も診療する自衛隊中央病院（東京）、四七都道府県にある自衛官募集の窓口の自衛隊地方協力本部も陸上自衛隊の組織です。

次に海上自衛隊です。総司令部にあたるのが自衛艦隊（横《よこ》須賀《すか》）で艦艇約一〇〇隻、航空機約二三〇機を保有していま す。それらの艦艇、航空機は下部組織である護衛艦隊（横須賀）、航空集団（綾瀬《あやせ》）、潜水艦隊（横須賀）などが運用しています。護衛艦隊は文字通り、護衛艦を束ねる部隊で、第一（横須賀）、第二（佐世保《させぼ》）、第三（舞鶴《まいづる》）、第四（呉《くれ》）があり、海上自衛官一万一〇〇〇人、護衛艦四七隻を含む六四隻が配属されています。

護衛艦隊は洋上全般の広域警戒監視を担うほか、護衛艦そのものは必要に応じて横須賀、呉、佐世保、舞鶴、大湊《おおみなと》の各地方隊にも配分され、沿岸部の警戒監視に使われています。護衛艦に関しては、護衛艦隊がプロバイダー、地方隊がユーザーの関係にあります。

航空集団は八〇機のＰ３Ｃ哨戒機を保有し、青森から沖縄まで置かれた一〇個の航空隊が最低でも一日一回、北海道の周辺海域や日本海、東シナ海を航行する船舶などの状況を監視しています。

潜水艦隊は第一（呉）、第二（横須賀）の二個潜水隊群に分かれ、合計一六隻の潜水艦、二隻の潜水艦救難艦を保有しています。潜水艦は隠密行動するので活動内容はマル秘ですが、有事のさいの水上艦艇や潜水艦への攻撃、機雷敷設などの役割があります。

次に航空自衛隊です。中枢は航空総隊で、日米連携の必要性から東京の米空軍横田《よこた》基地の中に司令部があります。各地に設置した警戒管制レーダーや空中警戒管制機（ＡＷＡＣＳ）で日本周辺を警戒監視し、領空侵犯のおそれのある航空機を発見した場合、戦闘機を発進させて領空を侵犯させないための行動をとります。

作戦機は約三四〇機あり、うち戦闘機は約二六〇機です。地対空ミサイル部隊もあって航空機に対処するほか、弾道ミサイル防衛にも活用されます。輸送機は航空支援集団（府中市）に配備されています。

最後に情報本部に触れます。かつて陸上幕僚監部調査部別室と呼ばれた秘密の組織でした。現在は米軍の偵察衛星が撮影した北朝鮮や中国の画像情報や自衛隊が軍事通信傍受でえた音声情報などを収集、分析しています。防衛相直轄の組織ですが、職員二四〇〇人の大半は制服組。将官である本部長をトップに、総務部、計画部、分析部、統合情報部、画像・地理部、電波部の六部があり、通信傍受の責任者にあたる電波部長だけは警察庁から派遣された警察官です。（半田　滋）

〔参考文献〕『平成二五年版防衛白書』

理論編

Q32 自衛隊の軍事力は世界でどの程度の規模ですか

A

予算の面からみると、ストックホルム国際平和研究所（SIPRI）の二〇一一年の統計で日本の防衛費は世界第六位です。ちなみに日本より上位は順にアメリカ、中国、ロシア、フランス、英国となっています。予算＝軍事力とは必ずしもならないので、比較が難しいのですが、自衛隊は近代的装備品を揃えていること、十分な訓練をおこなっていること、自衛官の質と士気が高いことを含めて考えれば、世界有数の軍事力を持つと考えてよいでしょう。

〈相当強力な軍事力〉

『平成二五年版防衛白書』によると、陸上兵力は順に中国、インド、北朝鮮ときて、日本は掲載された一五位よりも下に位置づけられています。海上兵力は排水量をトン数で現しており、順にアメリカ、ロシア、中国ときて日本は第六位、航空兵力はアメリカ、中国、ロシアときて日本は第一三位となります。この順位から考えられるのは、アメリカ、中国、ロシアの軍事力は間違いなく強大であるといえますが、量＝質ではないので、日本が劣っているとはいえないのです。

そこで自衛隊の保有する装備品を具体的にみていきましょう。まず艦艇《かんてい》です。現代の艦艇はトン数より、性能でみる必要があります。海上自衛隊は防空能力に優れたイージス護衛艦六隻を含む、四六隻の護衛艦を保有しています。SIPRIによれば、戦闘艦艇の保有数としては、アメリカと中国に次ぐ第三位となりますが、中国艦艇は老朽《ろうきゅう》艦が大半なので、事実上、日本の水上艦艇保有数は世界第二位といえるでしょう。

潜水艦は保有数では世界第七位ですが、トップの北朝鮮、二位の中国は老朽艦や小型艦が目立ちます。酸素をつくれるため長時間、潜行できる原子力潜水艦を多く保有するアメリカ、ロシア、英国、フランスが実際には優位。空母は一一隻のアメリカが圧倒的に強く、空母が一隻もない日本は比較対象外となります。

海軍力を総合的にみると、アメリカが主催する環太平洋合同演習（RIMPAC）の常連で、米海軍がもっとも信頼を寄せる海上自衛隊は最高レベルの海軍力といえるでしょう。

次にSIPRIの統計で戦闘機をみると一〇〇〇機を超えるのは順にロシア、中国、アメリカです。日本は第一一位ですが、最新鋭とはいえないまでも高性能の戦闘機を二六〇機保有しており、老朽機ばかりの中国、インド、北朝鮮、台湾よりも間違いなく優勢です。ただし、専守防衛の制約から爆撃機は一機も保有していないので、軍事の常識に従って、空軍力＝打撃力とするなら航空自衛隊は攻撃機能が欠落していることになりますが、航空自衛隊は地対空ミサイルを数多く保有しており、防空能力でみると、世界トップレベルといえるでしょう。

SIPRIの統計では、陸上戦力は歩兵の数ではランク外であり、戦車の保有数でみても、陸上自衛隊は世界第二〇位に沈みます。しかし、侵略戦争に備えた地対艦ミサイル部隊、地対空ミサイルを備えた防空部隊など防御に極めて強いという特性があります。肝心の実力ですが、米陸軍や米海兵隊は日米共同訓練を通じて、緻密で質が高い普通科（歩兵）、機甲《きこう》科（戦車兵）、特科（砲兵）などの戦闘能力を高く評価しています。

〔優れた防御力〕

こうしてみてくると、自衛隊は憲法九条の制約から攻撃力は劣るものの、防御力はたいしたものだといえるでしょう。最近では戦闘機の航続距離を延ばす空中給油機やレーダーのないところでも航空管制できる空中警戒管制機（AWACS）、正確な対地攻撃ができるレーザー誘導爆弾を保有しています。また空母そっくりのヘリコプター空母型護衛艦を二隻保有し、より大きなヘリ空母型護衛艦を二隻建造中です。陸上自衛隊は島しょ防衛に必要との理由から、「殴り込み部隊」と呼ばれる海兵隊のような着上陸侵攻ができる海兵隊機能を持つ水陸機動団の保有が決まっています。

★―海上自衛隊のイージス護衛艦「こんごう」（筆者提供）

専守防衛の縛りがありながら、実際には他国への侵攻にも使える攻撃的機能を保有しはじめているといえるでしょう。（半田　滋）

〔参考資料〕ストックホルム国際平和研究所（SIPRI）ホームページ、『平成二五年版防衛白書』

理論編

Q33 自衛隊の訓練について説明してください

A

最近の自衛隊の訓練の特徴は、①以前と比べて、より実戦的になっている②米軍との共同訓練や多国間合同訓練への参加が増えている――です。これは、そのまま自衛隊の変化を反映しています。

〔米軍と共に実戦的な訓練〕

「訓練をして精強性を誇示する時代から、行動して評価される時代へ」

これは、一〇年ほど前から、陸上自衛隊の内部で強調されている言葉です。

冷戦期の陸上自衛隊は、ソ連の侵攻に備える「北方重視」の態勢をとっていました。とはいえ、現実的にソ連が着上陸侵攻してくる可能性は極めて低く、実際には「自らが力の空白となって我が国周辺地域の不安定要因とならないよう、独立国としての必要最小限の基盤的な防衛力を保有する」という考え方（「基盤的防衛力構想」）を防衛の基本方針にしていました。この時代においては、訓練によって自らの実力を誇示すること自体に重きを置いていたのです。

しかし、一九九〇年代はじめに冷戦が終結すると、カンボジア国連ＰＫＯへの参加を皮切りに海外での任務を徐々に拡大。二〇〇四年～〇六年のイラク派遣では、ついに紛争が続く「戦地」で実任務に就くまでになりました。こうした変化の中で、訓練もより実戦的なものに様変わりしています。

それを象徴するのが、市街地戦闘訓練の増加です。

〇五年、全国の普通科（歩兵部隊）の教育を担当する陸自富士学校の普通科教導連隊が、米ワシントン州の陸軍基地内にある市街地戦闘訓練場で、イラクで豊富な実戦経験を持つ米陸軍第一軍団から約一カ月間にわたって市街地戦闘の手ほどきを受けました。

訓練を指導した米陸軍の軍曹は「この訓練は我々が実際にイラクでやってきた戦いとまったく同じです」と語り、普通科教導連隊の隊長も「実戦にもとづくアドバイスをいただいていますので、大変参考になります」とテレビの取材に話しました。

当初は、米軍から学ぶいっぽうの自衛隊でしたが、やがて米軍と共に戦う訓練をおこなうようになります。〇六年に日本でおこなわれた陸上自衛隊と米海兵隊の共同訓練では、両部隊が共同で敵兵役の自衛隊員らが立てこもる建物に総攻撃を加え、銃撃戦の末、すべての部屋から敵を「一掃」したといいます。参加した海兵隊員は「まさにイラクでの戦闘さながらだった」と感想を語りました。

また、陸上自衛隊が近年力を入れているのが、海から陸に強襲上陸する訓練です。防衛省は「島しょ防衛」のためと説明しています。

これも、まずは強襲上陸作戦を得意とする米海兵隊から手ほどきを受けるところからはじまり、現在は共同作戦の訓練をおこなうまでになっています。二〇一三年六月には、海上自衛隊の輸送艦やヘリ空母も参加し、同州サンディエゴ沖の島で実際の「離島奪還作戦」を想定した大規模な合同演習(「ドーン・ブリッツ(夜明けの電撃)」)がおこなわれました。

日米の軍事一体化が急速に進む中で、こうした日米共同訓練は量・質ともに拡大・強化されています。〇六年度は自衛隊全体で年間のべ三五三日だった日米共同訓練(多国間訓練も含む)は、二〇一二年度には、過去最多の八五四日と倍以上に急増しています。

〔自殺は自然淘汰?〕

〇八年には、より実戦的な白兵戦の技術を身につけるための「新格闘」が導入されました。実戦を想定した一対多数の訓練もおこなわれ、負傷や死亡などの事故も増えています。航空自衛隊では二〇一〇年度に地上で発生した業務中の事故一〇〇件のうち、格闘訓練での事故は五四件を数え、前年度(一二件)の四倍超に急増しました。

近年、自衛隊内での自殺者が急増しているのも、「行動して評価される時代」において、組織をあげて「精強さ」を追求していることと無関係ではありません。それは、自衛隊の人事施策について検討する防衛省内の会議で、出席者の一人から飛び出した次の発言にも表れています。

「自殺の原因を究明することも大事ですが、精強な自衛隊を作るためには、質の確保が重要であり、自殺は自然淘汰として対処する発想も必要と思われます」(防衛省第四回「人事関係施策等検討会議」二〇〇四年一月二十二日)。

(布施祐仁)

Q34 自衛隊に女性はいますか

A

現在、女性自衛官の数は約一万二〇〇〇人余で、自衛官全体の五・五％を占めます（二〇一二年度末）。防衛省も、女性自衛官の採用・登用の拡大に積極的に取り組んでいることを内外にアピールしています。いっぽう、女性自衛官の増加とともにセクハラ問題なども顕在化しています。

【性別関係なく実力次第？】

「男女の区別なく、同じ条件下での勤務を任される自衛隊は、女性にとってもやりがいのある職場だとあらためて感じています」

二〇一三年三月に海上自衛隊で初の女性艦長に就任した大谷三穂二等海佐は、防衛省の準広報誌『マモル』でこう語っています（二〇一三年八月号）。

自衛隊に初めて女性が入隊したのは、自衛隊発足から四年後の一九五八年のことです。しかし、当時は看護職域にしか門戸は開かれていませんでした。それ以降、徐々に女性自衛官が就ける職域が拡大され、一九九三年には全職域が開放されました（ただし、「母性の保護」や「男女間のプライバシーの保護」などを理由に女性自衛官を配置していないポストもあります）。

実力次第で、男女関係なく活躍とキャリアアップのチャンスがある——自衛隊は隊員募集でもこのことを大きくアピールしています。

いっぽうで、自衛隊はこうも言っています。

「自衛隊の精強性の維持や各人の能力、適性、意欲を考慮しつつ、女性自衛官の採用・登用の拡大を図っている」（「防衛省における男女共同参画に係る基本計画（平成二三年度～二七年度）」）

これは、無制限に女性の登用を拡大するのではなく、「自衛隊の精強性」を維持できる範囲で進めるということです。あくまで体力で勝る男性自衛官を戦力の中心とし、女性自衛

★―看護師を養成する自衛隊中央病院

官はそれを補完する戦力として下位に位置づけているのです。

実際、女性自衛官の多くが、「女は使えない」「自衛隊に女はいらない」「早く辞めたら」などの言葉を男性自衛官からぶつけられた経験を持つといいます。ここには、何よりも「精強性」を重視する武力集団の本質が表れています。

〈セクハラ被害より「精強性」優先〉

女性自衛官の採用・登用が拡大するなかで、隊内でのセクハラ事件も増えています。

一九九八年に防衛庁（当時）がおこなったセクハラに関する調査では、約一〇〇〇人の女性職員（自衛官・事務官）のうち七・四％が「強姦・暴行（未遂含む）」を受けたと回答し、性的関係を強要された人も一八・七％に上りました。

二〇〇六年九月九日未明、航空自衛隊当別基地（北海道）に所属する二一歳の女性自衛官が、基地内で上位の男性自衛官から性的暴行を受ける事件が起こります。

女性自衛官は深夜に突然、地下のボイラー室で夜勤中のA三曹に内線電話で呼び出されます。Aはボイラー室のドアに鍵をかけ、女性をソファーに押し倒してわいせつ行為に及びました。女性は抵抗しましたがかなわず、打ち身や打撲などの傷を負いました。

事件後、女性は上司にAの処分や配置転換を求めましたが聞き入れられず、逆に複数の上官から「Aは男だ。お前は女だ。自衛隊がどっちを残すかと言ったら男だ」「お前もう終了だよ」などとなじられ、退職を迫られました。

女性は弁護士に相談し、裁判に訴えれば自衛隊も対応を考え直してくれるだろうと考え、国を相手に国家賠償請求裁判を起こします。

裁判で国側は当初、自衛隊におけるセクハラ防止について「その職務の特殊性及び自衛隊の精強さを保つ上での厳正な規律の保持が求められており、一般の公務員とは大きく異なる」と主張しました。

ここでも、「精強性」を最優先にする軍隊の論理が持ち出されたのです。

札幌地裁は二〇一〇年七月二九日、女性の訴えをほぼ全面的に認め、国に慰謝料五八〇万円の支払いを命じました。しかし、判決を前に、自衛隊は任期制隊員であった女性の継続任用を拒否（拒否は極めて異例）し、女性を自衛隊から〝追放〟しました。

自衛隊がアピールする「女性が働きやすい自衛隊」「女性が能力を発揮できる自衛隊」の裏には、こんな現実も存在しているのです。

（布施祐仁）

〔参考文献〕佐藤文香『軍事組織とジェンダー――自衛隊の女性たち』（慶應義塾大学出版会、二〇〇四年）

コラム2

映画のなかの戦争

私は世界史を戦争映画から学んだ、そう言っても過言ではありません。幼いころから銀幕の前にすわるのが好きでした。もちろん、戦争は外交の延長線上にあるなどという難しいことは知りませんでした。しかし、銃弾が飛び交い、砲弾が炸裂する戦場という狂気の世界を必死に生き抜こうとする人間の生命力に魅せられていたのかもしれません。そして、そんな兵士たちを翻弄する政治というものの非情さに腹を立てていたのでしょう。

さて、戦争映画ファンである私がこだわっているポイントは何かというと、その作品から歴史の流れ、つまりターニングポイントがしっかり伝わってくるかということです。

手持ちのDVDをぐるりと見渡してみて、こうした要素を満たしてくれるのが「ブラックホーク・ダウン」です。ソマリア内戦（一九九三年）に介入しながら撤退せざるを得なかったアメリカ。米兵と民兵、一般住民が入れ乱れた激しい市街戦から浮かび上がるのは、アラブ・アフリカ諸国に根強い反米意識と、それを最後まで理解できずにいるスーパーパワーアメリカの独善です。

そんなアメリカがソ連としのぎを削っていた冷戦時代といえば、「13デイズ」でしょう。キューバ危機（一九六二年）で核戦争のがけっぷちに立たされ苦悩するケネディ大統領の姿がリアルです。さらに第二次大戦にさかのぼって「遠すぎた橋」。連合軍による史上最大の空挺作戦であるマーケットガーデン作戦（一九四四年）は成功するかに見えたのですが…。

新しいところでは「ゼロ・ダーク・サーティ」がアメリカの最高機密とされるビン・ラディン殺害作戦（二〇一一年）の真相に迫っています。メガホンをとったキャスリン・ビグロー監督は「ハート・ロッカー」で、大義のないイラク戦争（二〇〇三～二〇一一年）で静かに病んでいく爆弾処理班の兵士を描いています。

こうしてみると、アメリカの作品ばかりであることに気づきます。それだけ、この国は世界中の戦争にかかわり続けているということの表れなのでしょう。

（斉藤光政）

Q35 米軍の組織について教えてください

A

「世界の警察」を自認する米軍は、世界中のどこにでも即時に出撃することを前提にしており、そのため統合作戦本部の指揮の下、約一五〇万人の大兵力を世界の六つの地域（六統合軍）に分けて展開しています。この中で最大規模を誇るのが太平洋軍で、最大の仮想敵国である中国を視野に直接対峙兵力として在日米軍を張り付けています。日本が直接かかわる太平洋軍と在日米軍にポイントを置いてみてみましょう。

〔統合軍〕

約三〇万人の最大兵力を抱える太平洋軍（司令部ハワイ）を筆頭に、これに次ぐ約一四万人の欧州軍、中東派遣軍をコントロールする中央軍、北米担当の北方軍、中南米担当の南方軍、アフリカ担当のアフリカ軍で構成されます。

このほか、核兵器を扱うほかミサイル防衛などを担う戦略軍、戦略輸送を担当する輸送軍、対テロ作戦などをおこなう特殊作戦軍があります。

〔太平洋軍〕

担当地域はアフリカの東海岸から米本土の西海岸まで広範囲におよび、これは地球の半分に相当します。太平洋陸軍、太平洋艦隊、太平洋空軍、太平洋海兵隊に分けられ、戦略的に重要な地域をまかせられる準統合軍として、在日米軍、在韓米軍、アラスカ米軍などがあります。

〔在日米軍〕

兵力に変動がありますが、基本的には陸軍二〇〇〇人、海軍五〇〇〇人、空軍一万四〇〇〇人、海兵隊一万八〇〇〇人の計約三万九〇〇〇人です。

しかし、この数には横須賀（神奈川）と佐世保（長崎）を

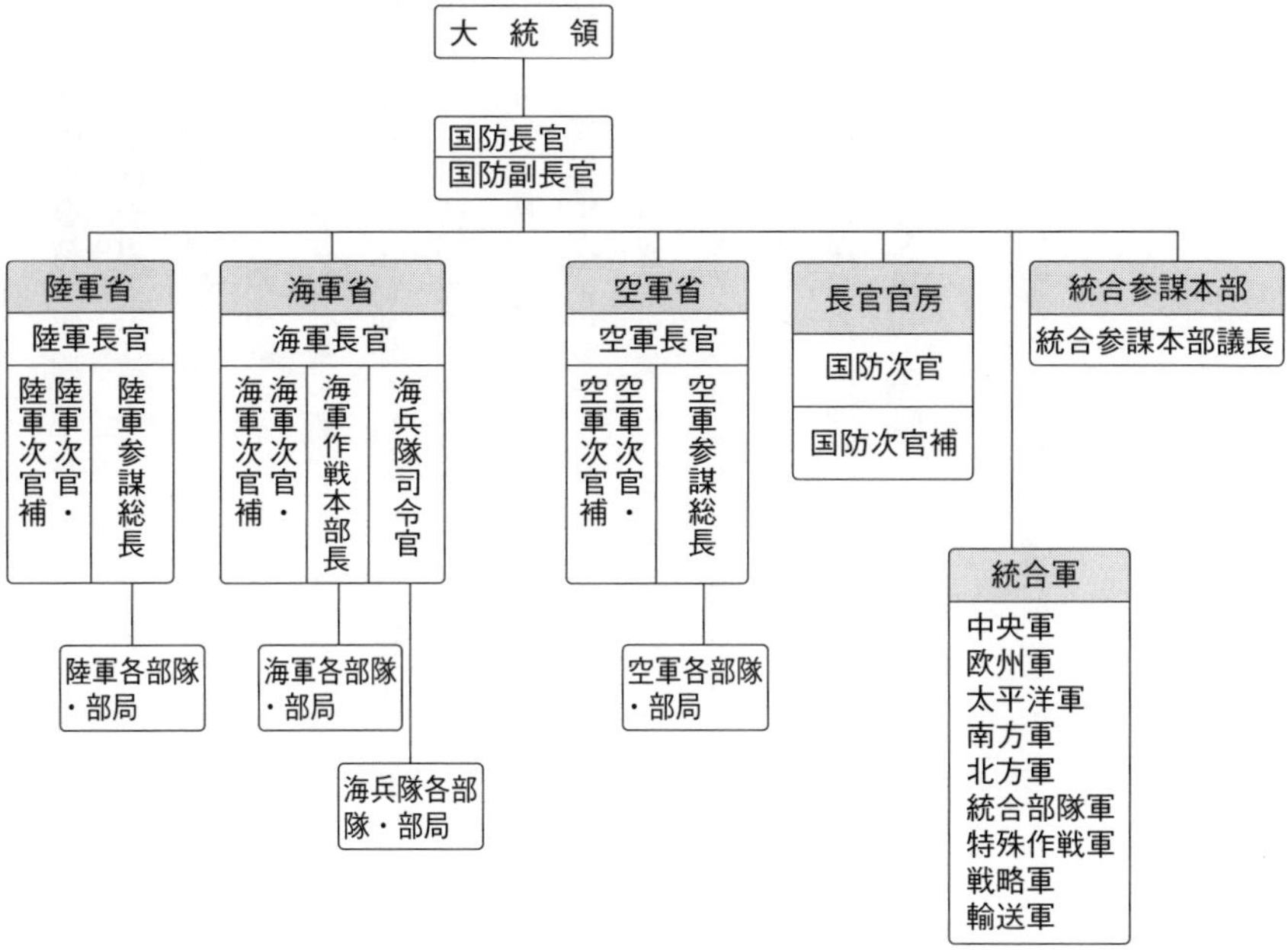

★—アメリカ国防総省の機構

母港とする太平洋艦隊第七艦隊の艦船は含まれておらず、これら洋上兵力は一万二〇〇〇人程度と見積もられています。つまり、太平洋軍の六分の一に当たる五万人強が日本列島を拠点に活動している計算です。

こうした大兵力を維持・管理する頭脳が、横田基地（東京）にある在日米軍司令部です。横田には太平洋空軍が直轄する第五空軍の司令部もあり、その司令官である空軍中将が在日米軍司令官を兼ねています。これは、在日米軍の主力が空軍であることを示すとともに、前方展開兵力の中核を成していることを意味しています。

〔主要基地〕

このように、在日米軍の組織は統合軍やその出先の支店に当たる準統合軍、そして陸・海・空・海兵隊四軍独自の指揮統制が複雑に重なり合い、わかりづらいものとなっています。では、在日米軍の全体像を理解するための早道はなんでしょう。

それは在日米軍を象徴する主要基地を一つずつとらえ、装備と機能に焦点を当てることです。そうすれば、各基地が「前方展開」という至上命題のため有機的に結びついていることが浮き彫りになるでしょう。

まずは、在日米軍司令部が置かれている横田基地ですが、特徴的なのは米本土・ハワイと東アジア、そしてその延長上にある中東を結ぶ空輪拠点だということです。嘉手納《かでな》基地（沖縄）には大規模な第一八航空団があり、制空（戦闘）、空中給油、空中警戒管制、救難など多彩な任務をこなすとともに、有事のさいの中継ポイントとして機能しています。

アジア最大を誇る嘉手納でさえ持っていない能力。それが地上攻撃で、その部分を補うとともに特化させたのが、青森にある三沢基地（第三五戦闘航空団）です。

太平洋艦隊のうち西太平洋をカバーする第七艦隊。その中核を成す原子力空母ジョージ・ワシントンやイージス艦など一〇隻以上の母港となっているのが横須賀基地です。同空母の艦載機八五機が、厚木基地（神奈川）をホームベースにしており、将来的に岩国基地（山口）へ移動する予定です。

また、佐世保基地は沖縄駐留の第三海兵師団（六五〇〇人）を前線まで運ぶ揚陸艦の母港に位置づけられています。

（斉藤光政）

〔参考文献〕斉藤光政『在日米軍最前線』（二〇〇八年、新人物往来社）

コラム3

戦艦大和

〈あの戦争〉を思い起こすとき、日本人のこころに郷愁のようによみがえる兵器は、たぶん戦闘機「零戦《れいせん》」と戦艦「大和」でしょう。敗残と壊滅のみじめな思い出のなかで、このふたつだけは、日本人にある種の懐かしさと共感とともに記憶されています。「風立ちぬ」や「宇宙戦艦ヤマト」の人気もそのあかしです。

だが、零戦とくらべ、戦場における「大和の」存在感ははなはだ希薄です。中国戦線と対米戦初期に「向かうところ敵なし」と敵に恐れられた〝ゼロ〟。しかし「大和」のほうは、「沖縄特攻」（一九四五年四月）に出撃して日本海軍の終末に殉じたとはいえ、大海原を疾駆する場面はありませんでした。「艦隊決戦」で四六センチ三連装の主砲が敵艦に放たれる機会はついに訪れず、最後は、なぶり殺しのような空からの攻撃で沈みました。〈遅れてきた新兵器〉、〈ガラパゴス型兵器〉とみなすのが妥当でしょう。じっさい、三七年に起工されたころ、すでに「世界の三馬鹿、ピラミッド・万里の長城・戦艦大和」と（おもに航空士官たちから）酷評されていました。就役したのが日米開戦直後だったこともあって国民も存在を知らず、連合艦隊旗艦「長門」にあったオーラもない。

大和は、海軍首脳がえがいた〈古い夢〉＝バルチック艦隊撃滅の結実でした。太平洋洋上で米戦艦群と雌雄を決する。それには遠距離砲戦で勝たねばならない。米艦にはパナマ運河通峡の制約があり、四〇センチ砲までしか搭載できない。ならば凌駕《りょうが》する巨艦を、という思考です。たしかに、堂々たる威容でした。九死に一生を得た学徒出身士官・吉田満は『戦艦大和ノ最期』で書いています。「外舷ヲ銀白一色ニ塗装セル『大和』、七万三千瓲ノ巨体ハ魁偉《かいい》ナル艦首ニ菊ノ御紋章《ごもんしょう》ヲ輝カセ四囲ヲ圧シテ不動磐石《ばんじゃく》ノ姿ナリ」。しかし、時代は回っていました。皮肉なことに空母時代へと先鞭をつけたのは日本海軍でした。大艦巨砲の戦艦に出番はなく、三番艦「信濃」は空母に改造されます。結局、「大和」追慕がわたしたちに教えるのは、時代を読みちがえたことへの諫めなのかもしれません。

（前田哲男）

Q36 米軍の軍事力について教えてください

A

兵力一五〇万人、戦闘機・攻撃機・爆撃機四七〇〇機、空母一一隻と史上最大です。こうした軍事力を解き明かす上でかぎとなるのは、米軍が推し進める「グローバル・ストライク」と「スマートで効率のいい戦争」。キーポイントとなる兵器は、GPSを使った精密誘導弾や主力攻撃機の位置を占めるF-16戦闘機、そして無人攻撃機などです。

〔スマートで効率のいい戦争〕

二〇〇一年の9・11テロ。日本海軍による真珠湾奇襲以来、実に六〇年ぶりとなる外国勢力からの本格攻撃によって、アメリカは新たな戦略目標を「テロからの本土防衛」にすえるいっぽう、対中国戦略を効果的に遂行するため重点地域をアジア・太平洋へシフトしました。冷戦時の第二戦線が主戦線へと一気に格上げされたのです。

テロ勢力を第一目標に掲げた米軍に求められている能力は簡潔です。卓越した情報収集力をフル回転させることでターゲットを絞り込み、狙った目標だけを正確に、しかも安全な遠距離から圧倒的な破壊力で消し去ることに尽きます。

イラク戦争で猛威を発揮した精密誘導爆弾を多用する「スマート（賢い）」で「効率のいい戦争」の遂行です。効率的な戦争の追求は、アメリカが二一世紀も唯一の超大国であり続けるための軍事革命（RMA）にほかなりません。

〔グローバル・ストライク〕

「スマートで効率のいい戦争」をいち早く、そして端的に示したのが二〇〇七年八月に反政府系武装勢力タリバンの拠点を精密爆撃した秘密作戦です。

実行に当たったのは、日本の三沢基地からイラクに派遣されていたF-16戦闘機四機で、アフガニスタン東部まで一気に飛行すると、誤差数メートルといわれるGBU-38精密誘導爆弾を高空から投下し、山中の拠点を破壊しました。

世界中が驚いたのは精密爆撃の精度もそうですが、夜間にしかも往復六七〇〇キロを一気に駆け抜けたF-16の能力です。実戦配備されてから三〇年以上たつベテラン機（配備数一〇〇〇機）ですが、最新誘導爆弾との組み合わせによりすさまじい威力を発揮することを証明したのです。

また、この秘密作戦は米軍のグローバル・ストライク（地球規模での長距離攻撃）の有効性を示したともいえます。空軍がこのアフガン秘密爆撃を「二〇〇七年で最高の作戦」に選んだことからも、それがわかります。

【無人攻撃機の時代へ】

グローバル・ストライクは「二四時間以内に世界中のどこでも攻撃し、四八〜七二時間以内に世界中のどこにでも陸上兵力を派遣する」という軍事思想で、機動力と爆弾搭載量、そして信頼性に優れたF-16戦闘機がこの新戦略のかなりの部分を担っていることは確実です。

★—精密誘導爆弾を搭載した F-16戦闘機

このほか、技術的に格段に進歩を遂げた無人攻撃機も多用されていくでしょう。MQ-1プレデター、より強力なMQ-9リーパーなどで、人の手を必要としないGPS精密誘導爆弾は搭載兵器としてうってつけです。兵士を危険にさらすことなく目標を攻撃できることは、世論を配慮して人的消耗を恐れる政府にとって大変魅力的に映るでしょう。

また、遠距離の目標地に兵力を急展開させる手段として注目を集めるのが、米海兵隊が鳴り物入りで導入した新型の垂直離着陸輸送機MV-22オスプレイです。長い滑走路が要らず、速く（最高時速五六〇キロ）、遠くまで（航続距離一〇〇〇キロ）、しかも多く（兵員二四人）運べる同機は、殴り込み部隊に最適です。敵の攻撃を受けにくいはるか洋上の強襲揚陸艦や空母から大量にそして速やかに戦闘要員を送り込む。そんな作戦が可能となり、沖縄から領有権でもめる尖閣諸島への長距離攻撃もできるようになります。

（斉藤光政）

〔参考文献〕斉藤光政『在日米軍最前線』（新人物往来社、二〇〇八年）

Q37 アメリカの軍需産業について教えてください

A

東西冷戦の終結に伴う軍事予算削減で窮地に立たされましたが、生き残りをかけた激しい企業統合と相次ぐ戦争（湾岸戦争、アフガン・イラク戦争）によって息を吹き返しました。ロッキード・マーチン、ボーイング、ノースロップ・グラマンのビッグ3が代表格で、こうしたアメリカ軍事企業の総売上高は世界兵器市場全体の六割を占めるともいわれ、政治的にも強い発言力をもっています。まずは成り立ちからみていきましょう。

〔軍産複合体の形成〕

アメリカの軍需産業のルーツは、南北戦争時代に銃器売買などで巨利をえて、のちのモルガン財閥の基礎を築いたジョン・P・モルガンら一九世紀の武器商人にさかのぼることができます。彼らは「死の商人」とも呼ばれましたが、その後、兵器に特化した独自の産業として発展。政府が公認し、次第に依存を深めていく過程で巨大化し、独占的な地位を築くことになりました。

その流れは二度にわたる世界大戦によって加速し、軍需産業と軍部（国防総省）、政府機関が一体となった軍産複合体が形成されます。軍産複合体の原型は原爆開発のために立ち上げ、官民合わせて一二万人が動員されたマンハッタン計画（一九四二〜一九四六年）といわれます。

仕事量と価格が事前に決まっていて、支払いが確実な政府相手のビジネスは軍需産業にとっておいしい果実で、朝鮮戦争、ベトナム戦争、冷戦期を通して順調に売り上げを伸ばしていきます。昔からいわれるように「戦争は最大のビジネスチャンス」でした。

〔生き残りかけて業界再編〕

そんな米軍需産業の繁栄に水を差したのがソ連・東欧圏の崩壊にともなう冷戦の終結でした。

それは全世界の軍事費の合計をみれば明らかです。ソ連崩壊前の一九八五年には一兆二五三五億ドルにのぼったものが、崩壊後の一九九五年には九一六二億ドルまで減少しています。当然のごとく、冷戦という〝軍拡特需〟にわいていた米軍需産業に与えた打撃は大きく、一九九〇年代には多くの企業が統廃合に追い込まれました。

そんな業界再編の末に誕生したのが、冒頭にあげたロッキード・マーチンをはじめとしたビッグ3に代表される超巨大軍事企業です。軍縮から軍拡へ。石油の利権争いに端を発した湾岸戦争（一九九一年）を契機に、世界の潮流はふたたび大きく変わっていきます。それは軍需産業の活性化＝軍産複合体の復活を告げる大きなのろしでもありました。

〈売上高ランキング〉

米軍需産業の巨大さを物語るデータがあります。米軍事専門紙ディフェンス・ニュースがまとめた二〇〇七年の世界の軍需産業売上高ランキングです。

これによると、一位はロッキード・マーチンの三八五億ドル、二位ボーイング（三二一億ドル）、四位ノースロップ・グラマン（二四六億ドル）、五位ジェネラル・ダイナミクス（二一五億ドル）、六位レイセオン（一九八億ドル）、八位L-3コミュニケーションズ（一一二億ドル）、一〇位ユナイテッド・テクノロジーズ（八八億ドル）……とトップテンのうち、じつに七社を米企業で占めています。

さらに驚くのは、米企業四社を含む上位五社の売上額だけで世界全体の四三％を占めるということです。また、上位一〇〇社の中で米企業は四一社にのぼりました。過去のデータを調べてみましたが、ノースロップ・グラマンからレイセオンまでの五社はトップテンの常連でした。世界の軍需産業を支配しているのが米企業だということがよくわかるでしょう。

ちなみに、三位は英国のＢＡＥシステムズ（二九八億ドル）、七位はオランダのＥＡＤＳ（一二二億ドル）、九位イタリアのフィンメッカニカ（一〇六億ドル）と欧州勢です。

〈進む軍事民営化〉

常連五社のうちロッキード・マーチン、ボーイング、ノースロップ・グラマンはもともと航空機メーカーとしてスタートしましたが、現在は航空機のほか電子機器、ミサイル、宇宙、艦船分野に業種を広げた複合メーカーです。また、ジェネラル・ダイナミクスは銃砲・小火器と軍用車両、レイセオンは電子機器とミサイルの製造をおこなっています。

このように軍需産業が生み出す製品はバラエティーに富んでいますが、近年目立つのは兵器ではなく従業員を送り出す民間軍事会社の存在です。米政府が進める軍事の民営化政策を受けたもので、現代版の傭兵システムともいえます。また、それ以外の分野でも兵士の仕事を民間会社が肩代わりしたり、専門技術を提供する場面が増えています。

ちなみに、その現状を青森県つがる市にある米陸軍車力通信所（第一宇宙旅団第二分遣隊）でみることができます。

同通信所にはミサイル防衛（MD）で「最前線の目」と位置づけられるXバンドレーダーと約一〇〇人の要員が配備されています。興味深いのはこの要員。直接指揮をとる軍人はわずか二〜三人にすぎず、残りはレーダーを開発したレイセオン社の技術者とXe社の武装警備員なのです。Xe社は退役軍人が創設した民間軍事会社です。

つまり、北朝鮮の長距離弾道ミサイルを二四時間にらみ続けるミサイル防衛システムのかなめが、レイセオンとXeという、れっきとした軍需産業によって運営されているということです。軍事の民営化もここに極まれりといった感じです。

結びつき深める自衛隊

アメリカによって生み出された自衛隊は「日米一体化」の言葉で表されるように、米軍と不可分の存在と言ってもかまわないでしょう。ということは、当然のごとく米軍を通して米軍需産業と深く結びついているわけです。

それは過去に航空自衛隊が装備してきた主力戦闘機をみれば一目瞭然です。F-86（ノースアメリカン）にはじまり、F-104（ロッキード）、F-4（マグダネルダグラス）、F-15（同）とすべてアメリカ製で、二〇一六年度から導入するステルス機F-35もロッキード・マーチンが開発主体です。

アメリカ製を装備し続ける理由について防衛省は「相互運用性」、つまりアメリカと同じ機体を使っていた方が便利だと説明します。しかし、アメリカ製だというだけで一機一〇〇億円もする高価な機体を買い続けることは、納税者への十分な説明になっていません。

そんなアメリカ製兵器にあふれた日本市場は欧州の軍需産業の目にはどう映るのでしょうか。ロッキード・マーチン社と激しく次期主力戦闘機の座を争ったBAEシステムズは、東奥日報社（本社・青森市）のインタビューに「チャレンジが難しい市場」（レイサム副社長）と率直に答えています。同社は前述のように、世界三位（二〇〇七年）の巨大軍事企業ですが、日米同盟を盾にしたアメリカの軍需産業にあっけなく寄り切られたのです。

現在、軍需産業がドル箱として力を入れている分野にミサイル防衛があります。この中でイージス艦が搭載する次世代型迎撃ミサイルSM-3ブロックⅡAは、レイセオンと三菱重工が共同開発中で、二〇一八年の配備開始を予定しています。

問題は、この最新型迎撃ミサイルを日米が第三国に輸出しようとしていることです。明らかに日本の武器輸出三原則に反する行為で、平和憲法の精神を踏みにじっています。

★―ロッキード・マーチン社が開発主体のF-35戦闘機

【軍事マフィア】

一般的に、平和時の軍需産業は仮想敵国の存在をことさら強調することで、国防予算を獲得するといわれます。それはシンクタンクの報告書やロビイスト活動を通しておこなわれますが、アメリカでその代表格といえば「アーミテージ・リポート」で知られるアーミテージ元国務副長官でしょう。

知日派のアーミテージ元国務副長官は二〇一二年、ハーバード大のナイ教授と共同で最新リポートを発表しました。その主な内容は、東シナ海で中国に対抗するため、自衛隊は米軍との装備の共通性を向上させる必要がある――と好戦的なものです。

「共通性を向上させる」とは新たなアメリカ製兵器を買うことです。その有力候補と目されているのが、ボーイング製の新型輸送機MV-22オスプレイです。そう、事故が続出することから「未亡人製造器」の異名を持つ、いわくつきの機体です。

アーミテージの報告書を「中国を仮想敵国としていたずらに緊張状態をあおりたて、軍需産業から武器弾薬を大量に売りつけようとする軍事マフィアのような行為」と評する研究者もいます。

（斉藤光政）

〔参考文献〕木村朗「軍需産業と軍産複合体」（NPJ通信、二〇一〇年）、東奥日報「日米中新時代」（二〇一二年）

Q38 現代日本の軍需産業について教えてください

A

アジア太平洋戦争に敗れていったんは解体された日本の軍需産業は、朝鮮戦争の「朝鮮特需」でよみがえり、その後、自衛隊の増強とともに肥大化してきました。二〇一四年四月一日、日本がこれまで国是としてきた「武器輸出三原則」が撤廃されたことで、日本の軍需産業は海外に大きく市場を広げることになります。

〔市場は年間二兆円規模〕

スウェーデンのシンクタンク、ストックホルム国際平和研究所（SIPRI）の世界の軍事費に関する報告書によれば、二〇一二年の日本の軍事費は、米国、中国、ロシア、英国に次ぐ世界第五位です（ただし、四位の英国とはほぼ同額）。

二〇一二年度の「防衛関係予算」は、四兆七一三八億円（東日本大震災の復旧、復興関係費は除く）で、そのうち約四四％が自衛隊員の給与などの「人件費・糧食費」に当てられ、残りの約五六％、二兆六四三七億円が装備品（兵器）の購入や整備・維持費、基地の整備・維持費、訓練費などの「物件費」に使われています。日本の軍需産業全体での自衛隊向け年間生産額はおよそ二兆円となっています。

防衛省が発注する総契約額の上位一〇社は、表のようになっています。「不動の一位」は三菱重工で、契約額は二四〇三億円と防衛省が発注した年間総契約額一兆五二八七億円の約一六％を占め、二位のNECを八〇〇億円近く引き離しています。一二年度に三菱重工が受注したのは、陸上自衛隊の一〇式戦車一三両、陸海空自衛隊のヘリコプター一一機、ミサイル防衛（MD）のペトリオット迎撃ミサイル、F-15戦闘機の改修などです。

戦車間のデータリンクシステムを搭載した最新鋭の一〇式

戦車は、神奈川県相模原市にある三菱重工の工場で組み立てられています。部品の多くは下請け企業が生産しており、たとえば火砲の部分は日本製鋼所、発煙弾発射装置は豊和工業が生産しています。三菱重工の下に、一次下請け約三〇〇社、二次下請け約一〇〇〇社と、合計一三〇〇社が戦車の生産にかかわっています。

表　防衛省からの受注額上位10社（2012年度）

区分／順位	受注企業	件数	金額（億円）	年間調達額に対する比率【%】
1	三菱重工業㈱	225	2,403	15.7%
2	日本電気㈱	246	1,632	10.7%
3	川崎重工業㈱	120	1,480	9.7%
4	三菱電機㈱	115	1,240	8.1%
5	㈱ディー・エス・エヌ	2	1,221	8.0%
6	ジャパンマリンユナイテッド㈱	3	740	4.8%
7	㈱東芝	73	503	3.3%
8	富士通㈱	111	300	2.0%
9	㈱IHI	31	277	1.8%
10	㈱小松製作所	31	267	1.7%

同様に、戦闘機の場合は約一二〇〇社、護衛艦は約二五〇〇社が生産にかかわっています。日本の軍需産業の裾野は、これらの下請け業者も含めると約一万社あると言われています。

〔米軍需産業の利権に左右〕

アジア太平洋戦争に敗れた日本は、ポツダム宣言にしたがい、すべての軍需産業は解体されました。日本で軍需産業が再興する契機となったのは、一九五〇年に勃発した朝鮮戦争でした。この戦争で、日本は戦争遂行に欠かせない「兵站基地」とされました。

まず最初は、土嚢《どのう》用麻袋や有刺鉄線、航空機の燃料タンクなどの軍需物資の生産および戦場で損傷した戦闘車両やトラックなどの再生修理にはじまり、やがて、対地攻撃用の爆弾や砲弾など完成兵器の生産も日本の民間企業に発注するようになりました。

朝鮮戦争勃発とともにGHQの指令によって警察予備隊が創設され、日本は「再軍備」への道を歩みはじめます。一九五一年に日米安保条約、五四年には日米相互防衛援助協定（MSA協定）が締結され、この年、陸・海・空三自衛隊が発足します。日本は、MSA協定にもとづき、米国から兵器供与や融資などの援助を受けるのと引き換えに、軍備増強を義務付けられます。こうしたなか、五二年には経団連に「防衛生産委員会」が発足し、五三年に艦艇、五四年から航空機の国内生産が再開されます。

七〇年には、防衛庁（当時）が「装備の自主的な開発および国産を推進する」と明記した「装備の生産・開発に関する基本方針」を決定します。

この時期、防衛庁は海上自衛隊の次期対潜哨戒機に国産機を採用する方針で、川崎重工が開発に着手していました。しかし、七二年、田中角栄内閣は突如として国産方針を白紙撤回し、ロッキード社のP-3Cの導入を強引にはかりました。のちに田中はロッキード社から多額の献金をもらっていたことが判明し、収賄罪の疑いで逮捕されますが、検察が追及したのは民間旅客機導入との関連だけで、P-3C導入との関連については解明されませんでした。

また、八〇年代にも、F-1支援戦闘機の後継機として三菱重工を中心とする純国産機の開発が検討されていましたが、「日米運命共同体」をうたう中曽根康弘内閣が、米側の圧力に押されて「日米共同開発」を決めました。共同開発に当たっては、米ジェネラル・ダイナミクス社のF-16をベースとすること、主翼・胴体に日本が誇る新素材による一体成型技術を用いることなどが決まりました。

しかし米側は、政府間で合意した後に、新戦闘機の〝頭脳〟となるF-16の「ソースコード」（コンピューターソフト）を一部「ブラックボックス」（技術の内容を非公開にしたまま供与すること）とするよう強硬に主張しました。強引に純国産の戦闘機開発を断念させて共同開発を押しつけ、一体成型複合材などの日本の最新技術は手に入れるいっぽう、「ソースコード」の技術移転には制限を課すという米側の態度には、自民党内からも「あまりに不平等」という不満の声があがります。

このように、自衛隊がこれまでに調達してきた戦闘機は、常に米軍需産業の利権に左右され、いずれも米国が開発したものを「ライセンス生産」するか、または「日米共同開発」したものとなっています。

「ライセンス生産」の場合、米国に比べて圧倒的に生産数が少ないのに加えて、日本企業の設備投資や利益のほかに米企業にライセンス料を支払わなければならないので、米国内での価格より格段に割高になります。たとえば、三菱重工が中心になってライセンス生産したF-15戦闘機は、米国では一機約四〇億円だったものを、日本では約一〇〇億円で調達していました。

〔武器輸出三原則の見直し〕

一九八九年に「東西冷戦」が終結すると、先進国の多くが軍事費の削減に踏み出します。日本でも、主要装備品等の契約額は九一年をピークに減少に転じます。

予算が増えないなかで、軍事技術のハイテク化で兵器の単価が上昇した結果、調達数量が大幅に減少しています。そのため、産業界からは「防衛産業の事業性が低下し、このままでは生産・技術基盤を維持できない」という声があがっています。

こうした中で、日本の軍需産業が活路を見出そうとしているのが、日本が国是としてきた「武器輸出三原則」の見直しです。

すでに中曽根内閣の時代（八三年）に、対米兵器技術供与については武器輸出三原則の適用外とすることが決められ、これまでに携行ＳＡＭ（地対空ミサイル）関連技術やＢＭＤ（弾道ミサイル防衛）共同開発関連の技術などが米国に提供されています。

二〇一三年三月には、米国を中心に九ヵ国が国際共同開発している最新鋭ステルス戦闘機F-35の製造に日本企業が参画することについても、武器輸出三原則の適用除外としました。

さらに、産業界は武器輸出「原則禁止」の方針を撤廃し、日本企業が兵器の国際共同開発・生産に参画できるよう政府に強く求めました。国際共同開発・生産に参画できるようになれば、これまで国内（自衛隊）と一部米国向けに限られていた市場が、大きく拡大するからです。

日本の軍需産業が米国はじめ他の先進国と大きく異なるのは、どの企業も「軍需専業」ではないという点です。世界で売上高第一位のロッキード・マーティン社の軍需依存度が九〇％を超えているのに比べ、日本では一位の三菱重工でも一〇％程度です。最大の要因は、「武器輸出三原則」で武器輸出が原則禁止とされてきたからです。

米国のアイゼンハワー元大統領は一九六一年の離任演説で、「軍産複合体が台頭し、破滅的な力をふるう可能性は、現に存在しているし、将来も存続し続けるであろう」と警告しました。

安倍晋三内閣は二〇一四年四月一日、これまで国是としてきた「武器輸出三原則」を廃止し、武器輸出を原則容認する「防衛装備移転三原則」を閣議決定しました。アイゼンハワーの警告は、今や日本にとっても無関係ではなくなりつつあります。

（布施祐仁）

〔参考文献〕朝日新聞経済部『ルポ軍需産業』（朝日新聞社、一九九一年）、週刊金曜日「国策防衛企業　三菱重工の正体」（週刊金曜日、二〇〇八年）

Q39 戦争とPTSDについて教えてください

A

「心的外傷後ストレス障がい」(Post Traumatic Stress Disorder ＝ PTSD）とは、「自分または他人の生命と危険を感じる精神的外傷体験による強い恐怖と無力感」と定義されています。戦争や災害、大事故、生命の危険性が高い身体疾患などに遭遇したあと、その体験がもとになって生活に支障が出る状態です。第一次世界大戦の際には「シェル・ショック」（砲弾ショック）、第二次世界大戦中の症状については「コンバット・ファティーグ」（戦闘疲労）と言われる戦争神経症の存在が認められていました。ところがベトナム戦争での精神神経症はそれまでの戦争で生じたものとは異なるものとされ、PTSDが一九八〇年に米国精神医学会で正式な診断名として認定されました。二四時間、敵がどこにいるかわからない緊張感にさらされた精神的ダメージ、大義のない戦争に加担して無抵抗な一般市民を殺害したという良心の呵責《かしゃく》・ストレスが、ベトナム戦争やイラク戦争での帰還兵のPTSDの主な原因と考えられています。

〔ベトナム戦争〕

アメリカ軍はおびただしい数のベトナム市民に対して虐殺、強姦、虐待行為をおこないましたが、そうした残虐行為がPTSDの生じる一因になりました。さらには、そうした残虐行為の実態がアメリカ社会で知られ、「赤ん坊殺し」「訓練された殺し屋」「社会のクズ」などとの厳しい批判と冷たい視線が帰還兵にむけられることで、帰還兵のPTSDはさらに深刻になりました。

五万八〇〇〇人の米兵の戦死者だけではなく、一五万人の自殺者、帰還兵全員の四〇～六〇％が恒常的な情緒適応障がいをもち、麻薬・アルコール依存症が五〇～七五％、帰還兵の失業率は四〇％、五〇万人のベトナム帰還兵が法的処罰により逮捕・投獄され、帰還兵全員の離婚率が九〇％といった実態が明らかにされています。

〔アフガン戦争、イラク戦争〕

イラク戦争でも多くのアメリカ帰還兵がPTSDにかかっています。二〇〇三年末のアメリカの医療雑誌によると、イラクに駐留している兵士の六人に一人が深刻な精神障がいを抱えているとされています。帰還兵の多くが重度の薬物やアルコール依存症におちいり、駐留中および帰還後の自殺率が上がっています。暴力的な対応、殺人や強姦に走るなどの帰還兵もいます。退役軍人病院に通って精神科の治療を受け、精神安定剤の処方を受けている人も少なくありません。

〔女性帰還兵の姿〕

女性帰還兵のPTSDも深刻です。ベトナム戦争時の女性の被害者は看護師であり、レイプ被害や重傷を負った兵士を目の当たりにしたことでPTSDにかかりました。イラク戦争のさいには女性も戦争の最前線に送られてPTSDにかかりました。アメリカ軍の六人に一人は女性兵士であり、イラク戦争には常時一万人以上の女性兵士が駐留していました。そしてイラクに派兵された女性兵士の三人に一人は母親であり、戦争から戻ってきた後、家庭での生活に困難をきたしていることが問題となっています。

〔自殺する自衛隊員〕

イラク戦争からの帰還兵とPTSDの問題はアメリカだけの問題ではありません。ほかならぬ日本にも存在します。たとえばイラクのサマワに派遣された陸自三佐は、帰国後にノイローゼになって自殺しました。彼は死の直前、「米軍に近づくな。殺される」と叫んでいたそうです。『中日新聞』二〇一二年九月二七日付によれば、イラクやアラブ海域に派兵された自衛隊員は二万一三八〇人、そのうち二三人が自殺しています。

もともと自衛隊は自殺者の多い組織ですが、イラクに派兵された自衛隊員の自殺率はそうした高い割合をかなり上回っています。

（飯島滋明）

〔参考文献〕高倉基也『母親は兵士になった　アメリカ社会の闇』（NHK出版、二〇一〇年）、白井洋子『もうひとつのアメリカ史　ベトナム戦争のアメリカ』（刀水書房、二〇〇六年）、三宅勝久『自衛隊員が死んでいく』（花伝社、二〇〇八年）

Q40 民間軍事会社について教えてください

A

民間軍事会社（Private Military Company＝PMC）とは、戦争と深く関連する専門的業務を売る営利組織です。軍事民間会社がおこなうのは戦闘だけではなく、戦略計画、情報収集、危険評価、作戦支援、教練、兵站《へいたん》といった幅広い業務です。こうした民間軍事会社が増加したのはいくつかの理由が考えられます。冷戦が終わり、各国は軍事費を削減して軍備を縮小させてきましたが、いっぽうで地域紛争が増加しました。地域紛争の当事国は高い技術を持つ民間軍事会社に依存するようになりました。また、一九九〇年代以降のアメリカでは、予算削減のためにさまざまな軍事活動を民間軍事会社に依存するようになりました。

〈軍事民間会社の活動例〉

たとえば旧ユーゴスラビアでのクロアチア人とセルビア人の紛争ですが、現地の民兵、警察、軍属からなる寄せ集めの素人軍隊しか持たないクロアチアおよびボスニア政府は当初、セルビア人勢力に連戦連敗でした。ところが一九九五年、クロアチア人は「嵐作戦」という奇襲作戦を実施しました。その攻撃のあり方はそれまでの素人的なあり方から一変したと軍事評論家は指摘しました。あるジャーナリストはこの攻撃を「明らかに米国陸軍の理論に則ったものだ」と指摘しました。セルビア人占領地区へのクロアチア軍による最初の渡河《とか》は「米国作戦教範とおりの渡河であった」と、攻撃を見ていたヨーロッパの将校たちは述べました。実はアメリカのバージニア州にある民間軍事会社ＭＰＲＩはクロアチア軍にアドバイスを与え、訓練を実施し、軍事訓練の策定支援をおこなっていたとされています。

★—GK シエラ社のコントラクター（アフガニスタン）

別の例を挙げましょう。アフリカ南西部にあるアンゴラの戦争では八〇社以上の企業が参加して、さまざまな軍事活動に従事しています。政府軍ですが、たとえばエグゼクティブ・アウトカムズ社は政府軍の訓練をおこない、また、同社の社員もアンゴラ軍の飛行機を飛ばして司令部に奇襲爆撃を実施しました。いっぽう、反乱軍のほうも民間軍事会社から訓練を受け、または砲兵部隊や戦車部隊の専門家の提供を受けています。

アフリカではほとんど全域で民間軍事会社が活動しています。ヨーロッパでも民間軍事会社があらゆるところで活動しています。イギリス軍も民間軍事会社の活動なくては成り立ちえないほどになっています。

たとえばイギリスで最新の原子力潜水艦の運用と整備を教えているのは民間会社です。アメリカでは一九九四年から二〇〇二年までに三〇〇〇以上の民間軍事会社と契約をしています。戦争のさいにもこうした民間軍事会社は活躍をしています。たとえばアフガニスタン戦争でも、無人偵察機グローバルホークを飛ばしていたのは民間軍事会社でした。「イラクの作戦は、民間の軍事支援がなければ維持できなかった」とも言われるほど、さまざまな分野で民間軍事会社の活動が見られました。二〇〇三年にアメリカがはじめたイラク戦争では、基地の建設、兵器の輸送、兵士の食事管理、兵站支援、図上演習と野外演習だけでなく、戦闘も民間企業に委託、外注されています。このように、民間軍事会社は世界のいたるところでの軍事活動にかかわっています。そうした軍事民間会社ですが、雇用する主体も正規の国家、尊敬されている多国籍企業、人道的なNGOだけではなく、残虐な独裁者、道徳的に腐敗した反乱者、麻薬カルテルにいたるまで、幅広くなっています。

〔民間軍事会社の問題〕

まず、「モラルの低下」があげられます。当初はエリート部隊出身の人材しか雇っていませんでしたが、民間軍事会社が増加するにつれて採用のレベルが下がり、モラルの低下が著しいと言われています。イラク戦争のさいの民間軍事会社社員による暴行・残虐事件が多発した背景には、こうしたモラルの低下が言われています。

次に問題なのは、「法律の適用」の問題です。たとえばイラク戦争での民間軍事要因は二万人ほどになり、二〇〇四年夏までには一五〇人の民間契約人員が殺害され、三〇〇人から四〇〇人が負傷したと推定されています。こうした民間軍事会社の犠牲者に対して、アメリカ政府は「国に責任はない」との態度を取ってきました。

また、イラクのアブグレイブでの虐待にも民間会社がかかわっていました。軍人がこうした虐待行為を行えば、「軍法会議」にかけられることになりますが、民間軍事会社の社員の場合、軍法会議にかけられるわけではなく、どのように法的責任を問われることになるのかも不明確な状況です。

（飯島滋明）

〔参考文献〕P・W・シンガー著、山崎淳訳『戦争請負会社』（NHK出版、二〇〇四年）

コラム4

山本五十六

山本《やまもと》五十六《いそろく》元帥のイメージは、どこかドイツのロンメル将軍とかさなって映ります。直観と決断力にあふれた作戦指揮。新戦法の創始と実践。ともに、生前から〈生ける伝説〉になっていました。そして悲運の最期をとげる、そこも共通点です。どちらも忠誠な軍人だったが、山本は「日独伊三国同盟」に職を賭して反対、ロンメルにはヒトラーより国軍将校の誇りに重きをおく剛直さがありました。両人とも戦場では指揮官先頭の範をしめし、死にあたって国葬（ロンメルは軍葬）をもって送られる。そのきっぱりした生き方と死にざまは、敗戦国民を慰める英雄にふさわしい。

山本の戦歴は「日露戦争」に始まります。少尉候補生として戦艦「日進《にっしん》」に乗艦、「日本海海戦」で左手の指二本を失う。それから四〇年後、南方戦線上空で機銃弾に胸を射抜かれ戦死するまで、その生涯は、帝国海軍の興隆を一身に体現するように歩みます。二度のアメリカ駐在ののち、「鉄砲屋」（砲術士官）から「航空屋」へ転身（霞ヶ浦航空隊副長、空母「赤城」艦長、航空本部長）、ここで山本は、将来、米海軍と戦うさいは「日本海海戦」の太平洋における再現でなく、空母機動艦隊の集中使用をもってする「エア・シー・バトル」になると確信したにちがいありません。山本の先見は、緒戦の「真珠湾攻撃」や「マレー沖海戦」（英艦二隻を航空攻撃によって撃沈した）で証明され、いまも米原子力空母艦隊に引き継がれています。

とはいえ、彼もまた時代の子でした。「鉄砲屋」の頑迷な成功体験を否定せず、「大和一隻で戦闘機三〇〇〇機がつくれる」と悲憤する航空士官たちに「あれは床の間の置物だ」と建造を擁護する不徹底さもありました。また「対米避戦」をとなえながら、開戦と決するや、米国民を「リメンバー・パールハーバー」に結束させる攻撃を敢行したのも、戦略的失着といえるでしょう。自身が開発に携わった「中攻」機上で戦死し、遺骨は大和型二番艦「武蔵」で故国に送還された——悲運はそこにもあります。

（前田哲男）

Q41

自爆テロはどのようにしておこなわれますか

A

爆弾を使って多くの人を殺傷し、自らの命も捨てる、いわゆる「自爆テロ」と呼ばれる事件は、いつ頃から起きているのでしょうか？　はじめて「自爆テロ」がおこなわれたのはレバノン内戦です。一九八三年、レバノンの首都ベイルートにあるアメリカ海兵隊の宿舎に、ヒズボラという民兵組織がトラックに爆弾を積んで突っ込みました。

しかし次第に狙われる側が警戒するようになり、近づくトラックは全部止めてチェックするようになりました。そこで今後は、一人ひとりが体に爆弾を巻きつけて市民に紛れ込み、バスの中で爆発させるという方法が取られました。最初は男性だけでしたが、二〇〇〇年代に入って子どもや女性の自爆も起きるようになりました。防ぐ側としては、手のうちようがないレベルにまで来てしまっています。

〈自爆テロ〉は比較的新しい手段

いずれにしても、「自爆テロ」ということに限れば一九八三年にはじまっているのですから、比較的新しい手段であることがわかります。それより以前の爆弾テロでは、六〇年代のアルジェリア独立戦争が有名です。しかしこのときは「自爆」ではなく、実行した人たちは生きて帰るという狙いでした。袋に爆弾を入れて、カフェなど人の集まる場所に爆弾を置いてくるのです。この方法は実行する側の犠牲が少ないので、世界各地でおこなわれてきました。

現在のイラクやアフガニスタンで、米軍や政府軍に対しておこなわれているテロも、自爆ではなく道の路肩に爆弾を仕掛けるものが主流です。それに対抗しようと、米軍は無人偵察機からミサイルを放って暗殺作戦を実行しています。しか

★—自爆攻撃で破壊されたNATOのダンプカー（2013年8月、アフガニスタン、Creative Commons）

し、これも見方によってはテロと言えるかもしれません。

ちなみに日本のメディアで「自爆テロ」と呼ばれる出来事は、欧米ではSuicide AttackもしくはSuicide Bombing（自殺攻撃）と表現されます。何を持って「テロ」と判断するかということ自体も、立場によって変わってくるということは知っておいた方が良いでしょう。

〔イスラム教と「自爆テロ」のつながり〕

よくイスラム教と「自爆テロ」が結びつけられますが、一三〇〇年以上の歴史をもつイスラム教は、およそ三〇年前にはじまった「自爆テロ」とは関係がありません。そう言うと「自爆テロを実行するのはほとんどがイスラム組織ではないか」と疑問を持つ人もいるかもしれません。しかし日々のニュースだけで判断するのではなく、なぜテロが起きるのかについて考えることが大切です。たいていの場合、「誰かを道連れに自分も死ぬ」という「自爆テロ」を実行する側は追いつめられていて、最後の抵抗の手段として自爆を選んでいます。一九六七年から長い間、軍事占領が続いているパレスチナなどはその典型です。

そのような社会、政治状況のもとで「自爆テロ」を実行する組織が、個人を自爆するよう仕向ける手段として、宗教を利用することはあります。そうした組織では、自爆は名誉なことであり、聖戦で死ねば天国に行けると教えています。

しかしそれはイスラム教本来の考え方ではありません。むしろイスラム教では、自殺を禁じています。またイスラム世界でも、自爆攻撃に反対する宗教家や識者は数多くいます。自爆を煽る人々は、過激な思想をもったごく一部の人たちであり、「イスラム教だから自爆する」という因果関係があるわけではないのです。

〔追いつめられた側の最後の抵抗〕

9・11テロ事件が起きたあと、「航空機を使った自爆攻撃」ということで、太平洋戦争中に日本軍がおこなった神風特攻隊と比較されることがありました。もちろん、戦時中であることや、民間人を標的にはしていないといったさまざまな違いがあり、一概に比較はできません。しかし、当時の日本軍が追いつめられていたということは確かです。これも、そもそも日本人が伝統的に自爆攻撃をしていたわけではなく、連戦連敗で追いつめられて、あのような戦法が採用されることになりました。その点においては共通していると言えるかもしれません。

（高橋真樹）

コラム5

石原莞爾

　日本が生んだ戦略家はだれか、と問われると、すぐに頭に浮かぶのが石原莞爾《いしわらかんじ》です。孫子やクラウゼヴィッツ、ジョミニにつらなる理論家を欠く日本で、（『帝国国防史論』を著《あらわ》した海軍の佐藤鉄太郎とともに）戦争の本質を論じつつ「戦略論」を物にした数少ない〝思想を持った軍人〟が石原です。『戦争史大観』（一九二九年初稿）、『世界最終戦論』（四〇年初版）、『国防論大綱』（四一年）など、軍務のかたわら書かれた主著は、ドイツ駐在時代の戦史研究と日蓮信仰をつうじえられた宗教的確信が合体した予言的な戦争論でした。日露戦争の勝利は僥倖《ぎょうこう》にすぎなかったと信じる石原は、「日本陸軍は未だにドイツ流の直訳を脱しきっていない」（「戦争史対艦由来記」）とし、ナポレオンの対英戦争をモデルに「最終戦争」――対ソ連戦を準決勝、対米戦が決勝戦――を構想します。論旨は明快かつ堅固で、現在に通用する部分もある。

　とはいえ、「国防トハ国策ノ防衛ナリ」に立つ石原にとって、対ソ戦に勝つには大陸に策源地をもとめざるを得ない。そこで「満洲だけは中国から切り離しても差支へない」と満洲領有を策し、関東軍参謀中佐だった三一年九月、謀略による「柳条湖事件」を画策し「満洲事変」の発頭人となります。これが〈パンドラの箱〉となりました。「五族協和」をかかげた新国家は、中国人の民族意識に点火したばかりでなく、軍部幕僚の下剋上の場、現地独走の口実、国際関係蔑視の風潮をも呼び起こします。石原の後任者たちは、〈つぎの満洲〉を追いながら蠢動します。参謀本部作戦部長に栄転した石原を待っていたのは「盧溝橋事件」、日中全面戦争の開始でした。流れを押しとどめる力はもうない。

　後半生は不遇でした。関東軍参謀副長に転じたものの、東条英機参謀長とことごとに対立し左遷、陸相となった東条により「日米開戦」の年、予備役に編入され軍を去ります。野にあっても活発な講演活動をつづけますが、「最終戦争」は、彼の構想とはまるでちがった方向に展開、日本を没落へとみちびきます。

（前田哲男）

Q42 有事のさい軍はどのように運用されるのですか

A

外国からの日本への武力攻撃、あるいは近隣諸国での紛争で日本にも武力攻撃の可能性の出る「有事」へ対処する法律としては「自衛隊法」のほかに、ガイドライン関連法案（周辺事態法、改正自衛隊法、改定日米物品役務相互提供協定は一九九九年、「船舶検査法」は二〇〇〇年）、二〇〇三年に制定・改正された「武力攻撃事態法」「改正自衛隊法」「改正安全保障会議設置法」などの「有事三法」、二〇〇四年に制定された、「国民保護法」「米軍行動円滑化法」「外国軍用品等海上輸送規正法」「特定公共施設利用法」「改正自衛隊法」「国際人道法違反行為処罰法」「捕虜取扱法」などの「有事関連七法」があります。

「有事」のさいにどのように自衛隊が運用されるかについて、「周辺事態法」や「武力攻撃事態法」を中心に紹介します。

〔周辺事態法〕

一九九九年に制定された「周辺事態法」では、「そのまま放置すれば我が国に対する直接の武力攻撃に至るおそれのある事態等我が国周辺の地域における我が国の平和及び安全に重要な影響を与える事態」が「周辺事態」とされます（一条）。そして「後方地域支援活動」や「後方地域捜索救助活動」などを実施するために必要な「対応措置」を定めます（二条）。対応措置の実施にさいして、自治体の長に対して「その権限の行使について必要な協力を求めることができる」（法九条一項）、民間人に対しても「必要な協力を依頼することができる」（九条二項）とされています。ここで想定されている自治体の協力とは、たとえば都道府県などが管理する港湾や空港、病院などの提供です。

また、民間人への協力としては、たとえば医師や看護師、港湾労働者などの協力が求められます。「周辺事態法」での協力は法的拘束力はありませんが、事実上は断れない状況に置かれる可能性もあります。湾岸戦争のさいにもアメリカから「中東医療派遣団」の要求があり、約五〇人が派遣されました。一九九四年の朝鮮半島危機のさい、米韓軍は五〇万人の死傷者を想定していました。万一、朝鮮半島で戦争でもはじまれば、日本からは湾岸戦争の時以上の医療関係者が派遣され、または数万人の死傷者が日本に搬送され、数万のベットの確保や医療関係者の対応が求められるかもしれません。

〔武力攻撃予測事態と武力攻撃事態について〕

次に、二〇〇三年の小泉内閣の時に成立した武力攻撃事態法での「武力攻撃予測事態」と「武力攻撃事態」のさいの対応について紹介します。

「武力攻撃事態法」では、「武力攻撃には至っていないが、時代が緊迫し、武力攻撃が予想されるに至った事態」が「武力攻撃予測事態」（法二条三号）、「武力攻撃が発生した事態又は武力攻撃が発生する明白な危険が切迫していると認められるに至った事態」が「武力攻撃事態」（法二条二号）とされています。

「武力攻撃予測事態」にさいしては、防衛大臣は内閣総理大臣の承認をえて、自衛隊の一部または全部に「出動待機命令」を出すことができ（自衛隊法七七条）、自衛隊の部隊を展開させることが見込まれ、防備をあらかじめ強化しておく必要があると認められる「展開予定地域」に「防御施設」の構築を命じることができます（自衛隊法七七条の二）。

自衛隊の部隊等の任務遂行に必要な場合、防衛大臣の要請にもとづいて都道府県知事は「展開予定地域」の土地を利用することができ（自衛隊法一〇三条の二第一項）、立木等の移転、処分をすることができます（自衛隊法一〇三条の二第二項）。

つぎに「武力攻撃事態」ですが、「わが国を防衛するために必要があると認められる場合」、内閣総理大臣は自衛隊の全部または一部に出動を命じることができます（「防衛出動」自衛隊法七六条）。「防衛出動」が命じられたさい、防衛大臣などの要請を受けた都道府県知事は「病院、診療所、その他政令で定める施設」を管理し、「土地、家屋もしくは物資」を使用し、さらには「物資の生産、集荷、販売、配給、保管若しくは郵送を業とする者にたいしてその取り扱う物資の保管を命じ、又はこれらの物資を収用すること」ができます（「物資保管命令」自衛隊法一〇三条一項）。さらには当該地域内にある医療、土木建築工事又は輸送を業とする者」に対して「業務従事命令」を出すことができます（自衛隊法一〇三条二項）。医師会などの反対により、「業務従事命令」に対して「罰則」を設けることは小泉内閣の下でも見送られましたが、「物資保管命令」の違反に対しては罰則がつけられました（自衛隊法一二五条）。

さらには電気通信設備等の利用に関して、防衛大臣は総務大臣に要求をすることができます（自衛隊法一〇四条）。

〈国家総動員体制の確立〉

さらに話を進めます。「武力攻撃事態」や「武力攻撃予測事態」などの「武力攻撃事態等」（武力攻撃事態法一条）が生じたら、自治体や「指定公共機関」は国や他の自治体、その他の機関と「相互に協力し武力攻撃事態等への対処に関し、必要な措置を実施する責務を有する」（自治体は五条、指定公共機関は六条）とされています。国民も「必要な協力をするように努めるものとする」とされています（八条）。こうして、武力攻撃事態等にさいして政府が策定する「対処基本方針」にもとづく「対処処置」への協力が法で明記されています。ただ、武力攻撃事態法での協力義務が「周辺事態法」で自治体や国民に関して明記されていた責務と異なるのは、「武力攻撃事態法」での責務には法的に強制力がともなうところです。内閣総理大臣は、「対処措置」を的確かつ迅速に実施するため、自治体や「指定公共機関」と「総合調整」を行うことができます（武力攻撃事態法一四条一項）。そして、総合調整にもとづく対処措置が実施されない時には、関係する自治体の長などに対して「当該対処措置を実施すべきこと」を指示し（同法一五条一項）、さらには自治体または指定公共機関が実施すべき当該対処措置を実施し、または実施させること、いわゆる「代執行」を行うことも可能になります（同法一五条二項）。

なお、他の有事関連法では、さらに細かく「国家総動員体制」のしくみが定められています。たとえば「武力攻撃事態等」のさいの「特定公共施設」等の利用について定めている「特定公共施設利用法」。この法律では、「対策本部長」（武力攻撃事態法一一条一項では内閣総理大臣）が「港湾施設、飛行場施設、道路、海域、空域、電波」等の「特定公共施設等」の利用に関する指針（「利用指針」）を定めることになっています。「港湾施設」と「飛行場施設」に関し、「対策本部長」はその全部または一部を特定の者（ここでいう「特定の者」には米軍が含まれるとの国会答弁がなされています）に優先的に利用させるよう要請することができ、「対策本部長」の要請にもとづく利用が確保されない場合、「港湾施設」や「飛行場施設」の管理者に「指示」をおこない、最終的には首相は国土交通大臣を指揮し、「港湾施設」と「飛行場施設」の利用にかかわる許可の取消や、停泊中の船舶、飛行機の移動を命じさせることができます（九条）。「海域」について海上保安庁長官は特定の海域の範囲または期間を定めて航行できる船舶や時間を制限することができ（一四条）、「空域」について国土交通大臣は飛行禁止区域を設定するなどの措置を実施でき（一六条）、さらに「電波」についても総務大臣は特定の無線通信を行う無線局に対し、免許条件の変更などを行うことができます（一八条）。

〔有事のさいの法制度の特徴について〕

戦争遂行を容易にさせた一因が、天皇を中心とする徹底的な中央集権体制であったことへの反省として、日本国憲法では「地方自治」に手厚い保障がなされています。平和主義の観点からも、自治体の権限を強化することは中央政府の戦争遂行を阻止することになります。そして、港湾管理権が自治体に認められているのは、戦前の反省を踏まえて、政府が一元的に港湾等を管理することによって戦争をはじめることに対する足枷《あしかせ》をはめたものです。

また、個人を国家目的、戦争遂行の手段としてしか扱わなかった敗戦までの日本の社会のあり方と決別するため、日本国憲法では「すべて国民は、個人として尊重される。生命、自由及び幸福追求に対する国民の権利については、公共の福祉に反しない限り、立法その他の国政の上で、最大の尊重を必要とする」（憲法一三条）と「個人の尊厳」が保障されています。「徴兵」や「徴用」のような制度を否定するためにも、「何人も、いかなる奴隷的拘束も受けない。又、犯罪に因る処罰の場合を除いては、その意に反する苦役に服させられない」（憲法一八条）と定められています。

いっぽう、今まで紹介したように、有事に関係する法体系では、政府へ権力が集中され、自治体、指定公共機関、国民などを法律上、強制的に政府に協力させることが可能なしくみになっています。

（飯島滋明）

Q43 PKOの実態について説明してください

A

世界各地の紛争が一段落したところで国連が紛争当事者の間に割って入り、仲裁《ちゅうさい》して平和をもたらすことが目的の国連平和維持活動（Peacekeeping Operations＝PKO）。最近では「国づくり」まで手がける幅色い国際貢献活動になっています。日本は一九九二年に国連平和維持活動（PKO）協力法を定め、PKOに参加できるようになりました。自衛隊ばかりでなく、官僚や民間人といった文民も参加できるのですが、専守防衛のはずの自衛隊が海外に出て行くのですから、注目されるのはやはり自衛隊となります。

【PKOって何?】

ＰＫＯとは国連平和維持活動のことです。紛争が発生していた地域において、その紛争当事者の停戦合意が成立したあとに、国際連合が安全保障理事会や総会の決議にもとづき、各国から軍隊を集め、紛争当事者の間に立って停戦や軍の撤退を監視することでふたたび紛争が発生することを防ぐ活動のことです。

冷戦後は、宗教対立や民族対立にもとづく内戦や紛争が増大し、国連が紛争解決に果たしてきた役割が見直されるにつれて、ＰＫＯの任務も多様化しました。伝統的な任務に加え、選挙の実施、文民警察の派遣、人権擁護、難民支援から行政事務の遂行、復興開発まで多くの分野での活動を任務とするＰＫＯが設立されています。

国連憲章上、明文規定はなく、六章「紛争の平和的解決」、七章「平和に対する脅威、平和の破壊及び侵略行為に関する行動」の中間に位置づけられることから、「六章半の活動」（第二代国連事務総長ダグ・ハマーショルド）とされています。

最近は現地の住民らを保護するため、やむをえない場合、軍事力を行使できるとした七章型のＰＫＯが増えています。

一九四八年、最初のＰＫＯである国連休戦監視機構（ＵＮＴＳＯ）が設立され、二〇一四年一月現在、世界において一六のＰＫＯが展開しています。八八年にはノーベル平和賞が授与されました。

〔日本の参加〕

日本では湾岸戦争後の九一年、ペルシャ湾の機雷を除去するため海上自衛隊の掃海艇《そうかいてい》部隊が現地へ派遣され、自衛隊の海外活動が開始されたのをきっかけに九二年、国際連合平和維持活動協力法が制定され、ＰＫＯ参加が本格化しました。

ただ、陸上自衛隊を国連カンボジア暫定機構（ＵＮＴＡＣ）へ派遣する活動が前提になっていたため、旧日本軍によるアジアでの戦争を連想させ、戦争放棄を定めた日本国憲法に反するとして当時の社会党が強く反対。参議院では夜を徹した牛歩《ぎゅうほ》投票をおこなってまで、法案成立に抵抗しました。

いっぽう、政府は憲法九条との整合性をとるため、以下の参加五原則を制定し、自衛隊による武力行使に至ることがないようにしました。

一．紛争当事者の間で停戦合意が成立していること。

二．当該平和維持隊が活動する地域の属する国を含む紛争当事者が当該平和維持隊の活動及び当該平和維持隊への我が国の参加に同意していること。

三．当該平和維持隊が特定の紛争当事者に偏ることなく、中立的立場を厳守すること。

四．上記の基本方針のいずれかが満たされない状況が生じた場合には、我が国から参加した部隊は、撤収することが出来ること。

五．武器の使用は、要員の生命等の防護のために必要な最小限のものに限られること。

ＵＮＴＡＣへは陸上自衛隊の六〇〇人の施設部隊が九二年九月から翌年四月まで約半年間派遣され、カンボジア南部のタケオに宿営地を設け、道路や橋を補修しました。停戦監視分野に八人の陸自幹部が派遣され、各国の軍人とともに混成チームを編成し、非武装で停戦批判を監視しました。

文民警察分野には七五人の警察官が派遣され、現地警察への助言、指導をおこなったが、九三年五月、襲撃事件により高田春行警視が殉職しました。選挙監視分野には公務員や民間人の四一人が参加、九三年五月にあった憲法制定議会選挙の公正な執行の監視しました。

自衛隊の武器は小銃・拳銃のみで、その使用は隊員個人が判断し、自己を守るためか、自己とともにある隊員を守るために限定され、発砲が認められるのは正当防衛・緊急避難の場合だけとされました。しかし、憲法制定議会選挙が近づくと日本国内で「選挙監視員を守るべきだ」との世論が強まり、陸上自衛隊は修理した道路や橋の状況を見回る情報収集名目で日本人選挙監視員の安否確認のためのパトロールを実施しました。

東京にある陸上自衛隊の幕僚《ばくりょう》組織である陸上幕僚監部は万一、選挙監視員が襲撃された場合、駆けつけた隊員が撃ち合いの場に飛び込み、襲撃された当事者となることで正当防衛を理由に武器使用する手法を考案し、実施を口頭で命じました。

幸い選挙監視員が襲撃されることもなく、選挙は無事終わりました。日本政府はカンボジアPKOを「成功」ととらえ、PKO参加を本格化しました。これまで参加したPKOは部隊派遣、個人派遣にあたる停戦監視団などを含め、二七回に及んでいます。

武器使用基準は、陸上自衛隊から「個人の判断ではやりにくい」との声があがり、九八年に「上官の命令によること」とPKO協力法が改定されました。しかし、上官の命令を受けた部隊が発砲し、相手が軍隊または軍隊に準じた組織であった場合、海外における武力行使となり、憲法の規定から逸脱するおそれが出てきました。

二〇〇一年の法改定では自己の管理下に入った者や武器を守るため武器使用が認められるようになり、武器使用基準は拡大しました。PKO協力法の制定以来、凍結されていた平和維持軍（Peace Keeping Force＝PKF）への参加も凍結解除され、武装解除の監視、緩衝地帯の駐留・巡回といったより危険な分野への派遣も可能になりました。しかし、政府はPKFの後方支援にあたる輸送、建設への参加にとどめています。

これは派遣要員の多い順にパキスタン、バングラデシュ、インド、エチオピア、ナイジェリアであることから分かる通り、国連から支払われる日当が外貨獲得の手段になっている発展途上国の列に日本のような先進国が割り込むことに抵抗があるためです。また東ティモールのPKOから現地に持ち込んだブルドーザーやパワーショベルなどの重機を提供し、オペレーターまで養成する「日本モデル」が国連や派遣先国から高い評価を受けていることもあります。

〔自衛隊PKOの特徴〕

こうしたPKOのほか、イラク特別措置法にもとづくイラクでの活動などが実績となり、二〇〇六年十二月、防衛庁の防衛省への昇格とともに国際平和協力業務が国防に次ぐ本来任務に格上げされました。そして、〇七年三月には海外派遣

★—南スーダンで活動する陸上自衛隊 PKO 部隊（筆者撮影）

の司令部として陸上自衛隊に中央即応集団が新規編成され、直轄部隊として宇都宮駐屯地に中央即応連隊が誕生しました。これにより、PKOの派遣決定から三カ月ほどかかっていた先遣隊の派遣がわずか一週間に短縮されました。

現在、自衛隊のPKOはアフリカ中部の国連南スーダン・ミッション（UNMISS）一カ所のみで、隊員四〇〇人が道路や施設の建設に従事しています。南スーダンでの活動の特徴は、現地支援調整所という名称の陸上自衛隊員による外交活動が行われていることです。これまでPKOは司令部の要請に応えて活動内容を決めていましたが、南スーダンでは現地支援調整所が南スーダン政府や国連機関、日本の国際協力機構（JICA）や非政府組織（NGO）からの要望を聞き取り、PKO司令部と調整して自発的に活動内容を決めています。自衛隊のPKOが日本政府の外交手段として位置づけられるようになったといえるでしょう。

中米ハイチでのPKOでは従軍慰安婦問題や領土問題で対立する韓国の軍隊と連携して施設復旧にあたりました。自衛隊と外国軍との信頼醸成にも、一役買っているのが自衛隊のPKOなのです。

（平田　滋）

〔参考資料〕内閣府国連平和協力本部事務局のホームページより

Q44 米国は本当に日本を守ってくれるのですか

A

日本と米国の間には「日米安全保障条約」があり、米国には日本防衛の義務があります（第五条）。さらに日米ガイドラインで日本有事の際、日本と米国の役割分担が決まっています。だから、米国は日本を守ってくるのは間違いありません。しかし、無条件ではありません。具体的な決まりをみていきましょう。

〔日米の取り決め〕

日本と米国との間には、一九六〇年一月一九日に署名され、六月二三日に発効した「日本国とアメリカ合衆国との間の相互協力及び安全保障条約」（日米安保条約）があります。旧日米安保条約（一九五一年九月八日調印、五二年四月二八日発効）の「日本国とアメリカ合衆国との間の安全保障条約」を改定したものです。

日米安保条約の第五条は「日本国の施政の下にある領域における、いずれか一方に対する武力攻撃」に対し、「共通の危険に対処するよう行動する」としており、日本の領土や在日米軍基地への武力攻撃が発生した場合、両国が共同して防衛に当たることを規定しています。これは米軍による日本防衛義務と呼ばれています。

しかし、日本は憲法九条により、集団的自衛権の行使が禁止されているため、アメリカの領域が攻撃された場合、自衛隊はアメリカを防衛をすることができません。それでは片務的なので、第六条で「日本の安全と極東の平和、安全の維持に寄与するため、米国の軍隊が日本の施設・区域を使用できる」と定め、日本は米軍への基地提供義務があるとしています。第五条と第六条が相見合いとなって、日米双方の負担はバランスがとれているのです。

安倍晋三首相は憲法解釈を変えて集団的自衛権行使を容認

★―米国で行われた日米共同訓練（統合幕僚監部提供）

しようとしています。日本が米国を守れるようにしようというのです。すると第五条、第六条の変更が必要になるはずですが、首相は日米安保条約の改定に踏み込もうとはしていません。条約のバランスが著しく崩れるのですが、ここでは、この問題には触れません。

また第六条にもとづき、駐留米軍の地位を規律する日米地位協定が定められ、米兵やその家族は、出入国手続きや租税の免除、刑事裁判権の緩和など数々の特権が認められていますが、この問題にも触れないことにします。

防衛省は、日米安保条約について「第五条において、わが国への武力攻撃があった場合、日米両国が共同対処を行うことを定めています。この米国の日本防衛義務により、わが国への武力攻撃は、自衛隊のみならず、米国の有する強大な軍事力とも直接対決することとなり、侵略には相当の犠牲を覚悟しなければなりません。このため、相手国は侵略を躊躇《ちゅうちょ》せざるを得ず、侵略は未然に防止されます」と解説しています（『平成二五年版防衛白書』）。

未然防止に失敗し、日本が侵略を受けた場合は、「日本に対する武力攻撃に際しては、日本が主体となって防勢作戦を行い、米国がこれを補完・支援する」（一九九七年九月二十三日、『日米防衛協力のための指針（日米ガイドライン）』）とされ、日米の役割分担を明確化しています。

これらの規定をみると、アメリカが日本を守るのは当然のようにみえます。しかし、アメリカにはベトナム戦争が泥沼化した反省から、連邦議会が戦争参加の可否を決める戦争権限法がつくられ、米軍の最高指揮官である米大統領も米議会の承認を抜きに戦争に踏み切ることはできないのです。この規定から、日米安保条約は自動発動ではないとの解釈が成り立ちます。

〔米国の事情〕

中国との間で収まる気配のない尖閣《せんかく》諸島問題。アメリカは尖閣を守ってくれるでしょうか。米政府は尖閣諸島を日米安保条約第五条の適用範囲と認め、これに対する攻撃があれば日本側に立つという姿勢を明らかにすると同時に、主権に対しては日中いずれか一方の立場を支持しないという中立の立場をとっています。これは主権中立と呼ばれる米政府の方針です。

中国の尖閣諸島に対する武力攻撃に対し、アメリカは直ちにもしくは自動的に日本側にたって武力行使することはありえないと考えなければなりません。こと尖閣諸島の問題については、日本は自らの覚悟で行動することが重要になります。

（半田　滋）

〔参考文献〕東郷和彦『歴史認識を問い直す』（角川ｏｎｅテーマ21、二〇一三年）

コラム6

シールズとは何者か

「世界で最も神秘的で、最も強い精鋭部隊」。それが米海軍特殊部隊SEALS（シールズ）の通り名です。

どちらかといえば、同じ特殊部隊でもベトナム戦争で存在感を示した陸軍のグリーンベレーや、対テロ作戦で名を上げたデルタフォースの陰に隠れがちでしたが、二〇一一年五月のビン・ラディン殺害作戦で一気に知名度がアップした感があります。

SEALSの名称はSEA（海）、AIR（空）、LAND（陸）の頭文字からとられており、その名の通り、陸海空のどこからでも潜入し、偵察、襲撃、破壊工作、後方攪乱などの特殊任務にあたるスーパーマン的存在です。

スーパーマンだけに隊員になるのは至難の業で、水中爆破など過酷な訓練を耐え抜き、しかも優秀な成績を収めた一部の志願者だけが部隊バッヂを手にすることができます。合格率はわずか二〇％以下と狭き門です。

残念ながら、特殊部隊の宿命上その詳細は謎につつまれていますが、八つのチームにわかれ、総数は二五〇〇人程度とみられています。ビン・ラディン殺害作戦を実行したのは、この中でもチーム6から発展した「DEVGRU（デブグルー、海軍特殊戦開発グループ）」と呼ばれる対テロ特殊チームで、CIAの〝実行部隊〟ともいわれるエリート集団です。

ビン・ラディンを発見し射殺した二人の隊員（作戦参加人数は一五～二五人）は米誌のインタビューや著書の中で、ビン・ラディンが丸腰で無抵抗だった旨を告白しています。米政府は抵抗しようとしたため殺害したと発表していますが、どうやら事実は違うようで、身柄拘束ではなく最初から殺害が目的だったようです。

作戦から三カ月後、二〇人以上のDEVGRU隊員を乗せたヘリコプターがアフガニスタンでロケット弾攻撃を受けて墜落し、多くが死亡しました。これはビン・ラディン殺害に対するタリバンの報復とみられています。SEALSとタリバンの戦いは今なお静かに続いているのです。

（斉藤光政）

Q45 中国の軍事力について教えてください

A

中国の軍事力ですが、「公表国防費の名目上の規模は、過去一〇年間で約四倍、過去二五年間で三三倍以上の規模」となっており、「引き続き速いペースで増加しています」と『防衛白書平成二五年版』三三頁では指摘されています。そして『防衛白書平成二五年版』四頁では、米国防省公表資料、『ミリタリーバランス（二〇一三）』などを参照して、中国は陸上兵力一六〇万人、海兵隊一万人、艦艇九七〇隻で一四六・九万トン、作戦機二五八〇機を有するとしています。参考までに、日本は陸上兵力一四万人、艦艇一四一隻で四五・二万トン、作戦機四一〇機です。

〔中国の軍事の透明性について〕

もっとも、中国が公表した軍事費や装備に関しては、『防衛白書平成二五年版』三二頁では、「中国は、従来から、具体的な装備の保有状況、調達目標および調達実績、主要な部隊の編成や配備、軍の主要な運用や訓練実績、国防予算の内訳の詳細などについて明らかにしていない。また、軍事力の近代化の具体的な将来像は明確にされておらず、軍事や安全保障に関する意思決定プロセスの透明性も十分確保されていない」として、正確さや透明性に対して疑問が出されています。

〔中国と日本の軍事力について〕

中国の作戦機は約二五八〇機、第四世代戦闘機が六七三機もあるのに対して、日本の作戦機はあわせて四一〇機しかないなどの状況をみると、兵器の差が圧倒的で日本では太刀打ちできないのではないかと考える人も少なくないかもしれません。しかし、現代の戦争では、兵器の性能や兵士の訓練の精度などが勝敗の優劣を分けます。たとえば一九八二年のレバノン紛争のさい、イスラエル軍のF-15とF-16はレバノン上空でシリア軍のミグ21とミグ23の部隊と空中戦をおこないました。第二次世界大戦以来といわれる大規模な空中戦でしたが、シリア軍のミグ21とミグ23は八〇機以上撃墜されたのに対して、イスラエル軍のF-15とF-16は一機も撃ち落されていません。このように、現代の戦争で勝敗を分けるのは兵器の性能や、兵士の訓練の度合いによります。

　日本の航空自衛隊は、性能が古いとはいえF-15を二〇二機有しています。さらにはF-16をモデルにしたF-2も九四機有しています。こうした兵器の性能や訓練精度を考慮して、軍事増強が著しい将来はともかく、現在では日本の自衛隊の方が戦闘力で勝っていると多くの軍事問題の専門家は分析します。たとえば田母神俊雄元航空幕僚長は「尖閣をめぐって不測の事態が発生し、日中が軍事衝突したら、自衛隊が負けるのではないかと不安に思っている人はいませんか？　心配は御無用です。日米安保で米軍が出動すれば中国軍に勝ち目はなく、たとえ米軍が出てこなくても、自衛隊単独で撃退できます。……政府が命令すれば、自衛隊は見事に中国軍を撃退して見せます。……今のところはまだ日本を支配するほどの軍事力は持っていません。軍事バランスがひっくり返るほど大きく動くには少なくとも一〇年以上の時間を要します」と述べています（田母神俊雄『真の自立した国家へ　いつまでもアメリカをアテにするな！』〈海竜社、二〇一三年〉一六一―一六二頁）。

　いっぽう、「日本国内では軍事的に中国に勝つという議論が横行している」が、「自衛隊と中国軍の比較で日本が長期的に優位に立てるシナリオはない」とする見解もあります。たとえば孫崎享は、「二〇一〇年一一月四日付『ワシントン・ポスト』は、「中国のミサイルは米軍基地を破壊できる」の標題で「八〇の中・短弾道弾、三五〇のクルーズ・ミサイル

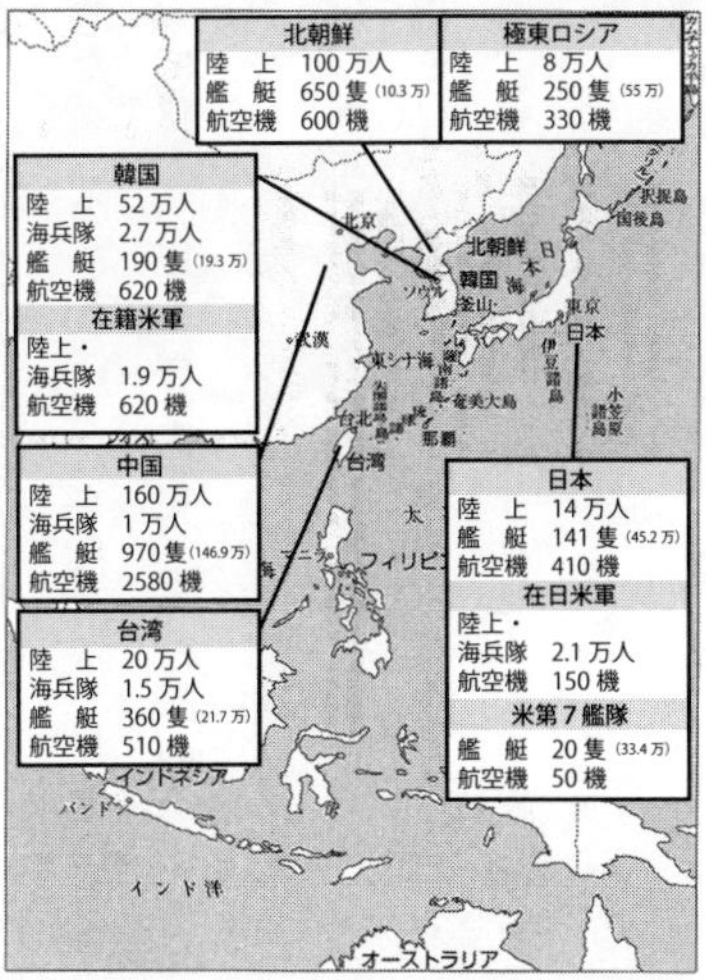

★―東アジアの主な軍事力（米国防総省資料、『ミリタリーバランス（2013）』より作成。（　）内は総トン数を示す。

で在日米軍基地（嘉手納、横田、三沢）を破壊できる」と報じた。このことは、航空自衛隊の基地にも該当する。……日本で日中の軍事紛争が起こった際の優劣を見るときに論じられているのは、現時点での海軍力のみである。戦闘が起これば、海軍対海軍で終わらない。空軍が出る。ミサイル部隊が出る。その際に日本に勝ち目は全くない」と分析しています（孫崎享「尖閣諸島にどう対処すべきか」孫崎享・木村朗編『終わらない〈占領〉』（法律文化社、二〇一三年）二〇五-二〇六頁）。

〔サイバー攻撃について〕

中国の兵器について近代的でないと評価するものでも、「サイバー部隊の能力は世界有数だ」との評価もあります。サイバー攻撃がなされれば、「敵国の通信回路は不通となり、戦闘機にしろ艦艇にしろ運行が不能となる」、「民間の通信網も遮断され、信号麻痺による交通網の遮断、原子力発電所の暴走さえ予測される」のであり、こうした事態になれば、「中国のサイバー攻撃には日米も打つ手なし！」（軍事力調査研究会『いま知りたい学びたい　日本と周辺国の国防と軍事』（日本文芸社、二〇一三年）三二-三三頁）。

★―中国の空母遼寧

〔そもそも中国は脅威か〕

そもそも中国を「脅威」と考えて対応することが適切かどうかも問題にされる必要があるかもしれません。確かに最近でも、尖閣諸島をめぐる中国の対応、中国海軍艦艇から海上自衛隊護衛艦に対する「火器管制レーダー」の照射（二〇一三年一月）、中国による「防空識別圏」の設定（二〇一三年一一月）など、一歩間違えば武力衝突に発展しかねない事態が存在するのも確かです。こうした状態を踏まえ、「平和、安全および独立は、願望するだけでは確保できない。また、国際社会の現実をみれば、外交努力など非軍事的手段による努力だけでは、必ずしも外部からの侵略を未然に防ぐこともできず、万が一侵略を受けた場合にこれを排除することもできない」（『防衛白書平成二五年版』一〇〇頁）として、軍事力による強化を唱える立場もあります。

実際、第二次安倍自公政権は中国などの状況を前提にして、二〇一三年度には一一年ぶりに軍事費を増強しました。島嶼防衛のための水陸両用車、尖閣空域監視用の早期警戒管制機、無人偵察機グローバルホーク、そしてオスプレイなど、中国を意識した装備の増強も進められています。二〇一三年一二月に出された「国家安全保障戦略」や新「防衛大綱」でも「中国の脅威」が強調されています。

いっぽう、「中国の脅威」を強調して軍事力を強化しようとする政治やメディアに対して、たとえば河野洋平（元衆議院議長）は以下のように述べます。「『中国脅威論』に自分流の解釈を加えて、防衛費を増やすべきだとか、南西諸島への自衛隊配備や在日米軍基地は重要だと主張することに利用する向きもあります。

ある軍事的存在が脅威かどうかは外交政策上の問題であり、信頼関係や友好関係があるかどうかに左右されます。中国の核兵器や空母が脅威だとするいっぽうで、アメリカの核や空母を脅威だと認識しないのは、日米間の外交上の緊密な関係があるからです。日中関係にも緊密な関係が築けなければ脅威論や恐怖心を煽るようなことにはならないと思います」（雑誌『世界』二〇一二年一〇月号）。

実際、日本と中国の貿易高もアメリカを超えてトップとなっているなど、日中関係が密接につながっている状況で、「中国の脅威」を想定して軍事を増強する政策が適切でしょうか。「旧ソ連には、日本のみの侵攻計画は全くなかった」と冷戦後のロシア・コズイレフ外相が述べたことを竹岡勝美は紹介していますが、一九八〇年代には中曽根自民党政権や一部のメディアは「ソ連の脅威」を強調し、軍備を増大させる口実にしました。最近の日本政府や一部のメディアが同様のことを「中国の脅威」をあおる事でしていないかどうかも冷静に判断する必要があるかもしれません。（飯島滋明）

Q46 日本へのミサイルを防御できますか

A できません。日本にはミサイル防衛（MD）システムがありますが、一〇〇%の迎撃は不可能です。MDを持つ意味は、日本には迎撃手段があるからミサイル攻撃しても効果が得られるとは限らない、だから撃たないでおこうと、攻撃を計画する相手国が考えることを期待する拒否的抑止のシンボルに過ぎないのです。具体的にみていきましょう。

〈ミサイル防衛と弾道ミサイルは盾と矛〉

日本のMDはアメリカ製です。二〇〇二年、ブッシュ米政権がMDの初期配備を発表すると後を追うように日本では翌〇三年、安全保障会議と閣議でMD配備を決定しました。飛来する弾道ミサイルを海上のイージス護衛艦の洋上配備型迎《げい》撃《げき》ミサイル「SM3」で迎撃し、撃ち漏らしたら地上配備型迎撃ミサイル「PAC3」で対応する二段階方式を採用しています。

MD対応できるイージス護衛艦はこんごう型が四隻あり、将来はあたご型の二隻もMD対応できるよう改修します。PAC3は原型となるパトリオット・ミサイルを装備した航空自衛隊の六個高射群のうち、千歳《ちとせ》、狭山《さやま》、各務原《かがみはら》、春日《かすが》、那覇《なは》（一部）に置かれていますが、三沢には配備されていません。

PAC3を搭載した発射機は合計三二機あります。迎撃するには別々の発射機から時間差で一発ずつ二発発射する必要があるので、二機を並べて使います。したがって全国で守れるのは一六地点となります。

防衛省は政治経済の中枢である首都東京を防衛するのに六機の発射機を配備することにしているため、残り二六機で守れる地域は一三カ所。防御できるのは直径約五〇キロの範囲ですから、日本列島の大半は無防備ということになります。

在日米軍が沖縄の嘉手納《かでな》基地を守るのに二四機の発射機を配備しているのと比べても圧倒的に手薄。日本のMDシステムは、穴だらけの破れ傘のようです。

これでは意味がないのでは、との疑問に対し、防衛省は①基本的にSM3で迎撃できる、②PAC3は移動式なので空白地帯に持っていって防御できる、との見解を示していますが、論理が破綻しています。SM3で十分というなら現にPAC3を保有していることの説明がつかないし、標的にされた地域があらかじめ分かるはずはなく、PAC3は移動しようがありません。

北朝鮮の保有する核兵器は弾道ミサイルに搭載できるほど小型化できていないとみられますが、通常弾頭でも使用済み燃料棒を保管している全国五五所の原発のいずれかに命中すれば、核攻撃を受けたのと変わりないほどの甚大な被害が出ることが予想されます。

〈PAC3は何機必要か〉

それではPAC3は何機、必要でしょうか。航空自衛隊幹部は「弾道ミサイルから守るには日本列島をハリネズミのようにする必要がある。万全を期すならPAC3の発射機一〇〇〇機は欲しい」といいますが、PAC3は発射機のほか、レーダー車、指揮車、発電車の組み合わせで運用され、その総額は一セット二〇〇億円に上ります。ミサイルそのものは一発八億円するので、日本列島をハリネズミのようにするには六兆円かかる計算。これでは防衛費がいくらあっても足りません。

さらに問題なのは命中率が怪しいこと。イージス護衛艦はハワイで迎撃試験を四回おこない、一回外しています。PAC3は米国での迎撃テストで一回だけおこなわれ、成功しましたが、標的となった模擬弾道ミサイルは音速の数倍程度でした。北朝鮮から飛来する場合、音速の一〇倍以上の速度で落下してきます。アメリカでさえ音速の一〇倍もの模擬弾道ミサイルを迎撃試験したことはなく、命中率は実証されていないのです。

武器は矛と盾の関係にあります。すでにMDシステムを打ち破る方法として、①弾道ミサイルを連射する、②弾道ミサイルの弾頭部を多弾頭化する、などが検討されています。どんなに強い盾も、これを上回る矛で破られる、それならまた盾を強くすれば、矛はより強くなる。まさにMDシステムは「矛盾」の象徴なのです。

（半田　滋）

★イージス艦から発射されるSM3（防衛省提供）

Q47 日本版ＮＳＣについて教えてください

A

ＮＳＣとは正式にはNational security council、翻訳すれば国家安全保障会議の略称です。米国や英国などで採用されており、大統領や首相をトップとし、メンバーとなった少数の閣僚らが外交問題や防衛問題を審議する行政機関のことです。日本版ＮＳＣでは、首相、外務相、防衛相、官房長官の四人がメンバーとなります。具体的な役割をみていきましょう。

〈米国の言いなりになるおそれ〉

日本版ＮＳＣは安倍晋三首相が設置に意欲を示しています。第一次安倍政権下の二〇〇七年、有識者による官邸機能強化会議の報告書をもとにＮＳＣ法案を国会提出しましたが、安倍首相退陣後の福田康夫《ふくだやすお》首相が「安全保障会議で十分」として、法案は廃案になりました。

安全保障会議とは、国防に関する重要事項や重大緊急事態に対処するための機関で、メンバーは首相、総務相、外務相、財務相、経産相、国土交通相、防衛相、官房長官、国家公安委員長の九人です。役割、メンバーとも日本版ＮＳＣとそれほど変わりはないので福田首相は不要と判断したのです。

一二年一二月、首相の座に返り咲いた安倍首相は国家安全保障について「司令塔が必要」と強調し、日本版ＮＳＣの設置を主張。有識者を集めた「国家安全保障会議の創設に関する有識者会議」は、日本版ＮＳＣを「首相を中心にして外交・安全保障の課題について、戦略的観点から日常的に議論する場を設立し、政治の強力なリーダーシップにより迅速に対応できる環境を整備する」としています。

具体的には首相ら四人のメンバーを支えるため、外務省、防衛省、警察庁などから約六〇人を集めて事務局をつくり、総括、同盟・友好国、中国・北朝鮮、その他（中東など）、戦略、情報の六局を置く方向となっています。

〔米国との比較〕

問題は日本版NSCが集まり、議論する大前提となる外交・安全保障上の情報が米国頼みとなりそうなことです。米国のNSCのもとには中央情報局（CIA）、国防情報局（DIA）、連邦捜査局（FBI）といった歴史も人員も揃った情報を取り扱う専門機関があるのに比べ、日本で安全保障面の情報を扱うのは、防衛省情報本部、内閣情報調査室、外務省であり、既存の組織に含まれるだけなのでいかにも見劣りがします。

日本の安全保障に関係する重要な情報は中国や北朝鮮を宇宙から撮影した偵察衛星の画像です。DIAから防衛省情報本部に提供されたり、CIAルートから内閣情報調査室に渡されたりしています。いっぽう、防衛省情報本部には全国で六カ所の通信所、二カ所の分遣班があり、中国、北朝鮮、ロシアの軍事通信を傍受、分析しています。

たとえば米国から渡された偵察衛星の画像と防衛省が収集した軍事通信を重ね合わせれば、より緻密な軍事情報となりますが、中東やアフリカの画像を渡されても、物理的に通信傍受できないので、いつの画像なのか検証しようがありません。

もし米国に一年前の画像を見せられ、「昨日撮影した画像」といわれても、そのウソを見破る手段がないのです。日本政府はスパイと呼ばれる特殊な工作員を一人も持っていません。現地の情報収集を担う在外公館は十分な活動をしているとは言い難い。アフリカではひとつの在外公館が三カ国も四カ国も担当しているのですから、集まる情報の質、量ともたかが知れています。

米国が正しい情報を提供してくれれば問題ないのですが、「フセイン政権が大量破壊兵器を隠し持っている」との誤った情報をもとにイラク戦争に突入したのは、そう古い話ではありません。大統領を頂点にする少人数のNSCで議論すれば、大統領の思う方向へとゆがんだ情報が集まることを示しています。故意であれ、過失であれ、事実と異なる情報が米国から提供され、日本版NSCのたった四人の閣僚が日本にとって重大な決断を下すことになるのです。

日本版NSCは米国などの機密を共有するため、情報保全の徹底も課題として、安倍政権は機密を漏えいした公務員らへの罰則を強化する特定秘密保護法を制定しました。特定秘密の対象や範囲が曖昧なうえ、ジャーナリストや一般市民が処罰の対象に入るため、「政府の情報統制が強まる」との批判があります。

（半田　滋）

★—イラクへ派遣された自衛隊（筆者撮影）

Q48 核兵器が使用される可能性について教えてください

A

人類滅亡を午前零時になぞらえた終末時計は現在、零時「五分前」を指しています（二〇一四年四月現在）。これは米『原子科学者会報』が、広島・長崎への原爆投下の二年後から、ときどきの世界情勢にあわせて時刻を修正し発表しているものです。

冷戦期の一九八〇年代、世界の核兵器の総数は六万発を超え、時計は三分前を指していました。冷戦が終わると、時計の針は一七分前まで戻されました。しかしその後、針は少しずつ進められてきました。世界の核の総数は二万発を切るにまで減りましたが、核が使われる危険性はむしろ高まっています。

〔地域核戦争〕

冷戦時代、アメリカとソ連は互いに核による恐怖の均衡でバランスをとっていました。しかしソ連が崩壊すると、アメリカにとっての仮想敵はむしろ広がりました。さまざまな地域紛争で核を使用する、あるいは生物・化学兵器といった非核の大量破壊兵器に対しても核で応戦するという戦略が作られてきたのです。

中東では、核保有国イスラエルとこれに対抗し核開発するイランが対立しています。南アジアでは、インドとパキスタンが核・ミサイルの軍拡競争を続けています。これらの地域で核戦争が起きた場合、大気中に舞い上がる粉塵が気候の変動を起こし、世界規模の「核の冬」による飢饉が起きると科学者は警告しています。インド・パキスタン間で五〇発ずつの核の撃ち合いがあった場合、このような「核の飢饉」によって二〇億人が飢餓に瀕するとの研究報告があります。

核の発射は計画と命令通りにおこなわれるとは限りません。偶発的発射、人的ミス、誤った判断や計算による発射

表　世界にはこれだけの核兵器がある

	アメリカ	ロシア	イギリス	フランス	中国	インド	パキスタン	イスラエル	北朝鮮	計
配　備	2,150	1,800	160	290	250	90-110	100-120	80	不明	
予備・解体待ち	5,550	6,700	65	10						
計	7,700	8,500	225	300	250	90-110	100-120	80	6 ～ 8?	17,270

出典：ストックホルム国際平和研究所（2013）等
Source: SIPRI 2013 他

や、サイバー攻撃による意図しない発射のリスクがあります。現にこうした間一髪の事例が多数あることを元米軍関係者らが証言しています。統制の弱い国では正式命令を受けずに核が使用される危険性もあります。米ロの核の多くはいまだに、敵の動きを察知したら数分で発射できる態勢に置かれています。

〔東アジアでの核の脅威〕

東アジアでは北朝鮮の核開発が進んでいます。朝鮮半島で軍事衝突が起きたり、日本、中国、台湾の領土をめぐる紛争が起きた場合に、核兵器が使用されなくても密集する原発が攻撃対象になる危険があります。福島の原発事故は、核物質の強奪など「核テロ」の危険性をも浮き彫りにしました。

核は使われないというのは根拠のない神話です。核が存在する限り、意図的か偶発的かを問わず使用される高い危険性があり、ひとたび使われたならばそれは破滅をもたらします。

（川崎　哲）

〔参考文献〕大量破壊兵器委員会『大量破壊兵器　廃絶のための六〇の提言』（岩波書店、二〇〇七年）

★―バスター・ジャングル作戦の核実験

Q49 NPTとはどのようなものですか

A

ＮＰＴとは核不拡散条約（核拡散防止条約）のことです。一九六八年に作られ一九七〇年に発効したＮＰＴには、今日までに一九〇カ国が加盟しました。国連加盟国の大多数が参加しており、世界の核の秩序の基礎をなしています（日本は七六年に批准）。

〔持つ国と持たざる国〕

ＮＰＴは、アメリカ、ロシア、イギリス、フランス、中国の五カ国を「核兵器国」、それ以外の加盟国を「非核兵器国」と定めています。五核兵器国は国連安全保障理事会で拒否権を持つ常任理事国と重なります。核を持つ国々が自分たち以外に核を広げまいとすること（不拡散）がＮＰＴの本質であり、五大国に特権を認めた差別的条約といわれています。

インド、パキスタン、イスラエルの三カ国はＮＰＴ未加盟の核保有国です。ただしイスラエル政府は、自らの核兵器保有を公表していません。北朝鮮はかつてＮＰＴに加盟していましたが、二〇〇三年に脱退を宣言し、その後核実験をおこない核保有国となりました。今日の世界には、ＮＰＴ公認の五カ国とそれ以外の四カ国、計九の核保有国があるのです。

〔ＮＰＴの取引〕

ＮＰＴは核兵器国に核軍縮の義務を課しています（第六条）。ただしこれは一般的規定に留まっており、非核兵器国が厳しい国際査察下に置かれることに比べ、何ら強制力はありません。核兵器国は非核兵器国に対し核攻撃をしないという約束をおこなっています。これを「安全の保証」といいます。非核兵器国は核を持つという選択を放棄した以上、自分たちの安全を確実なものにするために、核兵器国に対し「法的拘束力のある安全の保証」を求めています。

ＮＰＴはまた、原子力の平和利用を推進する条約です。第四条において、原子力の平和利用はすべての国の「奪い得ない権利」だとされています。しかし、原子力のなかでもとりわけ核燃料の製造に関わる技術（ウラン濃縮、使用済み燃料再処理）は、核兵器製造への転用が可能です。平和利用が拡大すれば、潜在的な核兵器能力を持つ国も増えるのです。

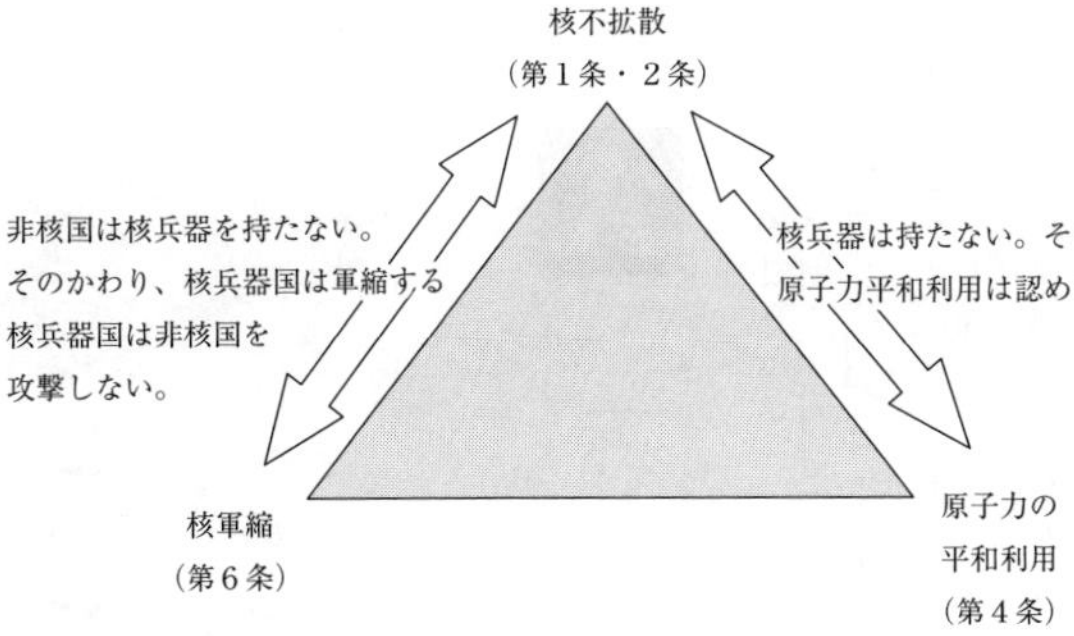
核兵器は持たない。そのかわり、
原子力平和利用は認められる。

★―ＮＰＴの三角形
（それぞれの約束が守られなければ、バランスが崩れる）

このように核不拡散、核軍縮、原子力平和利用の三つが微妙なバランスの上に成り立っています（図参照）。核兵器国が軍縮の約束を実行しなかったり、非核国の安全を脅かすような動きに出れば、非核国側は反発します。北朝鮮は、アメリカを非難しながらＮＰＴ脱退を宣言しました。また、平和利用にみせかけて核兵器を隠れて開発する国もあります。イランはそのような疑惑を持たれてきました。

五年に一度、ＮＰＴの運用状況を点検する「再検討会議」が開催されており、その間はほぼ毎年一回準備委員会が開かれています。これらの会議には加盟国政府だけでなく非政府組織（ＮＧＯ）も参加し、各国の履行状況を議論しています。

（川崎　哲）

〔参考文献〕川崎哲『核拡散』（岩波新書、二〇〇三年）

Q50 CTBTはなぜ発効していないのですか

A

あらゆる核爆発を禁止する「包括的核実験禁止条約（CTBT）」は一九九六年に国連総会で採択されました。今日までに一八三カ国が署名、うち一六二カ国が批准していますが、条約はまだ発効していません。この条約は、原子炉を有するなど潜在的な核開発能力があるとみられる四四カ国がすべて批准してはじめて発効することになっています（発効とは、条約が法的効力を持つようになること）。四四の発効要件国のうち、アメリカ、中国、エジプト、イラン、イスラエルの五カ国は署名したのに批准していません（日本は九七年に批准）。インド、パキスタン、北朝鮮の三カ国は署名も批准もしていません（二〇一四年四月現在）。CTBTのような条約には、政府がまず署名し、その後本国へ持ち帰って議会で承認してもらう手続き（批准）が必要です。署名したが批准していないというのは、政府には加盟の意思があったが議会がまだ同意していない状態を意味します。なかでも核保有国であるアメリカと中国が未批准であることが、条約の発効を妨げている最大の要因です。

【あらゆる核爆発を禁止する】

一九四五年にアメリカがはじめて原爆の実験をおこなって以来、今日までに世界で計二〇五〇回以上の核実験がおこなわれています。そのうちアメリカが一〇〇〇回、ソ連（ロシア）が七〇〇回、フランスが二〇〇回以上おこなっています（写真）。核兵器とは、高濃縮ウランやプルトニウムといった核物質を使って核爆発を引き起こすものです。通常「核実験」とは、設計通りに核爆発が起こることを確かめるテスト、つまり核爆発実験を意味します。

★―1953年4月のアメリカによる大気圏内核実験（出典：CTBT機関準備委員会）

一九六三年に米英ソ三カ国は部分的核実験禁止条約（PTBT）に合意し、これによって、大気圏内、宇宙および水中での核爆発実験は禁止されました。これに対してCTBTは、あらゆる核爆発を禁止するものであり、平和目的と称される核爆発も禁止しています。一九九四年からジュネーブ軍縮会議で交渉がはじまり、一九九六年に国連総会で採択されました。

アメリカの思惑

当時アメリカの民主党クリントン政権は、CTBT交渉の推進役を担いました。すでに一〇〇〇回を超す核実験をおこない膨大なデータをえていたアメリカにとっては、冷戦が終わったこともあり、これ以上核爆発実験を続ける必要性は少なくなっていました。米政権はむしろ、先進的な技術を活用し、コンピュータ・シミュレーションや核爆発をともなわない「未臨界核実験」をおこなうことで自らの核兵器の維持や改良はできると考えました。これに対して、後発国にとっては核爆発実験は不可欠です。アメリカは、CTBTを作ることで、新規の核保有国が出現するのを防ぐことができる（核拡散の防止）と考えたのです。

これに対して米議会内の共和党・保守派は、アメリカが十分な核戦力を維持していくためには核爆発実験をおこなえる状態を保持していくべきだと考えました。一九九八年、クリントン大統領は議会にCTBT批准の承認を求めましたが、保守派の強い上院はこれを否決しました。続く共和党ブッシュ政権はCTBTを敵視する政策をとりました。二〇〇九年に誕生した民主党オバマ政権は、「核なき世界」をうたいCTBT批准を公約しています。しかし議会内の抵抗は強く、批准の目途はたっていません（二〇一四年四月現在）。

〔未臨界核実験と近代化〕

一九九六年にCTBTにいち早く署名したアメリカは、そのいっぽうで未臨界核実験に力を入れ、一九九七年から二〇一二年までに計二七回を実施しています。二〇一〇年以降は新型装置（Zマシン）を使った実験を頻繁におこなっています。これらの実験は核爆発をともなわないことから、CTBTの直接的な禁止対象にはなっていません。しかしCTBTの前文には、核拡散の防止（新しい保有国を作らない）だけでなく核軍縮（すでに持っている国が軍備を縮小する）という目的が明記されており、その精神に反するというべきです。広島・長崎両市をはじめとする日本の多くの非核自治体は、アメリカの未臨界核実験や新型核実験がおこなわれるたびに抗議をおこなっています。しかし日本政府は、これらはCTBTの禁止対象外だとして、抗議をしていません。

これら核爆発をともなわない実験は「備蓄兵器管理プログラム」と呼ばれ、既存の核兵器の信頼性と安全性を確認するためというのが公式の説明です。しかし、これらのプログラムには、核兵器の近代化や新型核兵器の開発といった事実上の核軍備増強にも使われているという側面があります。

〔インド、パキスタン、北朝鮮〕

アメリカは一九九二年、またロシアは一九九〇年を最後に核爆発実験をおこなっていません。フランスと中国は一九九六年のCTBT成立のさいに「駆け込み実験」を実施し、その後はおこなっていません。アメリカと中国はCTBTに未批准ですが、自主的な核実験停止（モラトリアム）は今日まで続いています。つまりCTBTそのものは発効していなくても、その存在が一定の抑制力となって働いているのです。

CTBT成立以降に核実験をおこなっているのはインド、パキスタン（一九九八年）と北朝鮮（二〇〇六年、〇九年、一三年）です。これらはいずれも、国際的な核不拡散体制（NPT体制）の外で核武装を進めている国々です。しかし、こうした国々に対してCTBTへの署名・批准を求めようにも、世界最大の核保有国であるアメリカが未批准のままでは説得力がありません。アメリカが未批准であることは、中国

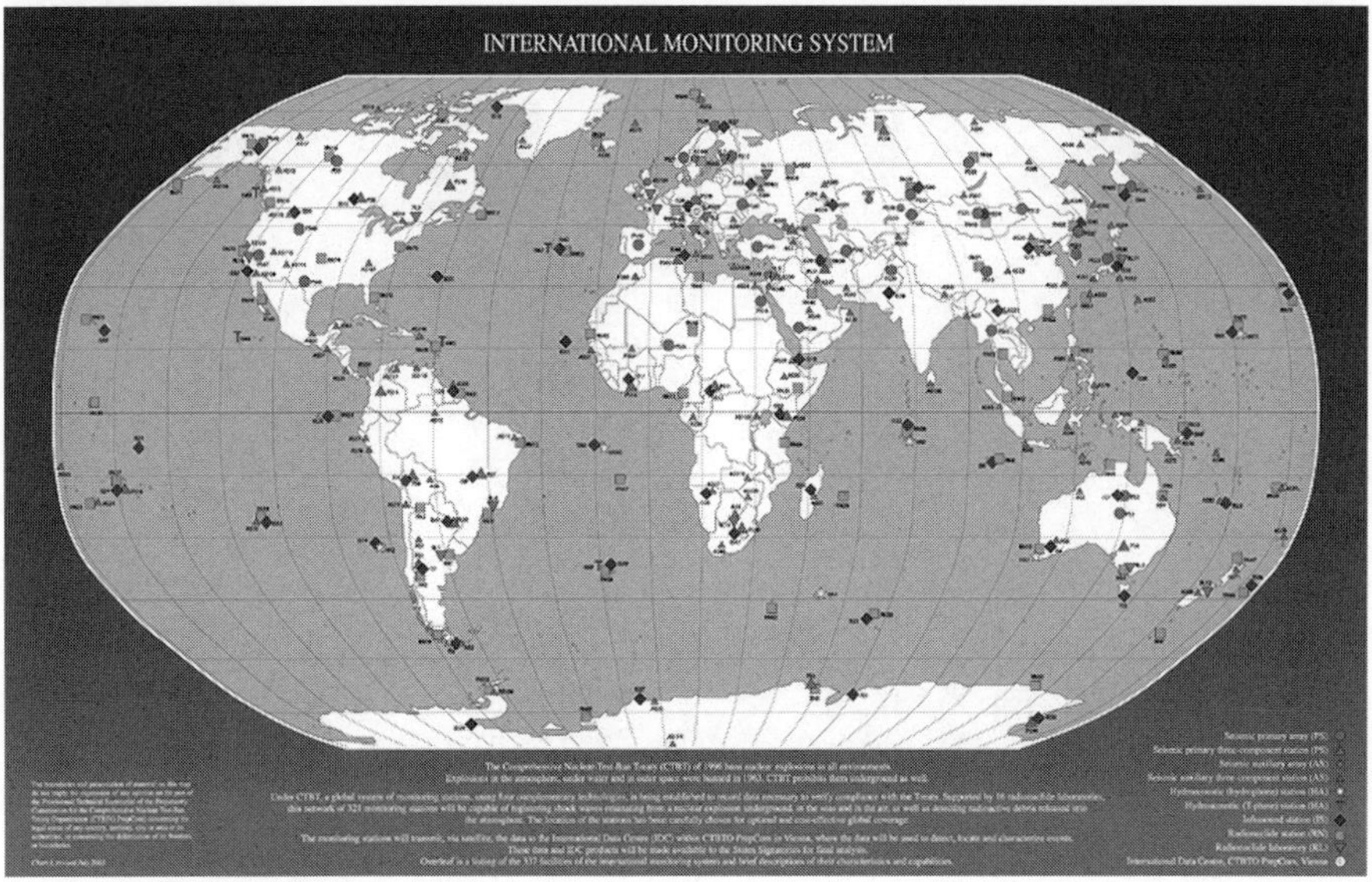

★―CTBT の国際監視制度
(世界 321 カ所に観測ステーションが設けられる。出典：CTBT 機関)

が批准を進めない口実にも使われています。

ＣＴＢＴ発効への機運を高めるための多国間の「発効促進会議」が約二年おきに開催されています。日本政府はこうした国際会議や二国間交渉を通じて外交努力を続けています。

〔核実験のない世界を求めて〕

ＣＴＢＴは、包括的な検証制度を持っています。世界三二一カ所に設置される観測ステーション網によって、世界中の地震波や放射性核種を測定し、核爆発が起きた場合に探知することができます（図参照）。条約そのものは未発効ですが、条約の実施機関であるＣＴＢＴ機関（準備委員会）がウィーンを拠点に実質的に活動をしています。

二〇〇九年、国連総会は毎年八月二九日を「核実験に反対する国際デー」とすることを定めました。これは、旧ソ連の核実験によって苦しめられてきたカザフスタンの政府が主導して定めたものです。

核実験の多くは植民地でおこなわれ、被害者の多くは、南太平洋、中央アジア、サハラ砂漠、北米などの先住民たちです。これら世界各地の被害者が連携し、補償・救済、被害調査、環境修復を求める動きも出てきています。（川崎　哲）

〔参考文献〕黒澤満編著『軍縮問題入門（第四版）』（東信堂、二〇一二年）、ピースデポ『核兵器・核実験モニター』（月二回発行）

Q51 核をめぐる中東情勢をどう考えますか

A

二〇一三年九月二八日、イランとアメリカの首脳が電話会談をおこないました。一九七九年に起きたイラン革命以来、国交断絶が続いていた両国のトップがはじめて対話したテーマは、イランの核兵器開発をめぐるものでした。

核兵器をめぐっては、中東では長いあいだ対立と議論が続いてきました。その前提にあるのは、イスラエルがこの地域で唯一、核兵器を保有しているということです。イスラエルと敵対的な周辺国は、当然自分たちにも持つ権利があると考え、核兵器開発や化学兵器の保有をおこなってきました。現在もこの地域を揺るがせている核をめぐる中東情勢を考えてみましょう。

〔中東ただ一つの核保有国、イスラエル〕

イスラエルは、公式には核兵器を含めた大量破壊兵器の保有を肯定も否定もしないという戦略をとってきました。イスラエル政府は核不拡散条約（NPT）に加盟していないため、保有を宣言すると、国際機関の査察などを受け入れざるをえなくなるからです。二〇一四年四月現在まで、イスラエルは一度も査察を受け入れたことはありません。また、イスラエルはアメリカから世界で最も多くの援助資金をうけていますが、アメリカの法律では核保有国には援助ができないことになっていることも関係しています。

しかし実態として、アメリカとロシアに次ぐ数百発程度の核兵器を保有しているとされている実質的な核保有国です。一九八六年には、技術者でイスラエル人のモルデハイ・バヌヌが、デイモナというイスラエルの砂漠地帯にある核施設の写真を、英国の雑誌に公表しました。バヌヌはイスラエル諜報機関に連行され、反逆罪により有罪とされました。

イスラエルは、一九五〇年代から六〇年代にかけてフランスの技術者らが協力して核兵器を開発しました。一九七三年の第四次中東戦争のさいにはすでに実戦配備がされていた可能性があり、核兵器の使用をちらつかせて、後ろ盾になっているアメリカから軍事援助を引き出しました。

中東で圧倒的な軍事力を誇ってきたイスラエルは、特に第三次中東戦争では六日間で勝利を収め、国土の三倍を越える土地を占領しました。しかし、第四次中東戦争はエジプト、シリア連合軍の奇襲攻撃により、はじめて苦戦を強いられました。イスラエルはアメリカに軍事援助を依頼するものの、アメリカは当初、イスラエルが勝ちすぎていたことを理由に断ります。そこでイスラエルは、核ミサイルのサイロを開けて、援助がなければ使うぞと脅しました。軍事衛星を通じてそれを見た米国政府は、本当にイスラエルが追いつめられていると判断し、大量の兵器を渡します。それを機に戦局が変わったのです。

〈周辺国に広がる負のスパイラル〉

この地域でイスラエルだけが核兵器を保有し続けることは、周辺の国々にも影響をもたらしてきました。サダム・フセイン政権下のイラクや、カダフィ政権下のリビアなどいくつもの国が、原発の導入をきっかけに核開発をおこないました。イラクは開発に成功しませんでしたが、リビアは一時的に核兵器を保有していました（二〇〇三年に自主的に廃棄）。現在、核兵器開発が疑われているのはイランです。

高度な技術や莫大な資金を必要とする核開発は、成功させるのは簡単ではありませんが、簡単に製造できて、費用も安い大量破壊兵器を持つことで、イスラエルを抑止しようとする国もあります。やはりサダム・フセイン政権下のイラクや、現在のシリアといった国々では、国内で化学兵器が使用されたことがあります。シリアの化学兵器については、二〇一三年九月に国連安保理で、廃棄することが決められています。

こうした国々には国連を中心とした国際社会が、制裁や査察などをおこなって開発を止めるよう働きかけてきました。しかし、アメリカに守られているイスラエルの核兵器についてだけは具体的な制裁を科されることがありません。これでは周辺国は、自分たちの国も武装する必要があると行動し、負の連鎖は止まらないのではないでしょうか？

近年、トルコやヨルダン、サウジアラビアなど中東の国々が次々と原発の導入を決めています。そうした国の中で、どれが本当に原発だけをやりたいのか、あるいは核兵器開発につなげたいのかは判断できませんが、イスラエルの核保有の影響は少なからずあるはずです。

問題はそれだけではありません。イスラエルは国土が狭いので、もし事故が起きたら地域全体に汚染が拡散するという問題もあります。核兵器は、使用しなくても高いリスクをともなうものなのです。

また、イスラエルの同盟国に核開発の技術を伝えるということも問題です。実際、南アフリカ共和国は一九八〇年代に、イスラエルの協力をえて核兵器を開発をしました。当時の南アフリカ政府は黒人を制度で差別する人種隔離政策（アパルトヘイト）を続けていた政権です。その後、九〇年代初頭にアパルトヘイト政策の廃止とともに、核兵器も廃絶しています。

〈イランの核開発疑惑とアメリカ、イスラエル〉

イスラエル政府は、自国の核保有を有利な状況にするため、他国には持たせないという立場をとってきました。一九八一年には、イラクがフランスと提携して開発していたオシラク原子炉を空爆して破壊、さらに二〇〇七年にもシリアの核施設を空爆して破壊しています。他国の原子炉を爆撃した国は世界中でイスラエルだけです。イスラエルは、イランの核施設に対しても空爆をほのめかしていますが、原子力施設に対する爆撃は、放射能汚染を生み出す恐れもあります。今後は、万が一戦争になっても核施設を爆撃してはならないと国際法で定める必要があるでしょう。

イランの核開発については、現在もイスラエルは空爆も辞さないという姿勢を崩していません。しかしオバマ政権が、イランと話をつけてやめさせるからとそれを留めているような状態です。長い間冷えきっていたアメリカとイランとの関係は、両首脳の電話会談に象徴されるように、徐々に改善していく兆しをみせています。しかし、イスラエルのネタニヤフ首相はその対話にも懐疑的で、「イランの核開発は最終段階にきている。騙されて核開発の時間稼ぎをされるだけだ」と国連総会で批判しました。

イランでも、アメリカでも、話し合いで解決していこうとする現政権（二〇一四年四月）に対する批判勢力も根強く、今後どうなるかについては不透明な部分もあります。しかし、イスラエルも含めて、戦争という解決策を支持している人は決して多くはありません。特に、イランとイスラエルはかつて戦争をしたことがない上に、憎しみ合ってきた歴史もありません。イスラエルにはイラン系の移民も多く、文化的にも融合しています。

これまで両国の政治家は過激な発言をしてきましたが、一般の国民感情としては決して戦争をしたいと考えているわけではないのです。今後のイランとアメリカの関係改善がうまくいき、イスラエルの過激な政治家が武力に訴えるような暴発を起こさなければ、当面のイランの核をめぐる問題は収束していくのではないでしょうか。

〔中東の非核地帯化をめざすべき〕

しかしイスラエルの核保有という根本的な課題は残されたままです。国際社会、特に欧米がそこに目を向け、周辺の国々が納得できるような公正な解決策を示さない限り、このような核開発や大量破壊兵器にまつわる問題は次々と噴出してくるように思います。

筆者は、国連やＮＧＯの会議などで議論されているように、中東を非核核兵器地帯にしていくしか未来はないように考えています。非核地帯は、特定の地域の非核兵器国が集まって、核のない地域を宣言するものです。現在は、中南米およびカリブ地域、南太平洋、東南アジア、アフリカ、中央アジア、モンゴルなどが条約を結んでいます。これまで日本政府は、アメリカの意向を気にするあまり、中東の核をめぐる問題には消極的な姿勢でした。しかし被爆国として、中東の非核化を実現するためリーダーシップをとって進めるべきではないでしょうか。

（高橋真樹）

〔参考文献〕高橋和夫『改訂版　現代の国際政治』（ＮＨＫ出版、二〇一三年）

★—イランの核開発を激しく非難しているネタニヤフ首相
（Wikipedia Commons）

理論編

Q52 9・11後、世界は変わりましたか

A

アメリカの政治文化での「愛国心」、それは権力者への批判も容認するものであったと、アメリカ歴史学の権威であるアーサー・シュレンジガー・ジュニアは述べています。9・11、世界同時多発テロは、そういったアメリカの伝統を一変させました。まずは二〇世紀初頭の事例からみていきましょう。

〔アメリカの愛国心の伝統〕

シュレンジガーはセオドア・ローズヴェルト大統領やタフト上院議員を例に挙げます。第一次世界大戦中の一九一八年、ローズヴェルトは「大統領を批判してはならないとか、正しいかどうかに関わりなく大統領を支持しなければならないと明言することは、非愛国的かつ隷属的であるだけでなく、アメリカ国民に対する道徳的な裏切りである」（傍点は飯島による強調）と述べています。

第二次世界大戦直後、何度も共和党大統領候補になったタフト上院議員は「戦時における批判がいかなる民主的な政府の維持にとっても必要であることは、疑いの余地がない。……批判の権利を守ることは、長い目で見れば、敵に対してよりも自国にとって大きく貢献するし、批判を封じた場合に起こりうる過ちを防ぐことができる」と述べています。権力への批判を認める「愛国心」は裁判でも認められています。まさに第二次世界大戦中の一九四三年、アメリカ合衆国最高裁判所は「バーネット事件」で、国旗に対する忠誠宣言と敬礼の義務を強制するヴァージニア州の行為を憲法違反としました。判決では「地位の高低を問わず、およそ公職にある者は、政治、ナショナリズム、宗教、その他思想に関わる事項について、何が正当であるかを決定してはならないということであり、ましてや市民に対して思想を、言論もしくは

行為によって強制してはならない」と判示しました。

さらには「統一を強制しようとする試みが最終的に不毛であることは、……われわれの目下の敵である全体主義の今まさに失敗しようとしている試みに至るまでの諸例が示す教訓である。……強制的に意見を統一することによって達成されるのは墓場の満場一致である」とも判示し、愛国心のために国旗への掲揚を強制することは、アメリカの敵である日本やドイツと同じであるとの否定的な評価をしています。ベトナム戦争以降も、排他的で無批判的な「愛国心」はマイナスイメージで捉えられています。

〈アメリカでの刑事手続の伝統〉

アメリカは「冤罪《えんざい》大国」とも批判されているように、刑事司法のあり方については改善の余地があることも疑いがありません。しかし、刑事手続での被疑者・被告人に対して手厚い権利保障がなされてきました。合衆国憲法修正四条（一七九一年）では、「不合理な捜索及び逮捕・押収に対してその身体、書類及び所有物が保障されるという人民の権利は侵されてはならない」とされ、修正五条でも「何人も、法の適正な手続によらずして生命、自由、もしくは財産を剥奪されない」と定められています。実際の裁判でも、たとえば「ミランダ事件」（一九六六年）では、「身体拘束中の人はいかなる取調にも先だって、彼には黙秘権があること、彼の述べたいかなることも公判廷で不利益な証拠として用いられうること、彼には弁護人に立ち会ってもらう権利のあること、そして彼に弁護人を依頼する経済的余裕がなければ、もし彼がそのように希望するのであれば、いかなる取調にも先立って彼のために弁護人が選任されることを告知されなければならない。これらの諸権利を行使する機会が取調べの全期間を通じて彼に与えられなければならない」と判示されています。

〈9・11以後のアメリカ社会〉

しかし9・11テロ事件は、今まで紹介したような、「愛国心」や刑事手続に関して厚い保障が認められてきたアメリカ社会のあり方を一変させました。米国全土を愛国ムードが覆い、ブッシュ政権の政策を批判するような報道は「愛国的ではない」との雰囲気がでてきました。米国の記者は「愛国的ではない」とみられることを恐れ、大統領の政策を批判するような報道をしませんでした。アメリカのメディアはブッシュ政権のメッセージをそのまま垂れ流していました。そうしたメディアの報道状況の影響力を示す一例ですが、二〇〇三年八月、アメリカ人の九六％が9・11同時多発テロにサダム・フセインが関与していると信じていました。サダム・フセインと9・11同時多発テロが無関係であったとブッシュ大

★―炎上する世界貿易センタービル（Wikipedia ／ Michael Foran）

統領が発表したのは二〇〇一年九月一七日でした。

また、9・11テロ事件から一ヵ月半後の一〇月、「テロリズムを摘発し防止する適切な手段を提供し、アメリカを団結させ強化させる法律」、いわゆる「愛国者法」が制定されました。この法律では、テロに関係すると当局が見なした外国人を司法手続をへずに七日間、さらには六ヶ月も拘束することが認められています（四一二条）。捜査官は令状の通知なく家宅捜索することが認められます（二一三条）。FBIは金融機関や通信サービス、プロバイダに対して、読書の傾向やインターネットの検索状況を調べさせたり、令状なしの盗聴や弁護士との電話の傍受がなされ、図書館や医療機関での個人利用情報などが提出されています。アラブ系アメリカ人などへの不当な逮捕が「平和団体」などへの盗聴も頻繁に行われています。アメリカで大切にされてきた権利や自由が「テロとの戦い」の名目で脅かされています。アフガニスタンで拘束され、キューバにあるグタンタナモ基地に送られた人は、自分がどのような容疑がかけられているかも分からずに身体の拘束がなされ、弁護士との接見や家族との面会、法廷での発言も認められず、拷問や虐待を受け続けています。

〔テロとの戦い〕

9・11同時多発テロ事件はアメリカの対外政策にも影響を

与えました。「戦争をすることで戦争を阻止できると考えることほど馬鹿げたことはない。戦争が阻止するのは平和だけだ」（トルーマン『回顧録』）、「予防戦争などというのは、私の考えではあり得ないことだ」（一九五四年の記者会見でのアイゼンハワー大統領発言）とのように、アメリカの歴代大統領は「先制攻撃」に消極的でした。一九六二年のキューバ危機のさい、統合参謀本部による予防攻撃の進言に対し、ケネディ大統領は「アメリカによる真珠湾攻撃」だと批判しました。

しかし9・11以降のブッシュ政権の政策はそれまでのアメリカの立場とは質的に変質したとの見解が出てきました。二〇〇二年九月二〇日、ブッシュ大統領は「国会安全保障戦略文書」を発表しました。そこでは「テロの脅威が米国国境に到達する前に、これを特定して打破し、米国及び米国民、そして米国以外の利益を守る。米国は絶えず国際社会の支持を得る努力をするが、もし必要なら、テロリストの先手を打って行動することで自衛権を行使するため、単独行動も躊躇しない」（傍点は飯島による強調）と記されています。「ブッシュ政権がアメリカの政策の基本として封じ込めと抑止力の政策から予防戦争へと移行した」ことは「革命的な変化」（上述のアーサー・シュレンジガー・ジュニア）との見解もあります。

もっとも、本当に「革命的な変化」かどうかは議論の余地があるかもしれません。一九八六年、ベルリンでアメリカ人二人死亡、二〇〇人以上が負傷する爆破テロ事件がありましたが、事件に関わっていると見られたリビアに対してアメリカは爆撃をおこなっています。レーガン大統領はテロに対する先制的行為だと主張しています。一九九三年六月、ブッシュ前大統領（父）の暗殺計画を理由として、クリントン政権はバグダットのイラク情報部を爆撃しました。そのさいにクリントン大統領は「前大統領への攻撃は、米国と全ての米国民に対する攻撃だ」「テロを放置できない」と述べています。このように、テロを名目とした先制攻撃が最初になされたのは二〇〇一年以降ではなく、それ以前にもおこなわれています。

（飯島滋明）

〔参考文献〕アーサー・シュレンジガー・Jr著／藤田文子・藤田博司訳『アメリカ大統領と戦争』（岩波書店、二〇〇五年）、堤未果『貧困大国　アメリカ』（岩波書店、二〇〇八年）

Q53 サイバー戦争とはどのようなものですか

A

インターネットに代表されるサイバー空間で繰り広げられる国家間、または組織間の見えない戦争です。平時と有事の区別がなく、さらに敵(犯人)の特定が難しいことから戦争の概念を変えたといわれます。インターネットの生みの親でもあるアメリカはサイバー空間を陸、海、空、宇宙に次ぐ「第五の戦場」と位置づけるとともにサイバー軍を創設(二〇〇九年)。ハッキング大国といわれる中国を最大の仮想敵国に報復戦略を打ち出しています。

〔サイバー攻撃の種類〕

国境のない自由な空間と膨大な情報の交換を実現したインターネット。民間企業や政府のシステムが依存度を深めることで、いまや国家そのものの生命線とさえなっています。

その結果、①民間企業の知的所有権②通信、電力、水、交通、金融などの基幹インフラ③軍事データベース——などがサイバー攻撃の標的として位置づけられるようになりました。攻撃主体は個人からテロ組織、国家と幅広く、武器として使うのはデータです。

代表的な攻撃方法を挙げると、多数のパソコンから標的にアクセスを集中させ機能停止に追い込む「DDoS攻撃」やシステムに入り込み不正に操作する「システム侵入」、ネットワークを通じて情報を盗む「サイバー・スパイ」、ウイルスソフトをばらまくことで感染したコンピューターのデータを消去、またはパスワードを盗む「ウイルス攻撃」などがあります。

〝最新兵器〟としては、テキストをコピーした上でハッキングしたコンピューターのすべてのファイルを消し去る「フレーム」や、システムそのものを乗っ取る「スタックスネット」などが登場しています。

〔過去の事例〕

民間企業が大規模なサイバー攻撃に遭った例としては二〇〇七年のエストニアが知られています。国内取引の多くを担う二つのネット銀行に一斉にDDoS攻撃が加えられ、二時間近くにわたってシステム停止状態となりました。攻撃の発信源は一七〇カ国以上で、乗っ取り機能によって遠隔操作されたパソコンはじつに八万台。通信量は通常の四〇〇倍に達しましたが、犯人をついに特定できませんでした。

明らかに国家が絡んだとみられるのは二〇一〇年、イランの核燃料施設に対してスタックスネットが使われたケースで、ウラン濃縮用の遠心分離器が突然誤作動しはじめたというものです。イランの核兵器開発阻止を狙うイスラエルとアメリカが仕組んだというのが専門家の一致した見方です。

サイバー攻撃は当初、システムに侵入して情報を盗み出すスパイ行為が主でした。しかし技術の進歩にともなって、イランのケースのようにインフラの制御システムを破壊して誤作動または作動不能に陥らせることができるようになり、現在では制御システムそのものを乗っ取るレベルにまで発達しています。

つまり、ネットから原発システムに忍び込んで燃料棒の制御システムを破壊すれば、福島原発の二の舞いを引き起こすことができるということです。また、他国がミサイルなどの戦略兵器をもっていたとしても、その管理システムを乗っ取りさえすれば、中国のミサイルを中国に、アメリカのミサイルをアメリカに撃ち込むことも理論上可能になります。誰も予想しない想定外の方法でおこなわれる攻撃こそがサイバー戦争の特性であり怖さでもあります。

〔米中の熾烈な戦い〕

現代戦でかぎを握るのは補給と、指揮・統制・通信・コンピューター・情報・監視・偵察などの情報通信網を総称するC4ISRです。この分野はインターネットの生みの親でもある米軍の最大の強みであるとともに、最も弱いアキレス腱でもあります。

サイバー空間でアメリカのライバルである中国が最終目標にしているのもこのC4ISRとみられ、危機感を抱いたアメリカは二〇一一年に「サイバー攻撃を戦争行為とみなす」と発言。二〇一三年にはヘーゲル国防長官が中国人民解放軍を名指しで批判しています。

といいながら、世界最高のサイバー戦能力を持つのはほかならぬアメリカで、激しい対中ハッキングは公然の秘密となっており、中国側は「中国こそ最大の被害者」と主張してい

★―米軍三沢基地のレーダードーム。NSAのエシュロン用とされる

ます。その意味では、すでに米中間は〝交戦状態〟にあるといってもいいでしょう。

アメリカのサイバー軍に対して中国が運用しているのは、人民解放軍に属する六一三九八部隊を中心にした一八万人規模の巨大サイバー軍といわれます。アメリカはこの中国サイバー軍を「アメリカにとって唯一最大のサイバーテロ集団」とみなしています。

このほか、北朝鮮のサイバー戦力は三万人以上ともいわれ、レベルはCIA並みとの評価もあります。国連は二〇〇九年に「もし第三次大戦がおきるとすれば、サイバー戦争になるだろうと」と警告していますが、説得力のある言葉です。

〈日本も標的に〉

日本が本格的なサイバー対策に乗り出したのは二〇〇〇年。中央省庁のホームページが外部から次々に書き換えられた事件をきっかけに、内閣官房セキュリティーセンターが設置され、基幹インフラを防護対象に安全策を指導したり、実際の攻撃を想定した演習をおこなったりするようになりました。

同じ年に防衛省も専従部隊を立ち上げ、二〇〇八年に陸・海・空の三自衛隊合同の指揮通信システム隊を創設。二〇一三年度内にサイバー防衛隊（九〇人）へと新編成の予定ですが、予算や組織、技術面で米国と大きな差があります。

警察庁によると、日本の企業や政府機関へのサイバー攻撃は年間一〇〇〇件を超え、二〇一一年には防衛産業の中核で戦闘機、潜水艦、戦車、対空ミサイルなどを製造する三菱重工が標的にされました。問題は、こうした企業の先端技術情報や政府の機密情報のうち何が盗まれたのか特定がなかなか難しいことです。

防衛という観点では、日本はほとんどサイバー戦争への対抗策を講じていないとの指摘もあります。一般的に、国の中枢システムが攻撃された場合には安全保障上の脅威として軍が対処する仕組みになっていますが、日本では総務省の役割になっているからです。また、サイバー攻撃に対応する法律も警察法規に限られているなど法整備も進んでいません。

とりあえずは監視網の強化はもちろん、被害を受けた場合の情報共有など被害拡大の阻止と、新たな攻撃に備える防御態勢づくりが急務といえます。

〔機密漏洩事件〕

サイバー戦争で特徴的なのは、どの国も現時点で効果的な防衛システムを築けていないという点です。このため、攻撃する側も反撃時の被害を想定せざるをえず、結果的にこのジレンマがかろうじて抑止と自制をうながしているのが現況です。

そんな中で二〇一三年、大きな注目をあつめたのが元CIA職員でNSA（米国家安全保障局）の嘱託職員だったエドワード・スノーデンによる機密漏洩事件です。世界最大の情報組織であるNSAが「プリズム」という秘密プログラムを使って、世界中の膨大な通信情報を違法に入手し、処理・分析しているというショッキングな内容でした。米政府のハッキング行為を暴露したのです。

じつは、NSAは一九九〇年代から「エシュロン」と呼ばれる巨大秘密通信傍受システムを運用してきたといわれてきました。プリズムはその最新版とみられます。

エシュロンのアジアの拠点は米軍三沢基地にある謎の巨大レーダードーム群です。ということは、最新のプリズムもそこで運用されていると考えるのが自然です。

スノーデンは過去に日本のNSA施設で勤務していたと告白しており、三沢基地にいた可能性が極めて高いのです。日本からどんな情報が流出したのかも含めて、日本政府はスノーデン容疑者についての情報を洗い直すべきでしょう。

（斉藤光政）

〔参考文献〕宮家邦彦「すでに始まっている米中サイバー戦争」Voice二〇一三年八月号（PHP研究所）、朝日新聞「サイバー戦争　それは脅威なのか」（二〇一三年）

Q54 日本でテロが起きる可能性はありますか

A

日本国内での組織的なテロといえば、一九九五年にオウム真理教が起こした地下鉄サリン事件など、一連の事件が思い起こされます。テロが絶対に起こらない場所はありませんから、一般にテロが起こるかどうかと問われれば、いずれ起きる可能性はあります。では、海外の組織が日本に来てテロを起こすケースではどうでしょうか?

〈国内外で起きるテロ事件〉

海外の武装組織が狙うとすれば、世界各地で戦争に関与している米軍の施設がターゲットになる可能性があります。9・11テロ事件のさいも、沖縄などにある在日米軍基地は厳戒態勢で警備をおこないました。

国内の施設で他に危険性が指摘されているのは、原子力発電所です。ちなみに、日本は北朝鮮と国交を回復していませんが、原発は福井県や新潟県など日本海側に数多く存在します。万が一北朝鮮と事を構えるようなことになれば、極めて危険な存在になるでしょう。にも関わらず、日本では原発のテロ対策が議論すらされていなかったという事実が、二〇一一年の3・11の震災以降、明らかになっています。

海外で起きたテロ事件で、日本人が犠牲になるケースもあります。近いところでは、二〇一三年一月に起きたアルジェリア人質事件でした。この事件では、砂漠地帯にある多国籍の天然ガス施設を武装組織が襲撃し、日本人一〇人を含む三九人の犠牲者が出ました。この事件について、はっきりした原因はまだ解明されていませんが、施設を運営していたのはイギリスとノルウェーの合弁企業で、日本企業はその下請け的な存在として入っていました。そのため、日本企業がターゲットになったというわけではないようです。

〔中東で悪化した日本のイメージ〕

ただ、二〇〇三年のイラク戦争を境に、中東やイスラム世界での日本人のイメージは確実に変化しました。それが今後のさまざまな出来事に影響をおよぼす可能性は大いにあります。イラク戦争前までは、この地域での日本のイメージはとても良いものでした。大きな理由としては、欧米とは違い、この地域でいまだに尾を引いている植民地支配や、イスラエルへの軍事支援をおこなってこなかったことがあげられます。

ところがイラク戦争のさいに日本政府は、根拠の乏しい大量破壊兵器の疑惑を掲げるブッシュ政権のアメリカに追従し、自衛隊まで派遣しました。これによって、日本のイメージは悪化しました。アルカイダは声明で、日本をテロの標的の一つとすると宣言しました。また何度も中東を訪れている私自身、一般の人々から「日本はなぜこの戦争を支持するのか?」「日本は平和を大事にする国だと思っていたのに、とても残念だ」と言われました。

★—イラクに派遣された航空自衛隊のC-130輸送機

武装集団による襲撃事件でも、イラク戦争前であれば日本人が特別扱いされる可能性はありましたが、今後はそれが望めません。だからと言って、一般の人たちが日本人を憎んでいるということではないので、旅行や仕事で中東を訪れるさい、必要以上に恐れる必要はありません。

〔「テロ対策」と人権問題〕

日本や日本人に対するイメージが悪化したとはいえ、アルカイダ系の組織が日本に来てテロ事件を起こすかというと、その可能性は高くはありません。なぜなら武装組織が優先して標的にしているのは、相変わらず欧米だからです。日本にいる多くのイスラム教徒も、イスラムの人は日本が好きだからそんなことはしないと語ります。

ところが、日本の公安警察が、在日イスラム教徒を「テロリスト予備軍」として徹底的にマークしていたことが、二〇一〇年にインターネット上に流出した情報からわかりました。情報は国際テロ捜査に関するもので、在日イスラム教徒など六〇〇人以上の詳細な個人情報が記録されていました。オバマ政権下の米国でも、盗聴などの情報収集をめぐって問題になりましたが、テロを防ぐためという名目であれば、人権を無視して何をやっても良いということにはならないのではないでしょうか。

（高橋真樹）

Q55 尖閣諸島の領有について教えてください

A

今日、日中間で争点になっている尖閣《せんかく》諸島の場合は、歴史の事実をさかのぼって言えば、同諸島は日清戦争の最中に、日本側の一方的な「無主物先占《むしゅぶつせんせん》」宣言によって手を付けられたことが知られています。一八九五（明治二十八）年一月のことです。日清戦争の最中、大本営はこの年の一月一三日に威海衛《いかいえい》攻略を果たした後に澎湖《ほうこ》諸島の占領作戦実施を決定していますが、無人島であった尖閣諸島の占有を日清戦争で日本軍が中国（清）に攻勢を仕掛ける過程で強行しました。

無主物の存在が確認された場合、先に占有・支配したものが所有権をも獲得するとしたのは、近代国際法の法原則として定着しています。当時、清国が尖閣諸島を実効支配した歴史事実は無く、その意味で言えば「無主物先占」宣言をした日本の領土ということになります。

〔無主物先占について〕

だが、現時点で日本政府はそのこと自体には触れず、ただただ「尖閣諸島は日本固有の領土」のフレーズを繰り返すばかりなのは問題です。その理由として考えられる理由は何でしょうか。一つには、「無主物先占」宣言が、戦争という状況を利しての一方的な宣言であって、国際社会が遍《あま》ねく認知した証拠が希薄であること、日清講和条約によって台湾本土と澎湖諸島の日本への割譲が決定されたものの、尖閣諸島の領有については全く俎上《そじょう》に上がっていないこと、などが推測されます。

その妥当性については多くの議論があるでしょう。それでも日本政府は、「無主物先占」宣言が近代法に裏打ちされたものであって、決して後ろめたいものではない、とする立場を試みに表明してみせる余地もあるでしょう。それをしないのには、何か別の理由があるのでしょう。中国側の視点は、要するに日本が、日清戦争の最中の火事場泥棒のごとく、下関条約という正式の両国外交交渉の場で尖閣諸島の領有権確定が問題になる前に、近代法の知恵を利用して「無主物先占」宣言をあえてした、とする認識です。

中国側の言い分は一般論あるいは感情論としては理解できるものの、当該期における尖閣諸島を清国政府が、どのように認識していたかを示す歴史資料を現時点では私は知りません。当時の中国にあっては、「無主物先占」の近代法の知識が希薄であったかも知れません。少なくとも、清国は、日本の台湾出兵から日清戦争期まで華夷《かい》秩序のなかで一つの〃世界〃を創っていたのであり、西洋から発した近代法には疎《うと》かったかも知れません。

★—尖閣諸島（左から魚釣島、北小島、南小島）

現在の東アジア秩序の大枠を規定することになったサンフランシスコ講和条約（一九五一年九月八日調印）は、日露戦争以後における東アジア地域で派生した事象を再定義する試みであって、これに依拠すれば尖閣諸島の領有は、日露戦争に先立つ日清戦争時に既に決定済みである、とするものです。

そこでは、日本が戦争によって獲得あるいは占領した土地などを完全放棄することが決定されたものの、あくまで対象時期は日露戦争以降である限り、日本の尖閣諸島領有は法的に認知されているとする立場です。その場合、日清戦争期の懸案事項は結果的に論外となったのです。

〔尖閣の非武装化へ〕

現在の日本政府は、ここまで歴史をさかのぼり、さらには近代法の法原則を持ち出して説明することにあまり関心を示しません。つまり、戦後の日本を含めた東アジア秩序は、この講和条約によって形成されているものである限り、尖閣諸島の領有権問題は、実は戦後の東アジア秩序の根幹にも触れていく問題でもあります。あえて言えば、両国とも自らの領土主権を主張することで国家ナショナリズムの機運を保持あるいは昂揚させることで国家としての一体感を醸成することに主要な意味があるでしょう。両国は今後、尖閣列島を共同管理下におき、両国交流のもう一つの場として設定するなどの英断が望まれます。

（纐纈厚）

Q56 EUの安全保障について教えてください

A

ＥＵは何のために設立されたのでしょうか？「八〇年代後半に欧州の統合が進んだのは日本のおかげである。このまま欧州統合を進めないで停滞が続けば、日本との経済摩擦に負けてしまうという危機感が統合の前進を促した」（欧州政治センター〈ＥＵのシンクタンク〉のルドロー所長）とのように、アメリカや日本経済に対抗するために共同体を設立したという目的が語られることもあります。ただ、たんに経済的観点だけからヨーロッパの統合が進められたわけではありません。ピースボート共同代表の一人である吉岡達也によると「ブリュッセルのＥＵ本部を訪ねて、各部署でＥＵの成り立ちや歴史を聞くと、『経済発展』ではなく、必ず『悲惨な戦争を二度と起こさないために』という設立目的が語られる」と言います（〈吉岡達也『九条を輸出せよ！』大月書店、二〇〇八年〉一一四-一一五頁）。二〇〇七年三月二五日、ローマ条約五〇周年を記念して「ベルリン宣言」が出されましたが、その冒頭で「ヨーロッパの統一は平和と繁栄を可能にした」とされています。ＥＵ設立の目的は、第一に戦争回避、平和構築にあります。

〔シューマン・プランと「欧州石炭鉄鋼共同体」〕

ヨーロッパでは、わずか三〇年間に第一次世界大戦（一九一四-一八年）、第二次世界大戦（一九三九-一九四五年）という、言語に絶する戦争が起こりました。そして第二次世界大戦後も米ソ冷戦の激化、さらには朝鮮戦争勃発によって、ヨーロッパでも、「何もしないと別の戦争が近い」（ジャン・モネ著／近藤健彦訳『ジャン・モネ　回想録』〈日本関税協会、二〇〇八年〉二六七頁）という危険が懸念されました。そこでヨーロッパで再び戦争の惨禍が起きないようにするための試みの第一歩が「欧州石炭鉄鋼共同体」（ＥＣＳＣ）でした。

これがのちに「欧州共同体」（ＥＣ）になり、さらには「欧州連合」（ＥＵ）に開花します。一九五一年四月に設立された「欧州石炭鉄鋼共同体」ですが、設立条約の前文では「旧来の対決に代える諸国の死活的利害関係の融合を行い、経済共同体の設立により、多年血なまぐさい対立により引き裂かれていた諸国民の間に一層広く、一層深い共同体の基礎を創設し」とされています。「欧州石炭鉄鋼共同体」は一九五〇年にフランスの外務大臣が発表した「シューマン・プラン」がきっかけとなります。

★—ベルギーのEU諸機関の中にある「ロベール・シューマンの記念碑」（筆者提供）

シューマン・プランに関して西ドイツ代表は「シューマン・プランが、何にもまして政治的なものを確認した。この観点からすると、経済問題は実質的なものかもしれないが、二次的なものである。……朝鮮問題が起こった今日、世界の平和は再び脅かされ、ヨーロッパは団結する必要が生じた」と述べています。「シューマン・プラン」の影の立役者はジャン・モネでしたが、彼は「石炭と鉄鋼は経済力の鍵であると同時に、戦争の武器を作る兵器庫の鍵でもあった。我々は忘れてしまっているが、そこでこの二重の機能が、今日でいえば核エネルギーに匹敵するような大きな象徴的意義を当時は持っていた。国境を越えてこれを統合すれば、悪い意味の威信をなくし、逆に平和への担保に変えるだろう」（ジャン・モネ前掲書二七二頁）と述べています。

〔欧州統合の危機〕

「欧州石炭鉄鋼共同体」が成立することにより、ヨーロッパ各国は平和共同体への第一歩を踏み出しました。ただ、平和共同体の模範例のように言われるＥＵも決して順風満帆《じゅんぷうまんぱん》だったわけではなく、時には崩壊の危機すらありました。そうした危機の例として、まずは欧州防衛共同体（European Defense Community＝ＥＤＣ）の挫折を紹介します。

冷戦が本格的になる世界情勢のなか、とりわけ一九五〇年七月にはじまった朝鮮戦争はヨーロッパの情勢にも大きな影響を与えました。「戦争は不可避と判断される」（ジャン・モネ前掲書二六八頁）という状況の中で、アメリカはドイツの再軍備をもとめました。ところが第二次世界大戦の戦火が冷めやらぬヨーロッパ、特にフランスでは「ドイツ脅威論」が根強く残っており、ドイツ再軍備などはヨーロッパ近隣諸国に受け入れられる情勢ではありませんでした。そのため、ヨーロッパ軍を設立し、そこにドイツ人部隊を誕生させるという考えを結実させたのが「欧州防衛共同体」構想でした。

この提案は一九五〇年にフランスの首相プレヴァンにより発表されました。フランスを除く、ＥＣＳＣ五カ国は「欧州防衛共同体構想」を推進する条約を批准しました。ところが一九五四年八月、フランスの議会がＥＤＣ条約を否決しました。対外的には朝鮮戦争の沈静化、スターリンの死により国際情勢の緊張が緩和されたこと、国内的には国家主権に執着するド・ゴール派の強い反対、ドイツへの強い警戒感などが原因でした。ＥＤＣ条約の批准を前提として、欧州政治共同体（ＥＰＣ）成立の合意もなされていましたが、ＥＤＣの挫折によりＥＰＣも「お流れ」となりました。一九五三年にＥＤＣ条約を批准させた、ドイツのアデナウアー首相は、ＥＤＣ条約の批准に失敗したマンデス・フランス内閣に不信感を募らせました。

一九五八年には第二次世界大戦の英雄であるド・ゴールが政権に復帰します。国家主権に固執し、国家間による緩やかな連合を目指すド・ゴールと、国家主権の移譲を含めた、超国家的な連合を目指すアデナウアーとの間でも欧州統合の理念に関して見解の違いがありました。一九六〇年五月、農業の共同市場化が受け入れられない場合には共同体の諸条約を破棄するとド・ゴールはアデナウアー首相に書簡を送りました。アデナウアーの後にドイツの首相になったハルシュタインとフランスのド・ゴールの関係は険悪でした。そして、一九六五年七月の閣僚会議で、「共通農業政策」を具体化するために必要な独自の予算を共同体に設け、欧州議会に予算の審議権を与えることを内容とする「ハルシュタインプラン」に対し、ド・ゴールは共同体の超国家性の強化につながるとして反対しました。そしてド・ゴール大統領は六カ月以上にわたり欧州司法裁判所を除く共同体の諸機関からフランスの代表を引きあげさせました。この「空席政策」のため、ＥＥＣは存亡の危機に陥りました（いわゆる「六五年危機」）。

ドイツのブラント首相は「東方政策」を展開し、ソ連やポーランドとの「信頼醸成」外交を実行し、それぞれの国と平和友好条約を締結しました。こうしたブラント首相の功績は国際社会で高く評価され、一九七一年にはノーベル平和賞を受賞しました。ただ、「東方政策」はフランスに警戒感を持たせ、そのことも一因となってフランス大統領ポンピドゥーはブラント首相と対決することも少なくありませんでした。

〔EUへの道〕

このように、EUの中心となるフランスとドイツの間でも時には深刻な対立が生じ、共同体が危機に陥ることもありました。ただ、こうした対立にもかかわらず、戦争体験をした指導者たちは二度と戦争をヨーロッパで起こしてはならないとの決意の下、欧州の統合のために根気強く働きかけてきました。凍死した子どもを抱く母親、たくさんの人々を詰め込んだ強制収容所に向かう死の列車などを忘れられない光景だと「第二次世界大戦勃発五〇周年祈念演説」で述べたドイツのコール首相など、悲惨な戦争を体験した政治家たちはヨーロッパが再び軍靴《ぐんか》に蹂躙される悪夢を懸命に避けようとしました。

そして根気強くヨーロッパの統合の道筋を探ってきました。たとえばEDCの挫折にもかかわらず、ECSCの指導者たちはヨーロッパ統合を諦めませんでした。一九五七年三月二五日、欧州経済共同体（European Economic Community＝EEC）条約、欧州原子力共同体（European Atomic Energy Community＝EURATOM）条約が調印されました。この二つの条約を合わせた、いわゆる「ローマ条約」もEUの重要な要素となっています。また、EDCの挫折にもかかわらず、軍備管理などを目的とする防衛同盟としての西欧同盟（WEU）が一九五五年に発足しています。EU条約では、「共通外交および安全保障政策」（Common Foreign And Security Policy＝CFSP）が第二の柱とされ、新たに外交と安全保障政策についての政策の共通化がめざされています。一九九四年のパリ祭でミッテラン大統領は「欧州軍」を招待してシャンゼリゼ通りを行進させました。これは、じつは劇的な出来事でした。というのも、「欧州軍」は事実上のドイツ軍だったからです。

現在、国連の人権理事会の場で議論が進んでいる「平和への権利」の国際法典化に反対し続けたりするなど、完全な「平和共同体」とは言えないかもしれませんが、戦争が絶えなかったヨーロッパ域内での戦争は現在では決して想定できません。

「軍による安全保障」ではなく、「信頼醸成」に基づく「安全保障」の実例がEUといえるでしょう。（飯島滋明）

理論編

Q57 ASEANの安全保障について教えてください

A

一九六七年八月八日に「バンコク宣言」が出されたことで、「東南アジア諸国連合」、いわゆるASEAN《アセアン》が発足しました。当初はインドネシア、マレーシア、フィリピン、シンガポール、タイの五カ国でしたが、一九八四年、イギリスから独立したブルネイが加入します。一九九五年にはベトナムが加入しました。一九九七年にはラオスとビルマ（ミャンマー）が加盟し、一九九九年にはカンボジアが加盟し、現在、ASEAN加盟国は一〇カ国となっています。地域共同体の成功例として注目されています。

〔設立の目的〕

ＡＳＥＡＮの主たる目的ですが、対内的には域内国家間の紛争を回避すること、対外的には大国の影響を受けずに自立・独立を確保することでした。域内的には、マレーシア連邦成立（一九六三年）により、インドネシアとマレーシアの関係は戦争直前まで悪化しました。サバ州の領有権をめぐりフィリピンとマレーシアは対立し、一九六五年にはマレーシアからシンガポールが独立するなど、域内は不安定な状況にありました。

こうした不安定な近隣諸国間の関係を解消し、域内での信頼醸成、紛争を平和的に解決することがＡＳＥＡＮ設立の目的でした。域内での信頼醸成・紛争の平和的解決という目的は、バンコク宣言では、「域内諸国の関係における正義と法の支配を尊重し、国連憲章の諸原則を支持し、もって域内の平和と安定を促進する」とのように明記されています。域外的には、ＡＳＥＡＮ加盟国はタイを除いては第二次世界大戦まで植民地であり、大国からの支配や干渉を受け続けてきました。独立後も冷戦やベトナム戦争などにより、ＡＳＥＡＮ

諸国は超大国の干渉によって翻弄され続けました。そこで内政不干渉や主権尊重といった原則を域外的に宣言し、認めさせることがＡＳＥＡＮの対外的な目的でした。

域外大国からの干渉や影響力を排除するという目的は、バンコク宣言では、「いかなる形、あるいは明言であれ、外部からの干渉に対しては、諸国民の理想と希望に従い、国民的一致を守るため、その安定と安全とを確保すべく決心している」と記されています。軍事基地に関しても「すべての外国基地は一時的なものであって、関係諸国の同意の表明によってのみ存続し、域内諸国の民族と独立と自由を覆し、あるいは諸国の秩序だった国家発展を害するため、直接的であれ間接的であれ使用されることはない」とされています。アメリカのベトナム戦争に協力させられながらも、将来的には「域内諸国の民族と独立と自由を覆《くつがえ》し、あるいは諸国の秩序だった国家発展」を害する協力を拒否しようとする姿勢を示しています。

〈ＡＳＥＡＮのあゆみ〉

域外的には大国の干渉や影響力の排除、域内的には信頼醸成、武力紛争の回避というＡＳＥＡＮの目的は、その後のＡＳＥＡＮの歩みにも一歩一歩刻まれていきます。一九七一年一一月、外相会談で「平和・自由・中立地帯宣言」（Zone of Peace, Freedom and Neutrality＝ＺＯＰＦＡＮ）、いわゆる「クアラルンプール宣言」が出されます。ＺＯＰＦＡＮでも、武力の行使や威嚇の回避と国際紛争の平和的解決、域外大国によるいかなる形の干渉の排除が宣言されています。一九七六年にはＡＳＥＡＮ首脳会議がはじめて開かれ、ＡＳＥＡＮ協和宣言（バリ宣言）が採択されるとともに、「東南アジア友好協力条約」（Treaty of Amity and Cooperation in Southeast Asia＝ＴＡＣ）が締結されます。ＴＡＣではＡＳＥＡＮ諸国の紛争を平和的に解決することが約束されています。バリ宣言では主権の尊重、紛争の平和的解決が定められています。一九九五年には「東南アジア非核兵器地帯条約」（SEA-NWFZ）が締結され、一九九七年に発効しました（ちなみにアメリカはこの条約を阻止しようとしました。原爆の被害を受けた日本も条約の発効を妨害しようとしました）。

第二ＡＳＥＡＮ協和宣言（第二バリ宣言）では、二〇二〇年までにＡＳＥＡＮ共同体（ASEAN Community）が創設されることが明記されています。第二バリ宣言では、ＡＳＥＡＮ共同体の柱となるものとして、ＡＳＥＡＮ安全保障共同体（ASEAN Security Community）、ＡＳＥＡＮ経済共同体（ASEAN Economic Community）、ＡＳＥＡＮ社会・文化共同体（ASEAN Socio-Cultural Community）という、三つの共同体が設立されることになりました。

〔ASEAN憲章とは〕

二〇〇七年一一月二〇日、シンガポールで開催されたASEAN首脳会談で「ASEAN憲章」が調印され、二〇〇八年一二月にはASEAN憲章が発効しました。この憲章の内容について紹介します。ASEAN憲章はASEANの憲法と言えます。ASEANは条約にもとづく組織ではなく、「バンコク宣言」という宣言によって成立した組織であり、その点でEC（欧州共同体）とは異なっていました。しかしASEAN憲章三条では、「一つの政府間組織であるASEANは、ここに法人格を与えられる」と定められ、EU（欧州連合）と同じように「法人格」が認められました。

「平和、安全及び安定を維持、強化し、かつ地域の平和志向の価値を強化すること」、「非核地帯としての東南アジア、そして他のいかなる大量破壊兵器のない東南アジアを維持すること」がASEANの目的とされています（一条）。そして「侵略及び武力の威嚇《いかく》若しくは行使またはいかなる方法であれ国際法に違反するその他の行動の放棄」や「紛争の平和的解決に対する信頼」もASEANの基本原理とされています（二条）。こうした原則ですが「ASEANの対外関係は、この憲章で定められた目的及び原則を固守しなければならない」（四一条）とのように、域外関係でも守ることを求められています。

〔地域共同体としての未来〕

一九七六年という、ベトナム戦争まっただなかで成立したASEANは当初、反共的性格をもっていました。中国やベトナムはそのためにASEANを批判していました。しかし、たとえば一九七一年の「平和・自由・中立地帯宣言」に代表されるように、軍事同盟であるSEATO（Southeast Asia Treaty Organisation）とは違い、域外的には中立・自主・独立をさまざまな場面で宣言してきました。

そして、ベトナムやラオスという社会主義の国が加盟したことにより、ASEANの反共的性格は失われていきます。軍事政権の国家であるビルマ（ミャンマー）が加盟することで、ASEANにはさまざまな政体の国家が存在していいます。そのために意見の対立などが健在化することも多く、二〇一一年のカンボジアとタイの対立のように、武力紛争に至りそうになることもあります。しかし、こうした対立もASEANの枠内で平和的に解決されてきました。

域外関係でも、カシミールの領有問題をめぐって三度にわたる戦争をおこない、最近でもテロ問題を契機に極度の緊張関係にあったインドとパキスタンの関係に改善にむけてAS

★―2003 年の日本・ASEAN 特別首脳会議（毎日フォトバンク提供）

ＥＡＮが積極的に関与しました。二〇〇三年、パキスタンのイスラマバードで開かれた南アジア地域協力連合（ＳＡＡＲＣ）の首脳会議がインドとパキスタンの話し合いの場を提供しました。二〇〇四年一月にはインドとパキスタンの間で、「両国が誠実に協議し、カシミール問題を含むすべての二国間問題を平和的に解決する」との共同声明が発表されました。二〇〇三年一二月に東京で開かれたＡＳＥＡＮ首脳会議では、「東南アジア友好協力条約」に中国が加盟、中国にライバル心を持つインドも加入しました。そして日本も加入しました。意見の相違や紛争の平和的手段による解決、諸国間の効果的な協力が明言されている「東南アジア友好協力条約」に日本や中国、インドが加盟することで、域外での平和構築にもＡＳＥＡＮは一役買っているのです。

ＡＳＥＡＮは「ＥＵに次ぐ地域主義の成功例」、「途上国でもっとも成功した地域主義」などと称されています。

（飯島滋明）

〔参考文献〕山影　進編『新しいＡＳＥＡＮ――地域共同体とアジアの中心性を目指して』（アジア経済研究所、二〇一一年）、荒井利明著『ＡＳＥＡＮと日本』（日中出版、二〇〇三年）

Q58 集団的自衛権の可能性について教えてください

A

「集団的自衛権（Collective Defense）」とは、「自国と密接な関係にある外国に対する武力攻撃を、自国が直接攻撃されていないにもかかわらず、実力をもって阻止する権利」（一九八一年五月二九日鈴木内閣答弁書）とされています。

国連憲章五一条には、「この憲章のいかなる規定も、国際連合加盟国に対して武力攻撃が発生した場合には、安全保障理事会が国際の平和及び安全の維持に必要な措置をとるまでの間、個別的又は集団的自衛の固有の権利を害するものではない」と定められており「集団的自衛権」の根拠規定とされています。

しかし、国連憲章の成立事情を考えると、これが固有の権利であるか疑問点があるようです。以下、具体的にみていきましょう。

〔成立の背景〕

国連憲章の母体であった、一九四四年一〇月に「ダンバートン・オークス提案」には「集団的自衛権」に関する規定はありませんでした。ところが一九四五年二月の「ヤルタ会談」では、「常任理事国」に「拒否権」が認められることになりました。そのためにアメリカは、侵略戦争などが実際に生じたさいでも常任理事国が拒否権を発動することで、安全保障理事会が有効に対応できない事態が生じる可能性を危惧しました。そこでアメリカが「サンフランシスコ会議」で「集団的自衛権」に関する規定の導入を提案し、国連憲章五一条の規定が成立しました。

このように、国連憲章の下では「集団安全保障（Collective Security）」が前提とされていたのに、集団安全保障が機能しないことを見越して、安保理の承認がなくても他国の防衛を名目に武力行使ができるために新しく「集団的自衛権」が導

★―ニューヨークにある国際連合本部ビル

入されたという歴史的事情があります。

〔固有の権利の意味について〕

国連憲章五一条では、個別的自衛権とともに「集団的自衛権」が「固有の（inherent）権利」（国連憲章五一条）とされています。フランス語で「droit naturel」、ドイツ語でも「das naturgegebene Recht」との語句が使われていることを挙げて、「集団的自衛の権利を『固有の権利』と呼ぶのは、それを自然権とみなすことにほぼ等しい」（佐瀬昌盛『集団的自衛権』〔PHP新書、二〇〇一年〕三〇頁）との主張もあります。しかし、「集団的自衛権」が「国連憲章」に導入された経緯からも分かるように、自衛権に「個別的（individual）」と「集団的（collective）」があるとされたのは国連憲章五一条が最初であり、「集団的自衛権」が「固有の権利」というのは正確ではありません。国際法学説上、「集団的自衛権」は国連憲章で新しく認められた権利であるから「自然法上の権利」ではないし、「個別的自衛権と違って、国家の基本権とは言い難い」（松田幹夫獨協大学名誉教授）とされています。さらには「集団的自衛権」は「安全保障理事会の許可なしでできる他国防衛」であるが、「他国防衛を自衛権で説明するという発想は、国際法では新奇な試み」であり、「そもそも他国への脅威に対する反撃を自衛権によって説明しようとすることが可能であろうか」〔波多野里望、小川芳彦『国際法講義』〔有斐閣大学双書、一九九九年〕四三二頁。傍点は原文のまま〕との疑問も出されています。国際司法裁判所の「ニカラグア事件」判決では、集団的自衛権の発動には攻撃を受けた国の同意が必要であるとされましたが、こうした判決を踏まえて、「元来、集団的自衛権が権利である以上、その発動に、他国の同意がいることはないはずである。このような判決が出たことは、これ〔集団的自衛権〕が、概念として、いまだ確定していないことのあらわれとも見られよう」〔波多野里望、小川芳彦前掲書四三三頁〕とも指摘されています。「集団的自衛権は、個別的自衛権と同じく、世界では国家がもつ自然の権利だと理解されている。……日本も自然権としての集団的自衛権を有していると考えるのは当然であろう」〔安倍晋三『美しい国へ』〔文藝春秋、二〇〇六年〕一三二頁〕と言われることがありますが、今まで紹介したように、国際法学説上、「集団的自衛権」が「自然権」という理解は必ずしも支持されているわけではありません。

〈国際政治の場での役割〉

そして忘れられてはならないのは、現実の国際政治の場面では、アメリカやソ連などの大国が侵略戦争、違法な武力行使を行うための口実として「集団的自衛権の行使」が使われてきた事実です。

たとえばアメリカによる集団的自衛権の行使の代表例が「ベトナム戦争」です。三〇〇万人以上の死者を出し、ナパーム弾や枯葉剤等の非人道的兵器のため現在も多くの人が苦しむベトナム戦争にアメリカが軍事介入した名目が「集団的自衛権」の行使でした。さらにベトナム戦争のさい、韓国やオーストラリア、ニュージーランド、タイ、フィリピンも「集団的自衛権」の名目でアメリカと一緒にベトナムで戦いました。韓国は五〇〇〇人の死者が出ました。

その他にも、レバノンへの軍事介入〔一九五八年〕、ドミニカへの軍事介入〔一九六五年〕、ニカラグアへの侵略〔一九八一年〕、グレナダへの侵攻〔一九八三年〕、アメリカとＮＡＴＯによるアフガニスタン戦争〔二〇〇一年〕などがアメリカによる「集団的自衛権の行使」の実例としてあげられます。

また、旧ソ連も、ハンガリー〔一九五六年〕、チェコスロバキア〔一九六八年〕、アフガニスタン〔一九七九年〕に軍事介入をして政権を転覆させました。こうした旧ソ連の軍事介入は国連総会でも批判されましたが、旧ソ連は「集団的自衛権」の行使として自らの軍事介入を正当化しました。

ニカラグアへのアメリカの侵略戦争について国際司法裁判所は「国際法違反」と認定したように、違法な武力行使を大国が正当化するために用いられる口実が「集団的自衛権の行使」なのです。

〔日本の状況〕

以上のような「集団的自衛権」について、日本の歴代政府は憲法違反としてきました（一九八一年五月二九日鈴木内閣答弁書）。しかし、小泉内閣、第一次安倍内閣、福田内閣、麻生内閣といった自民党政権のもとで「集団的自衛権」行使の途が模索されてきました。第二次安倍政権でも、集団的自衛権の行使を可能にするために、集団的自衛権に関する政府解釈の変更が検討されたり、集団的自衛権の行使を可能にする「国家安全保障基本法」の制定や自衛隊法の改正が目指されたり、最終的には日本国憲法の改正が目指されています。

「権利を有していれば行使できると考える国際社会の通念の中で、権利はあるが行使できない、とする理論が、果していつまで通用するだろうか」（安倍晋三前掲書一三二頁）という主張がなされることがあります。しかし、永世中立国であるスイスやオーストリアを国際社会は「おかしい」と批判しているわけではありません。国際法的に「集団的自衛権」が認められるということと、自国の判断としてそれを行使しないということは全くの別問題です。集団的自衛権の行使を認めるようにすべきかどうかは、最終的には主権者である国民が決めるべき事柄となります。

（飯島滋明）

〔参考文献〕佐瀬昌盛『集団的自衛権』（ＰＨＰ新書、二〇〇一年）、波多野里望、小川芳彦『国際法講義』（有斐閣大学双書、一九九九年）

Q59 自衛隊の情報公開について教えてください

A

まずはアメリカの話を紹介します。ニクソン大統領時代に機密扱いされていた、ベトナム戦争の決定過程を示す「ペンタゴン・ペーパー」が「ニューヨーク・タイムズ」に暴露されたことをめぐる「ニューヨーク・タイムズ対アメリカ合衆国事件」（一九七一年）で、合衆国連邦裁判所のダグラス判事は「政府の秘密は、基本的には反民主的であり、官僚主義的誤謬を永続させるものである」「軍事秘密・外交秘密を保持することで、情報に基礎を置く代表政治を犠牲にするなら、それはわが国の真の安全にはならない」と判示しています。

〈軍事秘密と情報公開〉

この事件で検察側の訟務局長を務めたグリズウォウドは一八年後、「文書が公開されることで国の安全保障が脅かされた形跡など目にした事がない。実際、現実に脅威があったことを示唆するような形跡さえ見たことがない。……機密文書に相当な経験がある人には即座に明らかになったことがある。それは、必要以上の機密扱いが大がかりに行われているということ、そして機密扱いにする人たちの主たる心配は、国の安全保障などではなく、むしろ何らかの理由で政府が困った立場に立たされることだ、ということである」と述べています。

グリズウォルドが適切にも指摘しているように、権力者は自分たちに不利な情報を「軍事秘密」「国家機密」との名目で主権者である国民から隠そうとすることが少なくありません。権力者に不利な情報を「国の安全」「国家機密」などの名目で国民に知らせない政治の典型例といえば、ほかならぬ日本でした。敗戦までの日本では、「軍事の機密に関する文書図画は当該官庁の許可を得るにあらざればこれを出版することを得ず」〈出版法〈明治二六年〉二一条〉、「陸軍大臣、海軍大臣及外務大臣は新聞紙に対して命令をもって軍事もしくは外交に関する事項の掲載を禁止または制限することを得」〈新聞紙法〈明治四二年〉七条〉といった規定により、権力者や軍に不利な情報が国民から遮断されました。日中戦争が深刻化すると、「軍機密保護法」〈昭和一二年〉や「国防保安法」〈昭和一六年〉のように、戦争遂行の障害となると権力者が判断する情報を徹底して隠蔽《いんぺい》するしくみが整えられました。

〈情報公開と日本国憲法〉

日本国憲法では、「基本的人権の尊重」「平和主義」とならび、「国民主権」が基本原理とされています。国のあり方を最終的に決めるのは国民というのが「国民主権」の考え方ですが、主権者である国民が国のあり方について正確に判断するためには、戦前までの日本のような権力者による情報隠しを認めず、公的機関が有する情報が国民に適切に提供されなければなりません。さらには、公権力が有している情報を国民が適切に入手できることが必要になります。そして、公権力の有する情報を国民が入手できるためのしくみが「情報公開制度」です。アメリカではすでに一九六六年に情報公開法（Freedom of Information ACT＝FOIA）が制定されましたが、日本ではそれよりかなり遅れて一九九九年に「情報公開法」が制定されました〈二〇〇一年四月施行〉。防衛省・自衛隊も例外ではありません。防衛省・自衛隊のHPでは「『行政機関の保有する情報の公開に関する法律』に基づき、誰でも、防衛省が保有する行政文書の開示を請求することができます。開示請求された行政文書は、法律に規定された不開示情報を除き、原則として開示されます」と記されています。

〈自衛隊・防衛省の情報公開の現状とは〉

しかし、実際の、自衛隊の情報公開の状況はどうでしょうか。結論から言えば、自衛隊・防衛省は「国の安全」「軍事機密」などの名目で国民からの批判にさらされる可能性のある情報、あるいは自衛隊員の自殺裁判などでは組織防衛のためか、自衛隊が不利になるような情報の提供を拒むなど、情報公開に消極的な面が目立ちます。

たとえば二枚の写真を見てください。市民団体がイラク自衛隊派兵の実態を調査するために公文書開示請求をしたさい、政権交代の後の民主党政権下では、「公開文書1」のように全面的に開示されましたが、自民党政権では「公開文書2」のようにほとんど黒塗り状態でした。「公開文書2」のような開示では、自衛隊がイラクで何をしているのか、そし

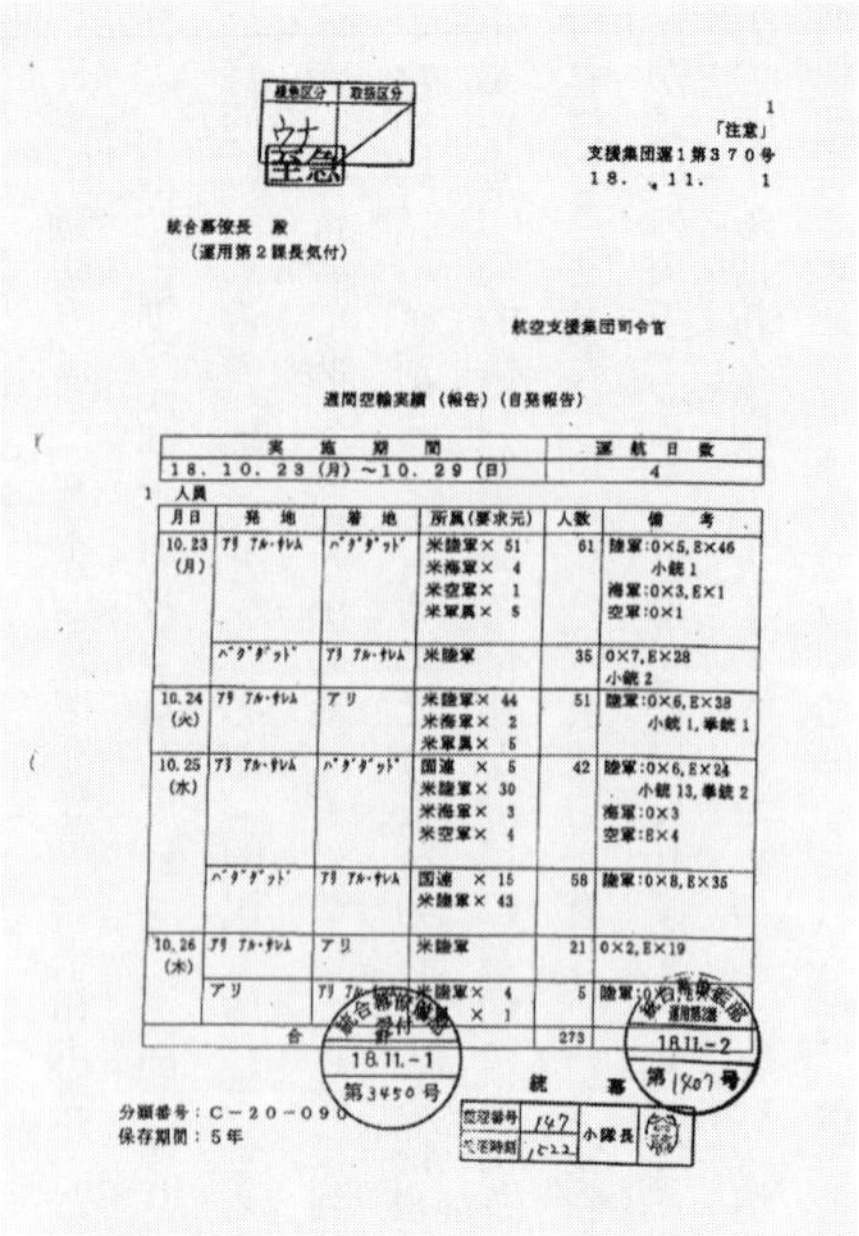
1
「注意」
支援集団運1第370号
18. 11. 1

統合幕僚長 殿
（運用第2課長気付）

航空支援集団司令官

週間空輸実績（報告）（自発報告）

実施期間	運航日数
18．10．23（月）～10．29（日）	4

1 人員

月日	発地	着地	所属（要求元）	人数	備考
10.23（月）	ｱﾘ ｱﾙ･ｻﾚﾑ	ﾊﾞｸﾞﾀﾞｯﾄﾞ	米陸軍× 51 米海軍× 4 米空軍× 1 米軍属× 5	61	陸軍:0×5, E×46 小銃1 海軍:0×3, E×1 空軍:0×1
	ﾊﾞｸﾞﾀﾞｯﾄﾞ	ｱﾘ ｱﾙ･ｻﾚﾑ	米陸軍	35	0×7, E×28 小銃2
10.24（火）	ｱﾘ ｱﾙ･ｻﾚﾑ	アリ	米陸軍× 44 米海軍× 2 米軍属× 5	51	陸軍:0×6, E×38 小銃1, 拳銃1
10.25（水）	ｱﾘ ｱﾙ･ｻﾚﾑ	ﾊﾞｸﾞﾀﾞｯﾄﾞ	国連 × 5 米陸軍× 30 米海軍× 3 米空軍× 4	42	陸軍:0×6, E×24 小銃13, 拳銃2 海軍:0×3 空軍:E×4
	ﾊﾞｸﾞﾀﾞｯﾄﾞ	ｱﾘ ｱﾙ･ｻﾚﾑ	国連 × 15 米陸軍× 43	58	陸軍:0×8, E×35
10.26（木）	ｱﾘ ｱﾙ･ｻﾚﾑ	アリ	米陸軍	21	0×2, E×19
	アリ	ｱﾘ [illegible]	米陸軍× 4 [illegible] × 1	5	陸軍:0× [illegible]
合				273	

統合幕僚監部 受付 18.11.-1 第3450号
統合幕僚監部 運用部 18.11.-2 第1407号
統 幕
整理番号 147 受信時刻 1522 小隊長

分類番号：C－20－090
保存期間：5年

★―公開文書1（近藤ゆり子氏提供）

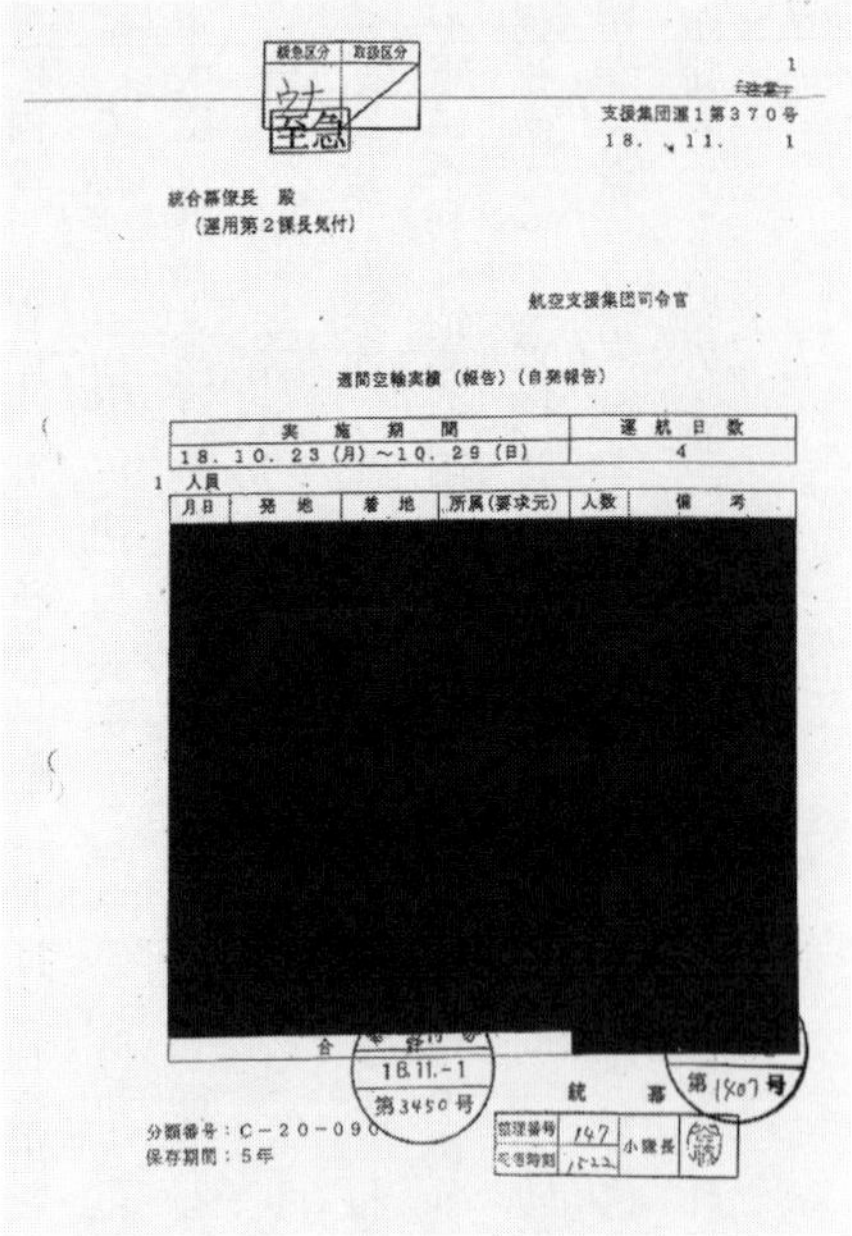
1
「注意」
支援集団運1第370号
18. 11. 1

統合幕僚長 殿
（運用第2課長気付）

航空支援集団司令官

週間空輸実績（報告）（自発報告）

実施期間	運航日数
18．10．23（月）～10．29（日）	4

1 人員

月日	発地	着地	所属（要求元）	人数	備考
[redacted]					
合					

18.11.-1 第3450号
第1407号
統 幕
整理番号 147 受信時刻 1522 小隊長

分類番号：C－20－090
保存期間：5年

★―公開文書2（近藤ゆり子氏提供）

てイラクでの自衛隊の活動が適切かどうか、主権者である国民は判断できません。ところが「公開文書1」のように開示されたことで、航空自衛隊が戦場であるバグダッドに米兵や武器を輸送していたことが明らかになりました。イラク特措法での実施要領では、武器・弾薬の輸送は禁止されていましたが、こうした行為が隠れておこなわれていました。のみならず、戦争中の軍人や兵器の輸送は戦闘行為と一体であり、敵からすればまさに敵対行動であり、当然に攻撃対象になります。このように、小泉政権、第一次安倍政権下では海外での戦闘に巻き込まれる可能性のある行為がなされていたのですが、そうした事実が国民には隠されていたのです。

護衛艦「たちかぜ」いじめ自殺事件でも情報隠しがありました。護衛艦「たちかぜ」乗務員がいじめを苦に自殺した事件で、遺族は裁判前にいじめに関するアンケート調査結果の公文書開示請求をおこないました。それに対して海上自衛隊は「処分した」との回答をしました。ところが裁判が進む中で、現役自衛官の三等海佐が「国は関係資料を隠している」との陳述書を提出しました。このことがきっかけで自衛隊が情報を隠していることが発覚、二〇一二年六月二一日に杉本正彦海上幕僚長はアンケートがあると記者会見で発表しました。

ちなみに自衛隊に関する機密「防衛秘密」ですが、秘密指定の解除後に、歴史的に重要な文書を保存、公開する施設である「国立公文書館」に移管・保管されている文書が一件もないことも明らかになりました（『毎日新聞』二〇一三年一〇月一四日付）。こうした対応について、『ニューヨーク・タイムズ』二〇一三年一〇月二九日付では「実にひどい（Abysmal）」と批判されています。

〈自衛隊による圧力〉

今まで紹介したように、自衛隊・防衛省、さらに政府は依然として情報を隠す姿勢があります。それどころか、情報公開請求をした市民のデータを密かに集めたり、そうした市民を監視するなどの行為をしてきました。『毎日新聞』二〇〇二年五月二八日付では、海幕三等海佐が情報公開法にもとづく請求者一〇〇人以上の身元を調べてリストにまとめ、幹部の間で閲覧していること、そのリストには「反戦基地の象徴」「反戦自衛官」などの評価も記載されていることが報じられました（いわゆる「海幕三等海佐開示請求者リスト事件」）。公文書開示請求という、民主主義からすれば当然認められる行為をしたにもかかわらず、そのことが理由で自衛隊内部でリストが作成されるとなれば、自衛隊・防衛省への情報公開を心おきなく請求できるでしょうか？

〈秘密保護法について〉

二〇一三年一〇月二五日に「特定秘密保護法案」が閣議決定され、国会に提出、一二月六日に成立しました。「我が国の安全保障に関する情報のうち特に秘匿することが必要であるもの」を「特定秘密」に指定し、「その漏えいの防止を図り、もって我が国及び国民の安全の確保に資すること」（法一条）が法制定の目的とされています。しかし、この法律には批判がなされています。たとえば二〇一三年一〇月二八日、憲法・メディア法と刑事法の研究者二六五人がこの法律について反対声明を出しました。憲法研究者は「法案は憲法の三つの基本原理である基本的人権、国民主権、平和主義と真っ向から衝突し侵害する」（山内敏弘一橋大学名誉教授）、刑事法研究者は「戦前の軍機保護法と同じ性格。戦前の影響を考えれば、刑事法学者は絶対反対しなければならない」（村井敏郎一橋大学名誉教授）と批判しています。これについては、次のQ60で詳しく述べます。

（飯島滋明）

Q60 「秘密保護法」の危険性について教えてください

A

二〇一三年一〇月二五日、安倍自公政権で「秘密保護法」が閣議決定、衆議院に提出され、一二月六日に成立しました。この法律ですが、「防衛に関する事項」「外交に関する事項」「特定有害活動の防止に関する事項」「テロリズムの防止に関する事項」で、「我が国の安全保障に関する情報のうち特に秘匿することが必要」（一条）と行政機関が判断するものを「特定秘密」に指定します（三条）。そのさい、秘密を扱うにふさわしいかどうかを判断するため、秘密を扱う人や、家族などを調査・管理する「適性評価制度」が導入されます（一二条～一七条）。そして、「特定秘密」を漏らした人、または「特定秘密」を知ろうとした人は最高一〇年の懲役などの刑罰が科される可能性があります。この法律について安倍首相は「国民を、領土を、国益を守るための法律です」（『産経新聞』二〇一三年一二月七日付）と述べています。

〈秘密保護法への国民や市民団体の対応〉

ただ、「『知る権利』揺るがす秘密保護法の成立を憂う」（『日経新聞』二〇一三年一二月七日付社説）のように、この法案を大々的に批判する全国紙や地方紙も少なくありませんでした。

新聞だけでなく、多くの市民や団体も秘密保護法には反対を表明しました。九月に実施された「パブリック・コメント」にはわずか二週間の間に九万四八〇件もの意見が寄せられ、反対意見が八割を占めました。パブコメの最中、女優の藤原紀香さんが法案の危険性を九月一三日付のブログで表明したことも問題になりました。一一月二八日、ノーベル物理学賞受賞者の益川敏英名古屋大学特別教授やノーベル化学賞の白川英樹筑波大学名誉教授ら国内の著名な学者が結成した「秘密保護法案に反対する学者の会」も「基本的人権と平和主義を脅かす立法で、ただちに廃案にすべきだ」と表明して

表　反対する声明・決議を出した団体など一覧

●市民団体・NGO	●法律団体
アムネスティ・インターナショナル日本 グリーンピース・ジャパン 自由人権協会 日本国際ボランティアセンターなど全国の NGO 約 100 団体 情報公開クリアリングハウス 国際婦人年連絡会 平和フォーラム 秘密保護法全国投票の会 盗聴法に反対する市民連絡会 九条の会 憲法会議 原子力規制を監視する市民の会など多くの反原発団体	日本弁護士会連合会 自由法曹団 青年法律家協会 日本司法書士会連合会 ●学者など 憲法・メディア法学者(樋口陽一ら呼び掛け人・賛同者計140人以上) 刑事法学者(村井敏邦ら120人以上) 歴史学者有志9人(宮地正人ほか) 特定秘密保護法案に反対する学者の会(益川敏英・白川英樹両ノーベル賞受賞者の呼びかけに賛同2000人以上)
●国際機関・団体	●文化・芸術・作家
国連・ピレイ人権高等弁務官 国連人権理事会特別報告者 国際人権 NGO ヒューマン・ライツ・ウオッチ 国際人権 NGO ヒューマン・ライツ・ナウ 反差別国際運動 国際ジャーナリスト連盟 国際ペン	山田洋次、吉永小百合ら269人による「映画人の会」 坂本龍一・村上龍ら発起人約30人でつくる「表現人の会」 日本ペンクラブ

『東京新聞』2013 年 12 月 5 日より抜粋

います。海外からも、たとえば国連の人権保護機関のトップであるピレイ人権高等弁務官が一二月二日の記者会見で、「政府が不都合な情報を秘密として認定するものだ」と批判しました。「秘密保護法案」が国会で審議されている最中、日本中で行なわれた抗議集会やデモは極めて活発でした。

〈秘密保護法に対する批判〉

「法律の内容そのものも、また数をたのんで採決に持ち込んだ国会運営の手法も、誠に憂慮すべきものである」（『日経新聞』二〇一三年一二月七日付社説）とのように、安倍自公政権による強行的な採決手段も批判の対象とされていますが、ここでは「秘密保護法」の内容への批判を紹介します。①国民に知られると行政にとって都合が悪い情報を「テロ対策」「防衛」などの名目で行政が恣意的に情報隠しができる。②秘密の指定期間の五年間を何度も更新でき、六〇年を超えても内閣が承認すれば秘密指定が継続され、永久に秘密にできる。③行政機関による恣意的な情報隠しをさせないために「第三者機関」を設けることにされたが、安倍自公政権が提案した「第三者機関」は政府内の機関にすぎず、行政による恣意的な秘密指定の歯止めとならない。④「特定秘密」を漏らした公務員、「特定秘密」を聞きだそうとした記者や市民には一〇年以下の刑罰が科されるが、「何が秘密か」が不明

なために、「何で逮捕されたのか分からない」という事態が起こる可能性がある。これでは近代法の基本原則である、犯罪と刑罰があらかじめ明確にされていなければならないという「罪刑法定主義」（憲法三一条）に反する。⑤国会議員も「特定秘密」を漏らせば処罰対象とされているため、国会が政府や行政機関を監視、調査できなくなる。⑥行政機関が恣意的に秘密指定できることで、主権者である国民が国政に関して情報を得る「知る権利」が阻害される。⑦「特定秘密」を聞き出す取材も刑事罰の対象になるので、記者への「委縮効果」が生じ、「報道の自由」（憲法二一条）も大きく制約される。⑧どのような秘密を漏らした、あるいは聞き出そうとしたから「逮捕」「起訴」されたのか分からないのでは弁護士も十分な弁護活動ができず、裁判官も事実認定などが困難になる。⑨特定秘密を扱う公務員や家族、同居人などには国籍や犯罪歴、病歴や経済状況、お酒の飲み方などの調査がなされるが、これでは「プライバシーの権利」が侵害される。⑩「秘密保護法」の下では「テロ対策」などの名目で一般市民の電話や携帯のやりとりが盗聴・監視され、しかも盗聴や監視した事実も「特定秘密」に指定されるなど、行政による重大なプライバシー侵害行為が秘密裏におこなわれる。実際に今までも警察や公安調査庁による違法な電話盗聴やメールの秘密閲覧、自衛隊による国民監視が行われてきた。⑪アメリカと一緒に海外で武力行使が可能になる「集団的自衛権」を可能にするために日米の情報共有化をめざし、その前提としてアメリカから提供された情報の秘密を守る「秘密保護法」を制定したなど、日米軍事的一体化の一環である「秘密保護法」制定は憲法の平和主義に反する。

〔長谷部教授の見解と問題点〕

「秘密保護法」ですが、二〇一三年一一月一三日の衆議院の「国家安全保障に関する特別委員会」で、憲法を専門にする長谷部恭男東京大学教授はこれを擁護しました。長谷部教授は「秘密指定」について「専門知識を持つ各部署で判断」するのが適切と述べています。「逮捕」「起訴」の濫用の危険性について、「一種のホラーストーリーが流布をしております」が、「令状主義をとっておりまして、……そうした危険がそうそうあるとは私は考えておりません」と述べています（長谷部教授の見解は、『朝日新聞』二〇一三年一一月二〇日付も参照）。

こうした長谷部教授の見解ですが、日本の現実を踏まえた議論として適切でしょうか？　たとえば福島第一原発事故のさい、SPEEDIによる放射性物質の拡散予報情報を政府が市民に隠したため、市民は被曝しました。原発に関する情報隠しも頻繁に問題にされてきました。米兵が日本で犯罪を犯しても起訴しないという、「日米合同委員会」での「裁判権放棄密約」、警察の不祥事など、行政機関が国民に隠してきた事実はたくさんありました。行政によるこうした秘密隠しの現実をみても、「専門知識を持つ各部署」に「特定秘密」を指定させるのが適切なのでしょうか。核兵器に関する密約、警察の不祥事、原発事故に関わる情報の公開の是非は「専門知識を持つ各部署」でないと判断できない情報なのでしょうか。

「令状主義」（憲法三三条、三五条）があり、裁判官がチェックするので、「不当逮捕」などの可能性は低いと長谷部教授は言います。しかし、「新幹線の切符よりも簡単に取れる」と捜査機関が豪語するように、実際には裁判官が簡単に逮捕状を発し、検察の「勾留請求」を認める場合も少なくありません。元裁判官の秋山賢三弁護士は、裁判官が酒を飲んでいるときには簡単に逮捕令状にハンコを押したり、裁判官室で囲碁をしているときに記録を見ないで逮捕令状に判を押した裁判官がいた事実を紹介しています（『法と民主主義 二〇一一年一一月号四六三号』四七頁）。米艦船が戻る日時を乗組員に聞いたクリーニング屋さんが「艦船入港の日時に関する情報の提供を受けようと企てた」（判決文）として、一九五五年一〇月に横浜地検で起訴、一九五七年二月に懲役八月執行猶予二年の判決を受けた事例もあります。最近でも、反原発や反基地運動化、自衛隊の海外派兵に反対する市民への「逮捕」「起訴」が頻発しています。こうした現実をみても、「令状主義」が機能するから「ホラーストーリー」は起りえないと言えるのでしょうか。

（飯島滋明）

〔参考文献〕中谷雄二、近藤ゆり子『これでわかる！「秘密保全法」ほんとうのヒミツ』（風媒社、二〇一二年）、海渡雄一、前田哲男『何のための秘密保全法か——その本質とねらいを暴く』（岩波書店、二〇一二年）、臺宏士 清水雅彦 半田滋『秘密保護法は何をねらうか』（高文研、二〇一三年）

Q61 「国家安全保障戦略」について教えてください

A

二〇一三年一二月一七日に国家安全保障会議と閣議で決定されたわが国の安全保障のための方策です。この日、一九五七年五月二〇日に国防会議と閣議で決定された「国防の基本方針について」から切り替わりました。特徴をひと言でいえば、日本国憲法のもと、海外の武力行使に参加せず、専守防衛に努めてきたわが国の安全保障政策を「消極的」と切り捨て、今後は「積極的」に海外の武力行使に参加する考えが示されています。ただし、国家安全保障政策を決定した時点で、安倍晋三首相は「有識者懇談会の報告書を待ちたい」と繰り返しており、私的懇談会「安全保障の法的基盤の見直しに関する懇談会（安保法制懇）」（座長・柳井《やない》俊二《しゅんじ》元外務事務次官）が一四年夏にもまとめる報告書を待って方針転換することを明言しています。報告書は、憲法解釈を変えて自衛隊による集団的自衛権行使や海外における武力行使を容認する必要があるとの内容になるのは確実なため、連立を組む公明党や野党の強い反対が予想されます。

〔憲法の平和主義とまるで違う「積極的平和主義」〕

半世紀以上にわたってわが国の安全保障政策の原点だった「国防の基本方針」は、A4判一枚に三〇〇文字に過ぎませんが、「国家安全保障戦略」は三二頁で二万四〇〇〇文字にもなります。国家安全保障の基本理念にとどまらず、日本を取り巻く安全保障環境の分析、日米同盟の強化など記述が多岐にわたり、かえって目指すべき基本方針がぼやけるという分かりにくい文章になりました。同じ日に改定された「防衛計画の大綱」との重複も目立ちます。

それに比べると「国防の基本方針」は極めて分かりやすい。国防の目的について、直接および間接の侵略を未然に防止し、万一侵略がおこなわれるときはこれを排除し、もって民主主義を基調とするわが国の独立と平和を守ることにあるとしていました。この目的を達成するための基本方針が四項目示されています。

①国連の活動を支持し、国際間の協調をはかり、世界平和の実現を期する。

②民生を安定し、愛国心を高揚し、国家の安全を保障するに必要な基盤を確立する。

③国力国情に応じ自衛のため必要な限度において、効率的な防衛力を漸進的に整備する。

④外部からの侵略に対しては、将来国連が有効にこれを阻止する機能を果たし得るに至るまでは、米国との安全保障体制を基調としてこれに対処する。

「国防の基本方針」は安倍首相の母方の祖父、岸信介首相のもとで決定されましたが、骨格は吉田茂首相が目指した「軽武装・経済優先」を実現する必要から日米安保体制を機軸としています。この基本方針のもと、わが国は専守防衛に徹し、他国に脅威を与えるような軍事大国とはならず、非核三原則を守るとの基本方針を堅持してきました。

しかし、「国家安全保障戦略」は、「わが国の平和国家としての歩みは、国際社会で高い評価と尊敬を得てきており、これを確固たるものにしなければならない」とするいっぽうで、わが国を取り巻く安全保障環境の悪化を理由に「より積極的な対応が不可欠」と主張、そしてキーワードの「国際協調主義に基づく積極的平和主義」を掲げています。

「積極的平和主義」とは、日本国憲法の柱のひとつ、平和主義とはまるで違う概念のようです。「日米同盟の強化」の項目で、日本と米国の安全保障上の役割分担をさだめた「日米ガイドライン」を見直すと明記し、安保法制懇で検討している集団的自衛権行使の容認を先取りしています。さらに「国連の集団安全保障措置に積極的に寄与していく」ともあり、世界の平和を脅かす国への武力制裁も含まれる国連の集団安全保障措置への参加も打ち出しています。

文中、「積極的」との言葉が三〇回も登場、国内外の安全保障問題に文字通り積極的に関わっていく姿勢を鮮明にしています。これは海外の紛争から距離を置いてきた戦後の平和主義を「消極的」とみなして否定し、安倍首相が掲げた「戦後レジームからの脱却」を実現する狙いがうかがえます。

強い意気込みは、「パワーバランスの変化の担い手は中国、インドなどの新興国であり」「米国の国際社会における

★—ジフチでP3Cを護衛する自衛官（筆者提供）

相対的影響力が変化」「強力な指導力が失われつつある」との記述からもうかがえます。弱体化した米国を補い、安全保障上の役割を果たすというのです。「国家安全保障戦略」は日米同盟の強化をうたっているものの、積極的平和主義を突き詰めていけばいくほど、アメリカから離れ、自主防衛に近づくのではないか、との疑問を抱かせます。

〔岸との共通項〕

安倍首相は憲法改正を目指すことを明言していますが、岸元首相が目標としたのも改憲、そして自主防衛でした。二人の共通項は改憲だけでなく、自主防衛にまで広がろうとしているのでしょうか。

国家安全保障政策に書き込むことのがふさわしいのか、と疑わせる項目もあります。海外への武器輸出を禁じた武器輸出三原則を見直し、「新たな安全保障環境に適合する明確な原則を定める」とし、ここでも戦後体制を否定しています。

さらに「わが国と郷土を愛する心を養う」と「愛国心」を盛り込みました。その理由を「国家安全保障を身近な問題として捉え、その重要性や複雑性を深く認識することが不可欠」としています。国の安全保障政策が憲法で保障された個人の思想・信条の自由を上回るといわんばかりの書きぶりで、国民の心の領域にまで踏み込んでいます。

「国防の基本方針」にも「愛国心」の項目があったものの、当時は岸氏の信条を盛り込んだに過ぎないと受けとめられました。現在の政治環境は違います。衆院、参院で過半数を占める自民党議員の数の力、それに高い内閣支持率を背景に国家安全保障会議や特定秘密保護法を制定しました。たった四人の閣僚で秘密情報を扱い、安全保障政策を進めようとしています。改憲が無理なら、解釈改憲を強行してでも「国のかたち」を変えようとする安倍政権下での「愛国心」は、国家のために国民に命を投げ出すことを求めた戦前への回帰をうかがわせます。

中国への対抗意識をむき出しにした「防衛計画の大綱」、海兵隊機能の保有を明記した「中期防衛力整備計画」と重ねあわせると、中国、韓国などの周辺国が日本の意図を図りかね、軍事大国化と指摘するのもあながち的《まと》はずれとはいえないかも知れません。

（半田 滋）

理論編

Q62 「平和への権利」について教えてください

A

先に「戦争違法化について教えてください」の項目（Q30）で、「戦争違法化」「武力行使の違法化」に向けての国際社会の流れを紹介しました。ここではそうした流れの延長線上にあり、今まさに国連の人権理事会で議論されており、武力紛争や貧困、差別などをなくすことを内容とする「平和への権利」について紹介します。

〈なぜ「平和への権利」か〉

「現代の国際法の発展は世界政治から戦争を除去しようとする追求によって駆り立てられた」（David Armstrong/Theo Farrell, International Law and International Relations, Cambridge University Express 2012, p. 147.）と言われるように、国際社会では戦争や武力行使をなくそうとの取り組みが根気強く続けられてきました。ところが現在でも、戦争や武力行使は依然としてなくなっていません。たとえば最近では、「イラク戦争」を挙げることができるでしょう。イラク戦争でも、「ファルージャ攻撃」に代表されるように、戦死者の半分以上は女性や子ども、老人などの非戦闘員でした。

「アブグレイブ収容所」では米兵による男性と女性の裸をビデオと写真で撮影、裸の男性に女性の下着着用を強制、男性のグループに自慰行為を強制して写真撮影、男性の指やつま先、性器に電線を取り付け、電気ショックの脅しをかけるなど、民間人への非人道的な虐待も問題になりました。こうしたイラク戦争ですが、「平和への権利」があれば阻止できたのではないかと考えたスペインの法律家団体が国際法上の権利にしようと考えたのがきっかけとなり、国連で「平和への権利」の議論が進められるようになりました。二〇一五年の国連総会での「国連宣言」としての採択を目指して、南米やアフリカ諸国、国際民主法律家協会（ＩＡＤＬ）に代表される、一〇〇〇を超えるＮＧＯなどが採択に向けて積極的に活動を続けています。

★—2013年6月に開かれた国連人権理事会（ジュネーブ・国連欧州本部、筆者提供）

〔平和への権利に向けた国際社会の動き〕

平和への権利ですが、イラク戦争を契機にいきなり発生したものではありません。「平和と人権の不可分性」は国際社会でもたびたび確認されており、そうした流れの延長線上にあります。国際社会での憲法と言うべき「国連憲章」（一九四五年）では、その目的として平和の維持と人権保障が挙げられています（一条）。その後も「人権と平和の不可分性」は、「人類社会のすべての構成員の固有の尊厳と平等で譲ることのできない権利とを承認することは、世界における自由、正義及び平和の基礎である」（前文）とする「世界人権宣言」（一九四八年）や「国際人権規約」（一九六六年）などで確認されています。そして「Right to Peace」は一九七〇年以降には明確に宣言されるようになっています。一九七八年一二月に国連総会で採択された「平和に生きる社会の準備に関する宣言」では、「各国民と各人は、人種、思想、言語、性による別なく、平和に生きる固有の権利（inherent right to live in peace）を有する」とされています。一九八四年一一月の国連総会で採択された「人民の平和への権利についての宣言」でも「地球上の人民は平和への神聖な権利を有する」とされています。

〈平和への権利の内容〉

つぎに「平和への権利」の内容について紹介します。「平和への権利」は平和学の大家ヨハン・ガルトゥングの平和理論の影響を受けているると思われますので、まずは彼の平和理論を紹介します。

ガルトゥングは平和を「暴力が存在しない状態」と定義します。そして、暴力には「直接的暴力」(Direct Violence)、「構造的暴力」(Structural Violence)、「文化的暴力」(Cultural Violence) があるとします。

武力行使や戦争などの「直接的暴力」、「社会的不正義」にもとづく貧困や搾取、差別などの「構造的暴力」、そして「直接的暴力」や「構造的暴力」を正当化する「文化的暴力」(ガルトゥングは日本の侵略戦争を正当化した、「超国家主義イデオロギー」を「文化的暴力の適例」と述べています) があるとします。こうした暴力のない状態が「平和」であるとガルトゥングは考えています。そして「直接的暴力」、「構造的暴力」、「文化的暴力」の根絶に必要と考えられている権利が「平和への権利」の草案には盛り込まれています。国の状況などの違いを反映してか、たとえばアフリカ諸国からは「平和への権利」として「構造的暴力」の根絶のために必要な権利が強調される傾向があると思われます。また、「平和への権利」は武力紛争が起こらないようにするために役目が期待されています。「平和教育を受ける権利」が提案されているのも、武力紛争や人種に基づく差別の予防として「教育」が重要な役割を果たすとの観点からと言えます。

今まさに国連の人権理事会で「平和への権利」の内容について議論されている段階ですが、国連人権理事会第二〇会期(二〇一二年六月一八~七月六日)に提出された「平和に対する権利の宣言草案」は、「序文」、「平和に対する人権―諸原則」(一条)、「人間の安全保障」(二条)、「軍縮」(三条)、「平和教育および訓練」(四条)、「良心的拒否」(五条)、「民間軍事・警備会社」(六条)、「圧制に対する抵抗および反対」(七条)、「平和維持」(八条)、「発展」(九条)、「環境」(一〇条)、「被害者および脆弱なグループの権利」(一一条)、「難民および移住者」(一二条)、「義務およびその履行」(一三条)、「最終条項」(一四条)という内容です。

〈平和への権利に対する国際社会の対応〉

「平和への権利」に対する対応ですが、アメリカやEUは強硬に反対しつづけてきました。二〇一三年六月一六日、筆者は日本平和学会でEUの軍事化について報告を担当した、ドイツ軍事化情報協会のアンドレアス・ザイフェルトに対し、なぜEUはアメリカとともに「平和への権利」の法典化に反対するのかを聞きました。すると彼は「『平和への権利』が規範化されることで、彼らが好きな時に軍事的手段を含めた介入をする自由が狭められてしまうので、彼らの武力行使の可能性、余地を残しておきたいのだ」と回答しています。

〈日本政府の対応と問題点〉

「平和への権利」の国際法典化に反対している国は、アメリカやEUだけではありません。他ならぬ日本も反対を続けてきました。ただ、考えてください。広島、長崎の被爆という悲惨な体験した日本政府が「日米関係というものが日本にとって有しているところの圧倒的重要性ということを考えますと、……日本はこうあるべきであるという投票態度をとりがたい実情がある」（一九八五年一一月二七日、外交・総合安全保障特別委員会での西堀正弘前国際連合日本政府代表部特命全権大使）などと述べるのは、いかがなものでしょうか。核兵器廃絶等の国連決議で棄権・反対を繰り返してきたのと同様、「平和への権利」宣言を採択しようとする決議に日本政府は反対票を投じ続けてきました。こうした対応ですが、「われらは、平和を維持し、専制と隷従、圧迫と偏狭を地上から永久に除去しようと努めてゐる国際社会において、名誉ある地位を占めたいと思ふ」と前文で明記されている日本国憲法に従うことが法的義務である日本政府の対応として適切でしょうか。

また、第一次安倍政権と同様に、第二次安倍政権のもとでも海外での武力行使が可能になる態勢が着々と進められています。平和をさらに深化させようとして「平和への権利」を国際法典化しようと真剣な検討が国連人権理事会でされる中、海外で武力行使のできるようになる国家体制構築に邁進《まいしん》する安倍自民党政権の対応は適切なのでしょうか。

（飯島滋明）

〔参考文献〕ヨハン・ガルトゥング＋藤田明史編著『ガルトゥング平和学入門』（法律文化社、二〇〇三年）

平和のための軍事入門

飯島滋明

第一次世界大戦中にアメリカの上院議員ハイラム・ジョンソンは「戦争が起これば最初の犠牲者は真実だ」と述べています。イギリスの首相を務めたロイド・ジョージも第一次世界大戦中、「もしも、国民が戦争の実態を知ったなら、明日にでも戦争は終わってしまう。しかし、政府としてはそのようにするわけにいかないのだ」と言ったといいます（門奈直樹『現代の戦争報道』岩波書店、二〇〇四年、一九、二五頁）。「戦争が起これば最初の犠牲者は真実だ」という発言がベトナム戦争や湾岸戦争、イラク戦争などでも何度も紹介されたことからも分かるように、都合の悪い情報を隠し、意図的に虚偽の宣伝をする政府や軍の実態は変わっていません。

そして、「権力の監視こそがメディアの役割」「メディアは社会の木鐸《ぼくたく》」と言われます。現在の日本でも、政府や防衛省が隠している自衛隊やアメリカ軍の実態を国民に正確に知らせ、「権力の監視」「社会の木鐸」の役割を果たすメディアや優れたジャーナリストもいます。ただいっぽう、日露戦争やアジア・太平洋戦争のさい、戦争をけしかける新聞の売り上げが飛躍的にのびるのに配慮して侵略戦争を積極的に支持した新聞があったのと同様、現在でも政府の防衛政策などをそのまま擁護、宣伝するメディアも少なくありません。

その上、「〔教科書検定での〕高校世界史教科書の記述をめぐって、たとえばアメリカのイラク攻撃・日本の自衛隊イラク派遣については、それを正当化する文章になるまで何度も書き換えさせられた」と西川正雄東京大学名誉教授が述べているように（『朝日新聞』二〇〇五年五月二〇日付）、政府の主張が子どもの教育現場にも持ち込まれています。第一次安倍内閣では教育基本法が改正され、第二次安倍自公政権でも、「国家安全保障戦略」や「国家安全保障基本法案」で「教育」が明記されるなど、教育を通じて軍や戦争に関する政府の見解が宣伝されようとしています。いっぽうでは、「従軍慰安婦」や「南京大虐殺」などの日本軍の歴史の暗部が教育の場で語られなくなっています。私も教育現場で、日本の侵略戦争の実態を学生は驚くほど知らないことを実感しています。

今までもアメリカ軍や自衛隊の情報は隠されてきましたが、二〇一三年一二月の「秘密保護法」制定で、軍事や外交の情報がますます隠され、かつての「大本営発表」のように、政府やアメリカ軍の発表だけがいっぽう的に垂れ流される状況が生じる可能性があります。憲法改正には国民投票がおこなわれますが（憲法九六条）、「憲法改正国民投票法」を改正して、国民投票に際して教師や公務員の地位を利用しての政治活動に罰則を設けようとするなど（『読売新聞』二〇一三年一〇月一四日付）、安倍自公政権では憲法改正に反対する言論を規制しようとする姿勢もうかがえます。本来なら憲法改正について賛成、反対の意見が主権者である私たちに十分に提示された上でなされるべき憲法改正国民投票でも、政府の見解がいっぽう的に流布される事態が想定されます。

ただ、こうした状況で本当に良いのでしょうか？　フランス大革命のさいに「国民主権の父」と言われたJ・J・ルソーが『社会契約論』で「人民の決議が、常に同一の正しさを持つことにはならない……人民は時に欺かれることがある」と述べていますが、戦争や軍事に関する情報が隠された状態では、あるいは嘘の情報で国民が洗脳された状態では、国のあり方を決めるのは国民という「国民主権」が歪められます。政治家や軍が戦争や軍に関する情報を隠蔽《いんぺい》、または意図的に誤った情報を流してきた事例はいくらでもあります。最近も防衛に関わる政策が次々にすすめられ、そうした政治の動きが毎日のように報道されていますが、問題のある政府の主張や報道が少なくないと思われます。

二〇一三年一一～一二月、第二次安倍自公政権で、日米軍事同盟化の一環として「国家安全保障会議設置法」と「特定秘密保護法」が制定されました。同じく一二月に「国家安全保障戦略」（ＮＳＳ）や新「防衛計画の大綱」、「中期防衛力整備計画」が策定されました。第二次安倍自公政権は「積極的平和主義」との名目で、海外での武力行使を認める政策をすすめています。海外での武力行使を可能にする代表例が「集団的自衛権」の行使を可能にする政策であり、集団的自衛権に関する政府見解の変更、集団的自衛権を法律で認める「国家安全保障基本法」の制定、そして仕上げとして「憲法改正」が目指されています。沖縄では仲井真弘多《なかいまひろかず》沖縄県知事が普天間《ふてんま》基地から辺野《への》古《こ》への移設申請を承認しました。こうした政策に関して安倍政権は、「特定秘密保護法の制定により官僚による恣意的な情報隠しを防ぐことができる」、「海外での武力行使は国際貢献、積極的平和主義」、「沖縄の海兵隊は抑止力」などと主張します。一部のメディアも政府の主張を擁護、宣伝しています。本当でしょうか？

たとえばここで、「海外での武力行使」＝「国際貢献」「積極的平和主義」という主張を考えてみましょう。「積極的平和主義」というと、平和学の大家であるガルトゥングの理論に依拠した政策と思われるかもしれません。ただ、ガルトゥングのいう「積極的平和主義」は、「社会的不正義」にもとづく貧困や搾取、差別などの「構造的暴力」(Structural Violence) をなくすための、非軍事的なとりくみであるのに対し、安倍自公政権の「積極的平和主義」とは、「国家安全保障戦略」や「防衛計画の大綱」で示されているように、海外での武力行使を積極的におこなう主義です。「自衛隊を海外に派兵し、場合によっては武力行使もするのは国際貢献、積極的平和主義だ」と言われると、「なるほど」と思ってしまうかもしれません。ただ、こうした言説は本当でしょうか？　武力で平和が作れるのでしょうか？　たとえばデンマークのヤヌス・メッツ監督の映画「アルマジロ」は、アフガンで「国際治安支援部隊」（ＩＳＡＦ）を構成するデンマーク軍の実態を紹介しました。この映画を通じてデンマーク国民は「アフガンを救うためにデンマークは若者送りだしたが」、「デンマークの若者が、粗暴で残虐で野蛮な兵士となってアフガンで人を殺していること」、そして「『よきこと』と信じていた国際貢献の現実」を知ることになった（「 」はメッツ監督の発言。『朝日新聞』二〇一三年四月五日付。傍点は飯島による強調）。デンマークでは大論争がおき、二〇一一年、デンマーク政府はアフガン駐留軍の撤退を開始しました。「アフガンへの派兵は国際貢献」という虚偽性が国民に認識されたことがこうした結果につながりました。

さらには最近の日本の外交・防衛問題の最大の問題の一つである近隣諸国との関係、とくに中国との関係も考えてみましょう。日本政府は「中国の脅威」を念頭に置き、自衛隊の装備を増強してきました。一部のメディアやジャーナリストも政府の対応を支持し、中国との戦争をあおる発言をする者すらいます。ただ、一部のメディアやジャーナリスト、ネット右翼が主張するように、日中の戦争でも良いのでしょうか？　尖閣諸島で武力紛争が起これば、尖閣諸島だけで事態が収まり、全面戦争にならないと言えるのでしょうか？　五五基もの原発があり、大都市に人口が集中する日本が外国と戦争できるのでしょうか？　日本はサイバー攻撃にたえられるのでしょうか？

もっとも、戦争の悲惨さを認識しても、中国とこんなに関係が悪化すると、やはり「中国の脅威」を前提として、軍事力の強化を図るしかないと思われるかもしれません。ところが世界には近隣諸国との悪い関係を武力によらずに解決した事例もあります。かつてドイツとフランスの関係は最悪でした。ただ、二度の壮絶な世界戦争をへて、ヨーロッパ民衆は戦争の悲惨さを認識しました。一九五〇年に朝鮮戦争が勃発し、ヨーロッパでもふたたび戦争が起こるかもしれないと考えた、悲惨な戦争体験を共有するヨーロッパの政治的指導者たちは、絶対に戦争を回避しようとの必死な思いから、ヨーロッパ統合にむけて尽力しました。

今度は「EUに次ぐ地域主義の成功例」と言われるASEANに目を転じてみましょう。私はタイやラオス、カンボジアに頻繁に行きますが、ラオス、カンボジア、タイの人はとても優しい人たちです。ただ、一般的にラオスの人はタイ人を極めて悪く言います。普段はとても優しいカンボジア人が「タイ」と聞くと顔色が変わり、激しく罵倒する姿も何度も見てきました。アンコール・ワットで有名な、カンボジア第二の都市である「シェムリアップ」とは「タイ人出て行け」という意味です。タイとカンボジアの国境付近にあるプレアビヒア遺跡をめぐりカンボジアとタイに紛争が生じ、タイのコンケンの町を戦車が通った直後の状況を直接、目の当たりにしたこともあります。ラオス、タイ、カンボジアなどの近隣諸国の国民感情は決して良好とはいえず、いろいろな問題で不協和音を奏でることも珍しくありません。しかしASEAN諸国は「武力行使の禁止」という国連憲章の原則を大原則に据え、粘り強く交渉を重ねてきました。ASEANやEUの実例を知ることで、日本と中国との関係についても良き手本がすでに存在するのを私たちは知ることになります。

さらに、歴史的事実や国際社会の状況を正確に認識できないことが、お互いを理解する妨げとなり、平和に至る道を阻害することもあります。世界には、アジア太平洋戦争での日本軍の行為の傷跡がアジアを中心に遺され、そして語られています。中国や韓国だけではありません。いくつか例をあげましょう。

旅行先として人気のあるハワイには、日本軍による奇襲攻撃の状況を紹介する資料館があります。タイのカンチャナブリにも、日本軍が捕虜として労働させた末に命を落としたイギリス人やオランダ人などの約七〇〇〇人の墓、日本軍の空爆により命を落としたタイ人や、日本刀でタイ人の首を切り落とす日本の軍人などの様子を紹介する戦争博物館があります。スイス・ジュネーブにある国連の人権理事会の資料室には、「一九三一年九月、日本軍は宣戦布告なしに中国の満洲地方を侵略する」と記されたパネルが掲示されています。

アジア太平洋戦争時の日本軍の侵略行為は世界で広く認識されているのに、日本の政治指導者や保守的論者が「日本は侵略戦争をしたのではない」などと発言すれば、世界からどのように見られるでしょうか？　自国のことだけを考慮して、近隣諸国との歴史や事情を考慮しなければ、二〇一三年一二月に靖国神社に参拝した安倍首相が韓国や中国だけではなく、アメリカやEU、ロシアなどからも批判されたような反応を国際社会から受けるのです。私が授業で「南京大虐殺」や「従軍慰安婦」の問題を取り上げた後、学生からは「全く知らなかった」「私が中国人や韓国人なら日本を嫌いになる」「中国や韓国の人が日本に怒る理由がよく分かった」「こうした事実は中学や高校でもっと教育すべき」等との意見が寄せられることが少なくありません。正確な事実を知らないことがお互いの理解を不可能にし、友好関係を作り上げる支障となるのです。

田中角栄元首相は「戦争を知らないやつが日本の中核になった時は怖い。しかし、勉強してもらえばいい」と述べたといいます（『神奈川新聞』二〇一二年一二月一八日付）。彼が憲法の平和主義の理念に適った防衛・外国政策を進めてきたかは問題ですが、ただ、海外での武力行使は許されないとの信念は持っていました。自衛隊が保有するF-4攻撃機が海外での爆撃が可能なことを憂慮して、田中首相の判断でF-4から爆撃装置をはずしたこともありました。いっぽう、田中元首相が危惧したように、戦争の悲惨な体験を経験せず、戦争の歴史や現実を深刻に受け止めない政治家は海外での武力行使が可能になる装備の増強、法整備を進めています。一部のメディアやコメンテーターなる者も、政府の立場を積極的に宣伝しています。ただ、こうした政治や報道に国民が洗脳された状態では、「国民は欺かれることがある」という事態になりかねません。

本書の主たる目的は、戦争や軍事に関する現実を提示すること、主権者である私たちが軍事や防衛問題に関して主体的に判断するのに必要な資料を提供することにあります。また軍事問題に関して日本を代表する論者が取材などを通じて知りえたさまざまな実態を紹介しています。後になって「こんなはずではなかった」とならないためには、軍事や防衛の問題に関して隠蔽・歪曲された情報でなく、実態に即して、あるいは世界や外国の動向を踏まえつつ、主権者として私たちが適切に判断することが必要です。

軍事を知るためのブックガイド

ここでは、比較的最近出版され、一般の書店でも入手しやすく読みやすい本を中心に紹介します。まず本書の姉妹編と言える**前田哲男・林博史・我部政明編『〈沖縄〉基地問題を知る事典』**（吉川弘文館、二〇一三年）は是非ご覧ください。「沖縄」を通じて軍の本質を事実から明らかにする書物です。

兵器の性能や発展の歴史一般について分かりやすい文献としては**鍛冶俊樹『戦争の常識』**（文春新書、二〇〇五年）を、戦争の歴史を概観するのにふさわしい文献として**ウィリアム・H・マクニール著・高橋均訳『戦争の世界史 ―技術と軍隊と社会―（上）（下）』**（中央公論社、二〇一四年）、**ポール・ケネディ『第二次世界大戦 影の主役 勝利を実現した革新者たち』**（日本経済新聞出版社、二〇一三年）を紹介します。平和学の一般的な理解としては、**ヨハン・ガルトゥング著／高柳先男・塩屋保・酒井由美子訳『構造的暴力と平和』**（中央大学出版部、一九九一年）、**ヨハン・ガルトゥング＋藤田明史編著『ガルトゥング平和学入門』**（法律文化社、二〇〇三年）を参考にしてください。

敗戦までの日本の軍事通史としては、**藤原彰『日本軍事史』（上）戦前篇**（日本評論社、一九八七年）がふさわしいでしょう。また、おなじ著者の**『餓死《うえじに》した英霊たち』**（青木書店、二〇〇一年）は、〈名誉の戦死〉といわれる軍人軍属二三〇万人中一三〇万人が、じっさいには食糧もなく降伏も禁止された末の死であった事実を明らかにしています。**戸部良一ほか五人**による**『失敗の本質 日本軍の組織論的研究』**（中公文庫版、一九九一年）も、べつの角度――ケーススタディを通じた失敗の原因究明――からですが、日本軍の内在体質をえぐるすぐれた論考です。さらにより広い時代背景から、司馬遼太郎の『坂の上の雲』に見られる〈明るい明治〉歴史観を批判した**半沢英一『雲の先の修羅』**（東信堂、二〇〇九年）も、〈昭和の戦争〉にいたった流れを考える参考になります。いっぽう、戦場に立った兵士の目線から日本軍隊の特質および「対米総力戦」「日中十五年戦争」を分析したものに、**吉田裕『日本の軍隊　兵士たちの近代史』**（岩波新書、二〇〇二年）、**証言記録『兵士たちの戦争』**（NHK「戦争証言」プロジェクト編　全七巻、NHK出版、二〇〇七〜一二年　DVD版も）、**大岡昇平『レイテ戦記』**（中公文庫、一九八三年）などがあり、アジアの戦場で戦う兵士の実態をよくつたえてくれます。個々の戦場の記録、作戦指導については多すぎて取捨が困難ですが、一九八〇年代、旧海軍現役将校たちによる討論の録音テープを起こした**『証言録　海軍反省会』**（一〜六　PHP研究所、二〇〇九〜一四年　未完結）が、海軍の立場から幅広く批判的な検討を行っています。**片山杜秀『未完のファシズム　「持たざる国」日本の運命』**（新潮社、二〇一二年）は、その〈陸軍版〉と言えるでしょうか。さらに「特攻隊」という異常な戦法については、生き残って戦後の時代を生きた特攻隊要員がつづった書物、**田英夫**（のちジャーナリスト、参議院議員）**『特攻隊だった僕がいま若者に伝えたいこと』**（リヨン社、二〇〇二年）、**信太正道**（のち日航パイロット）**『最後の特攻隊員』**（高文研、一九九八年）、**土屋公献**（のち日弁連会長）**『弁護士魂』**（現代人文社、二〇〇八年）などが、若い世代へ向けた〈遺言〉として読まれるべきでしょう。くわえて、忘れてならない視点として、**林博史『BC級戦犯裁判』**（岩波書店、二〇〇五年）、**『沖縄戦　強制された「集団自決」』**（吉川弘文館、二〇〇九年）も、〈軍隊の論理〉が下級兵士や地域住民に強要した悲惨な時代の一端をするどくあばいています。最後に、中国がアジア・太平洋戦争をどう見ているかの文献に、**劉大年・白介夫編『中国抗日戦争史』**（桜井書店、二〇〇二年）と**伊香俊哉『戦争はどう記憶されるのか　日中両国の共鳴と相剋』**（柏書房、二〇一四年）、**笹川紀勝・金勝一・内藤光博編『日本の植民地支配の実態と過去の清算』**（風行社、二〇一〇年）を挙げておきます。

敗戦までの日本の歴史については**中村隆英『昭和史（上）』**（東洋経済新報社、二〇一二年）を紹介します。**NHK取材班、北博昭『戦場の軍法会議　日本兵はなぜ処刑されたのか』**（NHK出版、二〇一三年）では日本の軍法会議の実態を軍法会議に関わった人物などからの聞き取りを踏まえた、「軍法会議」の実態を明らかにします。敗戦までのメディアの状況に関しては、本書の項目で挙げられた参考文献のほかには**半藤一利・保坂正康『そして、メディアは日本を戦争に導いた』**（東洋経済新報社、二〇一三年）を挙げさせていただきます。

敗戦までの日本軍の行為については、**松岡環編著『南京戦　閉ざされた記憶を尋ねて　元兵士一〇二人の証言』**（社会評論社、二〇〇二年）、**「しんぶん赤旗」社会部取材班『元日本兵が語る「大東亜戦争」の真相』**（日本共産党中央委員会出版局、二〇〇七年）で多くの兵士の証言が紹介されています。

日本の歴史認識の問題については**纐纈厚『侵略戦争　―歴史事実と歴史認識』**（ちくま新書、一九九九年）、**山田朗『歴史認識問題の原点・東京裁判』**（学習の友社、二〇〇八年）、**田中宏・中山武敏・有光健『未解決の戦後補償』**（創史社、二〇一二年）、**内田雅敏『天皇を戴く国家　歴史認識の欠如した改憲はアジアの緊張を高める』**（スペース伽耶、二〇一三年）、**清水正義『東京裁判をめぐる50問50答　戦争責任とは何か』**（かもがわ出版、二〇〇八年）などの好著が多く刊行されています。

日本の自衛隊の現状については、防衛省・自衛隊から刊行される**『防衛白書』**、自衛隊の準機関紙である**『朝雲』**、そして朝雲新聞社が毎年刊行する**『防衛ハンドブック』『自衛隊装備年鑑』**が大切です。その他にも、自衛隊の状況を分かりやすく紹介するものとして、**前田哲男『自衛隊の歴史』**（ちくま学芸文庫、一九九四年）、**前田哲男『自衛隊　変容のゆくえ』**（岩波新書、二〇〇七年）、**植村秀樹『自衛隊は誰のものか』**（講談社、二〇〇二年）、**山田朗『護憲派のための軍事入門』**（花伝社、二〇〇五年）、**半田滋『「戦地」派遣　変わる自衛隊』**（岩波新書、二〇〇九年）、**半田滋『3・11後の自衛隊』**（岩波ブックレット、二〇一二年）を紹介します。なお、**水島朝穂早稲田大学教授のブログ「今週の『直言』」**（http://www.asaho.com/jpn/）は憲法や自衛隊に関する最新の問題に鋭くメスを入れているものとして定評があります。また、世界の軍事動向を知る基礎文献として、**ストックホルム国際平和研究所**が毎年刊行する***SIPRI YEARBOOK***および（英）**国際戦略研究所**の***THE MILITARY BALANCE***も欠かせません。

核の問題については、**高橋博子・竹峰誠一郎『ヒバクシャと戦後補償』**（凱風社、二〇〇六年）、**鎌田慧・斉藤光政『ルポ下北核半島　原発と基地と人々』**（岩波書店、二〇一一年）、**前田哲男『フクシマと沖縄』**（高文研、二〇一二年）を紹介します。原発が核兵器保有構造の担保であったことを取材を通じて明らかにした文献として**中日新聞社会部編『日米同盟と

原発』（中日新聞社、二〇一三年）は貴重な書物です。

近隣諸国、とりわけ中国や韓国との関係をどう考え、どのような外交政策をとるべきかについては、**松竹伸幸**『**幻想の抑止力　沖縄に海兵隊はいらない**』（かもがわ出版、二〇一〇年）、**孫崎享**『**日本の国境問題**』（ちくま新書、二〇一一年）、**柳澤協二＋半田滋＋屋良朝博**『**改憲と国防**』（旬報社、二〇一三年）、**東郷和彦**『**歴史認識を問い直す　―靖国、慰安婦、領土問題**』（角川書店、二〇一三年）を紹介します。

日本と中国、韓国との関係についてはＥＵやＡＳＥＡＮの関係を参考にすることも有益だと思われますが、ＡＳＥＡＮに関しては**山影進編**『**新しい　ＡＳＥＡＮ　―地域共同体とアジアの中心性を目指して―**』（アジア経済研究所、二〇一一年）を、ＥＵについては**前田哲男・児玉克哉・吉岡達也・飯島滋明**『**平和基本法**』（高文研、二〇〇八年）を参照してください。武力紛争の現場を踏まえた平和構築論としては**吉岡達也**『**9条を輸出せよ！**』（大月書店、二〇〇八年）、**瀬谷ルミ子**『**職業は武装解除**』（朝日新聞社、二〇一一年）が必読書と言えます。おなじ敗戦国であるドイツが戦争・戦後責任とどう向き合ってきたかをしめす書物として、著名な法学者**ベルンハルト・シュリンク**の世界ベストセラー小説『**朗読者**』（新潮文庫、二〇〇三年）と、ナチ戦犯を祖父にもつ弁護士**フェルディナント・シーラッハ**『**コリーニ事件**』（東京創元社、二〇一三年）があります。どちらもドイツでは「ＢＣ級戦犯」が現在なお追及されている事実が背景になっています。シュリンクは〈過去の克服〉を考察する『**過去の責任と現在の法　ドイツの場合**』（岩波書店、二〇〇五年）という論考も書いています。「従軍慰安婦」「強制連行」問題を考えるにあたり必読の書です。

日本の法制度、とりわけ国際社会と日本国憲法の平和主義の関係については、**古関彰一**『**新憲法の誕生**』（中公文庫、一九九五年）、**川村俊夫**『**戦争違法化の時代と憲法9条**』（学習の友社、二〇〇四年）、**笹本潤・前田朗編**『**平和への権利を世界に　国連宣言実現の動向と運動**』（かもがわ出版、二〇一一年）が有益です。

現在、集団的自衛権を認めようとする安倍政権のもとで「集団的自衛権」をめぐる議論が盛んになっていますが、集団的自衛権については**川村俊夫**『**ちょっと待った　集団的自衛権**』（学習の友社、二〇〇七年）、**豊下楢彦**『**集団的自衛権とは何**

か』（岩波新書、二〇〇七年）、竹松伸幸『集団的自衛権の深層』（平凡社新書、二〇一三年）、紛争をさせない一〇〇〇人委員会編パンフレット『なにがもんだい？集団的自衛権』（二〇一四年、戦争をさせない一〇〇〇人委員会ＨＰで入手可能）、同『すぐにわかる　集団的自衛権って何？』（七つ森書館、二〇一四年）を参照してください。

集団的自衛権などの海外での武力行使の状況を正確に知るためには、石川文洋『カラー版　ベトナム戦争と平和』（岩波新書、二〇〇七年）、アフガン戦犯法廷準備委員会編『ブッシュの戦争犯罪を裁く』（現代人文社、二〇〇二年）、土井敏邦『米軍はイラクで何をしたのか　ファルージャと刑務所での証言から』（岩波ブックレット、二〇〇四年）が戦場に悲惨な状況を分かりやすく紹介しています。実際に戦場に行った兵士や自衛隊員がどのような状況になったかについては、ジョシュア・キー『イラク　米軍脱走兵、真実の告発』（合同出版、二〇〇七年）、田城明『ヒロシマ記者が歩く　戦争格差社会アメリカ』（岩波書店、二〇〇八年）、高倉基也『母親は兵士になった　アメリカ社会の闇』（ＮＨＫ出版、二〇一〇年）、三宅勝久『自衛隊という密室』（高文研、二〇〇九年）を参照してください。

（飯島滋明）

執筆者紹介

＊配列は 50 音順とした

飯島滋明（いいじま　しげあき）	別掲	
川崎　哲（かわさき　あきら）	1968 年生まれ	国際交流 NGO ピースボート共同代表
纐纈　厚（こうけつ　あつし）	1951 年生まれ	山口大学理事・副学長
斉藤光政（さいとう　みつまさ）	1959 年生まれ	東奥日報社編集委員兼論説委員
高橋真樹（たかはし　まさき）	1973 年生まれ	ノンフィクションライター
半田　滋（はんだ　しげる）	1955 年生まれ	東京新聞論説兼編集委員
布施祐仁（ふせ　ゆうじん）	1976 年生まれ	ジャーナリスト
前田哲男（まえだ　てつお）	別掲	

編者略歴

前田哲男
一九三八年、福岡県戸畑市に生まれる
一九六一年、長崎放送に入社、おもに佐世保米軍基地を担当。七一年フリーとなりミクロネシア、グアムを取材
現在、軍事ジャーナリスト
〔主要著書〕
『自衛隊　変容のゆくえ』（岩波新書、二〇〇七年）、『フクシマと沖縄「国策の被害者」生み出す構造を問う』（高文研、二〇一二年）

飯島滋明
一九六九年、東京都に生まれる
二〇〇七年、早稲田大学大学院博士後期課程満期退学
現在、名古屋学院大学経済学部准教授（専門　憲法学・平和学）
〔主要著書〕
前田哲男・飯島滋明『国会審議から防衛論を読み解く』（三省堂、二〇〇三年）、飯島滋明編『憲法学からみた実名犯罪報道』（現代人文社、二〇一三年）

Q＆Aで読む日本軍事入門

二〇一四年（平成二十六）七月一日　第一刷発行

編　者　前《まえ》田《だ》哲《てつ》男《お》
　　　　飯《いい》島《じま》滋《しげ》明《あき》

発行者　吉川道郎

発行所　株式会社 吉川弘文館
郵便番号一一三―〇〇三三
東京都文京区本郷七丁目二番八号
電話〇三―三八一三―九一五一〈代〉
振替口座〇〇一〇〇―五―二四四番
http://www.yoshikawa-k.co.jp

印刷＝藤原印刷株式会社
製本＝ナショナル製本協同組合
装幀＝黒瀬章夫

ISBN978-4-642-08254-9

日本軍事史

四六判・四六二頁・原色口絵四頁

高橋典幸・山田邦明・保谷　徹・一ノ瀬俊也著　四〇〇〇円

古代から現代まで、戦争のあり方や戦争をささえたシステムを明らかにする通史。戦争遂行のための〈人と物〉の調達をキーワードに、軍事に関する制度と、軍隊と社会の関係を多くの写真や絵画とともにビジュアルに描く。

米軍基地の歴史 世界ネットワークの形成と展開

（歴史文化ライブラリー）

林　博史著　四六判・二二八頁／一七〇〇円

米軍基地ネットワークはいかに形成されたか。第二次世界大戦を経て核兵器の時代を迎える中、米国本土への直接攻撃を回避するため巨大な基地群が築かれる。普天間の形成過程も明らかにした、基地を考えるための一冊。

〈沖縄〉基地問題を知る事典

前田哲男・林　博史・我部政明編　A5判・二一八頁／二四〇〇円

沖縄の基地はなぜ減らないのか。安全保障から土地収用、経済まで基地に関する四〇のテーマを設定。世界史的視点も交えわかりやすく解説する。基本データや読書ガイドを収載した、基地問題を知る教科書として必携の書。

（価格は税別）

吉川弘文館

戦後政治と自衛隊（歴史文化ライブラリー）

佐道明広著　四六判・三〇四頁／一九〇〇円

軍事をタブー視した戦後政治のなかで、自衛隊はどのように成長したのか。官僚による統制と財政的制約を受けてきた歴史を探り、日米関係や防衛政策の内実を解明。新たな脅威のもと、転換点に立つ自衛隊の実態に迫る。

戦後日米関係と安全保障

我部政明著　A5判・三五二頁／八〇〇〇円

安保条約の成立から沖縄返還をへてテロとの戦いへと繋がる政治過程の中で、現在三度目の米軍再編が行なわれている。米国資料を基に、日米地位協定、「思いやり予算」など、戦後アメリカの対日軍事政策を実証的に解明。

戦後日本の防衛と政治

佐道明広著　A5判・三九二頁／九〇〇〇円

戦後日本において、防衛政策はいかに形成されたのか。自主防衛中心か安保依存かという議論の経緯を、未公開史料とインタビュー史料を活用して追究。政軍関係の視点から、戦後日本の防衛体制をはじめて体系的に分析する。